钠离子电池关键材料及技术

黄云辉 方 淳 编著

科 学 出 版 社

北 京

内 容 简 介

本书基于作者多年在高性能、低成本、长寿命钠离子电池关键材料的设计与制备、储钠机理、界面改性及失效机理等方面的研究成果,系统介绍了钠离子电池的工作原理及特点、钠离子电池正极材料、钠离子电池负极材料、电解质(液)、固态钠离子电池、水系钠离子电池材料及技术,全面阐述了钠离子电池的基础科学问题、关键材料及关键技术研究的最新进展,对钠离子电池未来的发展和挑战提供了可能的建议和解决方案,描述了钠离子电池作为一个新兴的储能技术,从崭露头角到逐渐成熟的发展过程。

本书可作为高等院校新能源材料与器件、能源化学、新能源科学与工程、储能科学与工程等相关专业的本科生、研究生教学用书,也可作为从事钠离子电池领域研究、生产应用的工程技术研究人员的一部极具参考价值的工具书。

图书在版编目(CIP)数据

钠离子电池关键材料及技术 / 黄云辉, 方淳编著. -- 北京 : 科学出版社, 2025.5

ISBN 978-7-03-075130-0

Ⅰ. ①钠… Ⅱ. ①黄… ②方… Ⅲ. ①钠离子-电池-研究 Ⅳ. ①TM912

中国国家版本馆 CIP 数据核字(2023)第 040731 号

责任编辑:万群霞 高 微 / 责任校对:王萌萌
责任印制:师艳茹 / 封面设计:无极书装

科学出版社 出版
北京东黄城根北街 16 号
邮政编码:100717
http://www.sciencep.com
北京厚诚则铭印刷科技有限公司印刷
科学出版社发行 各地新华书店经销
*
2025 年 5 月第 一 版 开本:787×1092 1/16
2025 年 5 月第一次印刷 印张:13 1/4
字数:312 000
定价:98.00 元
(如有印装质量问题,我社负责调换)

前　　言

在过去的三十多年里，随着锂离子电池材料及技术的不断革新和迅速发展，锂离子电池所创造的可充电的世界，已经彻底改变了人类的生活方式。从智能手机、笔记本电脑到新能源汽车、可再生能源的规模储能，锂离子电池无不在发挥其巨大的作用。经过近些年的快速发展，我国业已成为锂离子电池的生产大国和市场大国，在全球锂离子电池供应链方面已具有明显优势，然而我国锂的储量在全球仅排第六，且提取难度大，70%的锂依赖进口。在新能源汽车迅猛发展和新一轮能源变革中，锂离子电池在全球特别是在我国的装机规模不断增加，越来越面临着资源、成本、性能和安全等多重挑战。在能源革命的瞬息万变中，钠离子电池因其丰富的资源、较低的成本、优异的低温和快充等性能，在众多新型储能技术中脱颖而出，被认为是锂离子电池在部分应用场景的有效补充。2022～2024 年，我国的钠离子电池已经形成了初步的产业链，预计在 2025～2026 年将开启规模化应用的序幕。

目前，钠离子电池整体仍处于从研发向产业化过渡及产业链逐渐形成的阶段，电池材料的技术路线还不是特别明确。总体而言，钠离子电池的性能与锂离子电池相比尚有差距，材料的结构与性能之间的关系也未完全阐明。在钠离子电池迈向产业化的关键阶段，钠离子电池及其材料领域的科研人员、产业化技术人员及从事这一领域学习和研究的硕士和博士研究生们，都希望对钠离子电池材料及技术的基本原理、材料结构与性能之间的构效关系有很好的掌握和理解。本书的编写过程正值钠离子电池的发展处于一个崭新时期，市场对新兴储能技术的需求促使新的电极材料与电解液体系层出不穷，新的电化学机理不断被揭示，钠离子电池技术在不断地拓展和进一步发展。本书结合了笔者团队多年来在高性能、低成本、长寿命钠离子电池关键材料的设计与制备、储钠机理、界面改性及器件失效机理等方面的研究成果，对钠离子电池的概念、原理、技术及进展进行了全面的梳理，凝聚了国内外钠离子电池研究者也包括本书笔者团队在钠离子电池关键材料及技术领域多年的研究成果，反映出钠离子电池作为一个新兴的储能电池技术，从崭露头角到逐渐成熟的发展过程。

本书主要侧重钠离子电池的基础理论，揭示材料结构与性能之间的关系，提出了创新性的研究视角；同时，还兼顾了钠离子电池的实践与应用技术，分析未来钠离子电池的挑战，提出了一些可能的解决方案，具有较强的理论指导意义和实践价值。

在本书的编写过程中，除编著者外，黄洋洋、陈孔耀、李煜宇、谌伟民、高忠辉、赵瑞瑞、程方圆、郑雪莹和黄瑛等博士做了大量的文献收集、数据整理和部分编写工作。在此，对他们表示感谢！此外，特别要感谢科学出版社的相关编辑在本书的编写过程中所给予的帮助和支持！

钠离子电池涉及材料、化学、物理等多个交叉学科的理论与技术，是基础研究与应用技术的结合。限于编著者知识、能力水平有限，书中难免有疏漏和不足之处，敬请同行专家和广大读者批评指正。

黄云辉　方　淳

2024 年 11 月

目　　录

第1章 绪　　论

1.1　钠离子电池发展背景

煤炭、石油、天然气等化石能源在过去几百年为我们生存和发展的主要能源形式，极大地推动了人类社会的进步。但是，由于这些宝贵能源的不断消耗，能源枯竭、环境恶化等风险随之产生，甚至出现因能源抢夺而导致的国际局势动荡等问题。近些年，太阳能、风能、水能、潮汐能等非化石可再生能源及核能等快速发展，我国的能源结构也随之发生了很大的变化，传统能源所占的比例也逐渐降低(图1.1和图1.2)。由于可再生

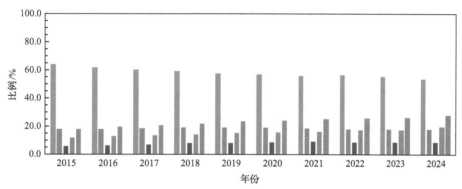

图 1.1　2015～2024 年中国能源消费结构走势图(扫封底二维码见彩图)

数据来源：国家统计局

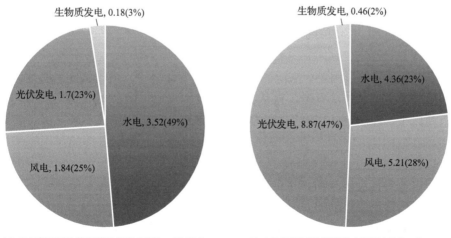

(a) 2018年可再生能源装机规模(单位：亿kW)　　　(b) 2024年可再生能源发电规模(单位：亿kW·h)

图 1.2　2018 年和 2024 年中国目标可再生能源结构

数据来源：国家能源局

能源具有间歇性和不确定性等特点，将其直接并入电网中使用非常困难，必须通过大规模的储能系统作为负荷平衡装置或备用电源，起到削峰填谷、提高电力系统稳定性、参与智能电网建设等作用，从而解决可再生能源发展的瓶颈。

储能是未来的战略性新兴产业，有望成为推动我国电力能源变革、结构调整的重要支撑。根据中关村储能产业技术联盟（CNESA）统计，截至 2024 年底，全球储能（包括抽水蓄能、电化学储能、压缩空气储能、飞轮储能和熔融盐储热等）累计装机规模为372.0GW，年增长率为 28.6%；其中新型储能（电化学储能占比 >98%）累计装机规模达165.4GW，年增长 81.1%。截至 2024 年底，我国投运储能项目累计装机规模 137.9GW，占全球储能市场总体规模的 37.1%，其中新型储能累计装机规模达到 78.3GW（图 1.3）。目前已在电力系统实现应用的各种储能技术中，电化学储能形式灵活，能量转换效率高，维护方便，是目前在建项目中数量占比最大的储能模式。各种电化学储能技术虽然百花齐放、各有所长，近年来成本也得到了显著下降，但总体来看，还没有任何一种技术能够满足国家电网对储能器件长寿命、低成本、安全、环保的要求。当前的储能技术离可再生能源接入的要求依然有很长的距离。

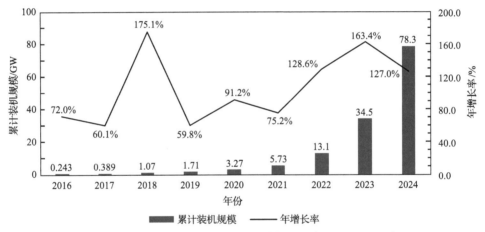

图 1.3 我国已投运新型储能项目累计装机规模（2016～2024 年）

数据来源：CNESA（中关村储能产业技术联盟）

锂离子电池是目前应用最为广泛的电化学储能器件之一，由于其能量密度高、循环寿命长，而成为主流的二次电池。自从 1991 年日本索尼集团公司成功开发第一只商用锂离子电池以来，在不到 30 年的时间内发展非常迅速，生产规模不断扩大，应用领域不断拓展，在数码电子产品、新能源汽车和规模储能等方面所发挥的作用越来越不可替代。可以说锂离子电池不仅提高了人们的生活水平，更是改变了人们的生活方式。基于锂离子电池对社会进步所产生的巨大作用，2019 年诺贝尔化学奖授予了对锂离子电池的发展做出了重要贡献的三位科学家：美国得克萨斯大学奥斯汀分校的约翰·古迪纳夫（John B. Goodenough）、美国纽约州立大学宾汉姆顿分校的斯坦利·惠廷厄姆（M. Stanley Whittingham）和日本旭化成公司的吉野彰（Akira Yoshino）。1975 年 Whittingham 等以二硫化钛（TiS_2）为正极和金属锂为负极首次成功制备了二次锂电池，获得了 2V 的工作电压及较低的容量衰减率[1,2]；1980 年，Goodenough 等首先报道了具有层状结构的氧化物钴酸锂($LiCoO_2$)这一新的锂离子电池正极材料，以金属锂为负极，可以产生高达 4V 的电压[3,4]；1985 年 Yoshino 等发现热处理的石油焦材料可反复脱嵌入/脱出离子并呈现较低的电势(约 0.5V)，以之为负极配以钴酸锂正极构筑了新型二次锂电池，可获得较高的能量密度，并首次将其命名为锂离子电池[5,6]。有关锂离子电池发展的前世今生有兴趣的读者可参看本书作者对锂离子电池诺贝尔奖的解读[7-9]。

随着移动数码产品特别是智能手机的快速普及和电动汽车的蓬勃发展，近年来全球锂离子电池保持着快速增长的趋势(图 1.4)，几乎垄断了整个移动电源的市场。再加上产业界和学术界的共同努力，锂离子电池的能量密度、循环寿命不断提高，成本不断降低，连饱受争议的安全性问题也逐渐得到改善，特别是近几年固态电池的发展，让人们看到电池的安全性有望获得最终的圆满解决。技术的不断成熟和市场日益增长的需要，使锂离子电池已经登上了二次电源领域不可撼动的霸主地位。

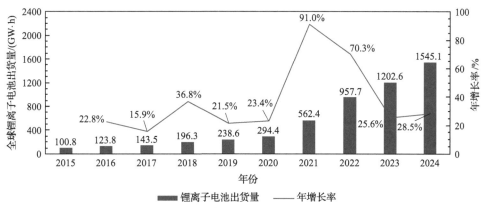

图 1.4　全球锂离子电池出货量(2015～2024 年)

数据来源：微信公众号 EVTank

尽管如此，人们对锂离子电池越依赖，越是引起了行业内的担忧。这种担忧主要来源于全球锂资源的储量非常匮乏，锂在地壳中的丰度约为 0.0065%。根据美国地质调查局(USGS)2017 年发布的数据，全球锂资源储量约为 4700 万 t，已经探明的储量约为 1400 万 t。2018 年，全球的锂资源消费量高达 5.267 万 t，如果按照目前每年 10%的增长速度，现有的可开采资源可能最多持续大约 60 年。"储量耗尽"并不是杞人忧天，在全球范围内锂离子电池的产量不断增加、电池整体价格大幅下降的背景下，部分用于生产锂离子电池电极的关键原材料价格波动很大。因此，科学家们开始寻求一些可以替代锂离子电池的新的储能技术，以满足或缓解未来全球日益增长的能源需求和锂资源缺乏之间的矛盾。

其中，室温可充电钠离子电池被认为是有望在某些应用领域可以替代锂离子电池的下一代储能技术。如表 1.1 所示，钠和锂是元素周期表中同一主族的金属元素，它们的物理性质和化学性质相似，电极电势相近，因此利用钠离子可以构造一种与锂离子电池工作原理相似的二次电池。更重要的是，钠元素在自然界中的储量非常丰富，地壳中钠的丰度排在第六位，为 2.75%，在海洋中也有巨大的储量。制备钠离子电池的原材料不仅来源比锂离子电池的丰富得多，而且成本也大为降低。作为锂离子电池电极材料重要生产原料之一的碳酸锂，近年来价格不断激增，而同样作为电极材料前驱体的碳酸钠，其价格大概为碳酸锂价格的 1/30～1/20。因此，如果将来钠离子电池能够规模生产且规模应用于储能领域，并且其上下游产业也很齐全，那么它的经济和环境方面的优势将非常明显。

表 1.1　钠与锂元素的基本参数对比[10]

	钠	锂
元素分布	地壳、海洋	熔融岩、盐湖卤水
元素丰度/(mg/kg)	34.4×10^3	20
地壳丰度/%	2.75	0.0065
碳酸盐价格/(元/kg)	2.5	100
离子半径/nm	1.02	0.76
原子摩尔质量/(g/mol)	23	6.9
标准电极电势/V (vs. SHE)	−2.71	−3.04
金属熔点/℃	97.7	180.5

注：SHE 为标准氢电极；碳酸盐价格采用的是 2023 年原材料价格。

其实，室温钠离子电池的发展几乎与锂离子电池同步，早在 20 世纪 70～80 年代就开展了关于钠离子电池的研究。Newman 和 Delmas 先后研究了钠离子在层状结构的 TiS_2 和 Na_xMO_2(M = Co、Mn 等)中的脱嵌行为[11]。然而由于锂离子电池的成功商业化，再加上钠离子电池的性能稍逊于锂离子电池，钠离子电池的研究遭到停滞。与此同时，高温钠硫电池由于具有能量密度高、成本低、能量效率高等优势，率先在 2002 年由日本的 NGK 公司实现了商业化。高温钠硫电池分别由液态的硫和金属钠作为正负极材料，二者之间用 β-Al_2O_3 陶瓷管作为固态电解质和隔膜进行隔离[12]。然而高温下液态钠和硫均易燃，陶瓷隔膜又易碎，导致这类电池的安全性受到影响，至今未能实现大规模应用。由于高温钠硫电池与室温钠离子电池的工作原理不同，所以高温钠硫电池不在本书编著范围之内。自 2012 年以来，由于钠资源的高储量和低成本，室温钠离子电池作为锂离子电池的有效补充技术重新引起了学术界和产业界的研究兴趣。

1.2　钠离子电池的工作原理

钠离子电池的工作原理与锂离子电池一样，都是一种"摇椅式"的电池，是指采用能可逆地嵌入与脱出钠离子的化合物作为正极和负极构成的二次电池。充电时，钠离子从正极材料晶格中脱出来，进入到电解液，然后通过电解液经过隔膜输运到负极，进入负极材料的晶格。放电时，钠离子的运动过程反之。同时，在外电路中，充电时电子由正极传输到负极，放电时电子再由负极运动到正极。在充放电过程中，钠离子在正负极可逆地嵌入和脱出,电子也随之在正负极之间流动,从而实现了化学能与电能之间的转换(图 1.5)。

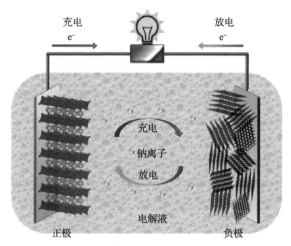

图 1.5 钠离子电池工作原理示意图(扫封底二维码见彩图)

由于钠离子电池与锂离子电池具有相似性,所以在钠离子电池的发展初期,研究者们试图将应用于锂离子电池的材料直接复制到钠离子电池的体系中,也就是把锂离子电极材料中的锂直接替换成钠来制备同类的电极材料。但是人们发现往往无法得到相同晶体结构的含钠化合物,或者得到的材料没有可逆的电化学活性,这也使钠离子电池的总体性能远远不及锂离子电池。例如,磷酸铁锂(LiFePO$_4$)是一种成熟的锂离子电池正极材料,具有橄榄石型的晶体结构,安全性能优越、循环寿命长、高温性能好,同时又具有无毒、无污染、材料来源广泛、成本低廉等优点,目前在电动汽车和大规模储能电池中均有广泛的应用。但是研究者发现,橄榄石型 NaFePO$_4$ 结构不稳定,不能通过常规的固相合成方法得到[13]。在锂离子电池中,石墨作为非常成熟的商业化负极材料,一直被广泛使用。然而,经过研究发现,钠离子并不能可逆地嵌入石墨,因此难以作为钠离子电池的负极材料使用[14]。非常有意思的是,层状材料 LiFeO$_2$ 不能作为锂离子电池正极材料,而 α-NaFeO$_2$ 却可以可逆地存储钠离子[15,16]。通过人们不断研究发现,虽然钠离子电池与锂离子电池工作原理基本相同,但是二者之间存在着一些差别,特别是电池各组成部分的材料在结构和要求上存在着明显的差异。

1.3 钠离子电池的特点

将钠离子与锂离子的物理性质和化学性质进行比较,就可以发现产生这种差异的根本原因。首先,钠离子半径大约 1.02Å,比锂离子半径(0.76Å)大 34%,使钠离子通常在电池材料中嵌入与脱出困难,因此电池的循环和倍率①性能难以与锂离子电池相媲美。另

---

① 充放电倍率通常用 C 倍率(C-rate)表示,是衡量电池充放电速率的性能参数,定义为充放电电流与电池额定容量的比值。如 1C 表示电池以额定容量的电流值充放电,1h 可完成充放电过程。

外，钠的相对原子质量为 23，是锂的相对原子质量(6.97)的三倍多，导致钠离子电池电极材料的比容量(单位质量或体积的活性物质所能放出的电量)比锂离子电池相应的电极材料小得多。此外，Na^+/Na 的标准电极电势(–2.71V,相对标准氢电极)比 Li^+/Li 高约 0.3V(–3.04V)。采用第一性原理计算的方法，对晶体结构相同的嵌钠和嵌锂材料的电压、稳定性和迁移能进行比较，发现将锂离子换成钠离子之后，这三个参数均取决于材料的晶体结构[12]。对于绝大多数钠离子电池的电极材料而言，钠离子在材料晶格中嵌入脱出的电势比同结构的锂离子电池材料要低，主要原因是钠离子嵌入正极材料的晶格需要的能量比锂离子嵌入相应晶格需要的能量低。与锂离子相比，钠离子与氧之间倾向于形成较弱的键。钠离子半径与锂离子半径的差距，使钠离子在嵌入材料的晶体结构时更倾向于进入那些可容纳较大离子的层状结构或高度开放的阴离子骨架结构。钠离子在晶格内部的迁移能也与晶体结构密切相关。虽然钠离子与锂离子相比半径更大、质量更大，但是在某些晶体结构中，钠离子的迁移能比锂离子更低。例如，在层状 $NaCoO_2$ 中，钠离子扩散迁移遵循双空位机理，比锂离子在 $LiCoO_2$ 中的迁移能更低。也就是说，设计更适合钠离子嵌入脱出的主体晶格结构，可以获得电化学性能优异的钠离子电池电极材料。

　　从另一个角度来看，锂离子或者钠离子的质量只是组成电极材料质量的一小部分，容量主要由电极活性材料的特性决定。因此，通过合理地设计电极材料，也可以获得具有高能量密度的钠离子电池。其次，铝箔集流体在电压低于 0.1V(*vs.* Li^+/Li)的情况下会与锂发生合金化反应，因此在锂离子电池中负极不能采用铝箔作为集流体，只能使用成本更高的铜箔。但是，钠离子不与铝形成合金，这意味着可以使用铝作为钠离子电池负极的集流体，这样能进一步降低 8%左右的成本，同时还可以使电池质量降低 10%左右，从而提高电池整体的能量密度。此外，同样浓度的电解液，钠盐的电导率比锂盐电解液高 20%左右，理论上钠离子电池可以实现更好的倍率性能。

　　迄今为止，已经有各种材料被报道可以用作钠离子电池的正极和负极。正极材料包括层状及隧道结构的含锰、铜、铁的过渡金属氧化物、聚阴离子化合物、普鲁士蓝类似物、共轭羰基化合物等。负极材料主要有硬碳、磷单质及磷化物、过渡金属硫化物、合金化金属等。然而，寻找具有合适的储钠电压、高的可逆比容量、结构稳定的电极材料和稳定的低成本电解液仍然是钠离子电池发展的主要障碍和挑战。特别是负极，由于金属钠比锂具有更高的活性，钠与有机电解液之间的副反应更复杂(钠离子电池的首次库仑效率比锂离子电池更低)，钠在溶出和沉积过程中也会产生枝晶，再加上钠的熔点只有 97.7℃，使用时的安全风险更高。这些因素使金属钠作负极带来的安全问题比金属锂负极更加严重。事实上，产业化的钠离子电池无法使用金属钠进行装配。因此，开发一种能实用化的负极材料尤为重要。硬碳是一类难以被石墨化的碳材料，由于结构中含有大量交错堆积的石墨微晶层、丰富的微孔和缺陷，具有较低的嵌钠平台(约 0.1V)、较高的储钠比容量(300～400mA·h/g)和优异的循环稳定性，而且来源丰富，因此被认为是钠离子电池的第一代负极材料。

　　虽然钠离子电池已经取得了巨大的进展，但是有一些科学问题还需要进一步研究，包括：①钠离子在电极材料中的扩散动力学；②钠离子在电极材料中的嵌入和脱出机理；

③电解液-电极表面固态电解质界面膜(SEI)的组成、生长机理和界面作用；④电解液-电极界面中的电荷转移、钠离子在 SEI 层中的传输过程；⑤钠枝晶的生长与演化机理及电池安全性的影响因素。

1.4　水系钠离子电池

除了基于有机电解液体系的钠离子电池之外，发展基于水系电解液的水系钠离子电池也是提高安全性和降低成本的一个重要方向。将昂贵又易燃的有机电解液用廉价的钠盐水溶液(如 Na_2SO_4 和 $NaNO_3$ 水溶液)等代替，就可以构筑低成本、高安全、环保的水系钠离子电池，能够满足大规模储能系统的要求，成为可再生能源开发利用和智能电网构建的关键技术。

水系钠离子电池的研制与产业化近年来得到快速发展，并已经初具规模，研发了一批具有良好电化学性能的关键材料，突破了产业化的一些关键技术，在实际电网储能应用中也取得了良好的示范效果，表现出了诱人的应用潜力。但是迄今为止，电极材料、电解液、电池设计及制备方面都存在着许多问题。由于受到水电解的限制，水系电解液的热力学电化学窗口只有 1.23V，极大地限制了水系离子电池的能量密度和循环寿命。同时，正负极电极材料的选择性也受到了析氢和析氧过电势的限制。另外，钠离子在水溶液中的嵌入脱出反应要比在传统的有机电解液中复杂得多，质子的共嵌过程和电极材料的溶解现象普遍存在，电极材料与水、氧发生的副反应也会严重影响电池的循环稳定性。要实现水系钠离子电池的大规模推广应用，提高电池的能量密度和拓宽水系电解液的电化学窗口以抑制析氢和析氧反应是关键。

目前，能够应用于水系钠离子电池的正极材料主要包括锰的氧化物、普鲁士蓝，负极活性材料则普遍采用磷酸钛钠，电解液通常使用浓度为 1mol/L 的 Na_2SO_4 水溶液[17]。但是这些材料构筑的水系钠离子电池无论是比容量还是工作电压都很低，储能系统的能量密度不超过 20W·h/kg，从而导致整个储能系统的体积庞大，并且成本一直居高不下。

如何提升水系钠离子电池的工作电压、提高储能系统的能量密度、进一步降低成本将是未来水系钠离子电池材料、器件、系统研发和产业化的重要课题。

参 考 文 献

[1] Whittingham M S. Batterie à base de chalcogénures: BE 819672[P]. 1975-03-09.

[2] Whittingham M S. Electrical energy storage and intercalation chemistry[J]. Science, 1976, 192: 1126-1127.

[3] Mizushima K, Jones P C, Wiseman P J, et al. $Li_xCoO_2(0<x\leqslant1)$: A new cathode material for batteries of high energy density[J]. Materials Research Bulletin, 1980, 15: 783-789.

[4] Goodenough J B, Mizushima K. Fast ion conductors: US 4357215[P]. 1982-11-10.

[5] Yoshino A, Sanechika K, Nakajima T. Secondary battery: JP 1989293[P]. 1985-05-10.

[6] Yoshino A, Sanechika K, Nakajima T. Secondary battery: US 4668595[P]. 1987-05-26.

[7] 黄云辉.钴酸锂正极材料与锂离子电池的发展—2019 年诺贝尔化学奖解读[J].电化学, 2019, 25(5): 609-613.

[8] 黄云辉. 锂离子电池: 20 世纪最重要的发明之一[J]. 科学通报, 2019, 64(36): 3811-3816.

[9] 黄云辉. 化学奖: 神奇的能量, 不老的传奇[J]. 科学世界, 2019, (11): 12-13.

[10] Pan H L, Hu Y S, Chen L Q. Room-temperature stationary sodium-ion batteries for large-scale electric energy storage[J]. Energy Environmental Science, 2013, 6(8): 2338-2360.

[11] (a) Newman G H, Klemann L P. Ambient temperature cycling of an Na-TiS$_2$ cell[J]. Journal of the Electrochemical Society, 1980, 127(10): 2097.
(b) Delmas C, Braconnier J, Fouassier C, et al. Electrochemical intercalation of sodium in Na$_x$CoO$_2$ bronzes[J]. Solid State Ionics, 1981, 3-4: 165-169.

[12] Hueso K B, Armand M, Rojo T. High temperature sodium batteries: Status, challenges and future trends[J]. Energy Environmental Science, 2013, 6(3): 734-749.

[13] Ong S P, Chevrier V L, Hautier G, et al. Voltage, stability and diffusion barrier differences between sodium-ion and lithium-ion intercalation materials[J]. Energy Environmental Science, 2011, 4(9): 3680.

[14] Ge P, Fouletier M. Electrochemical intercalation of sodium in graphite[J]. Solid State Ionics, 1988, 28-30: 1172-1175.

[15] Cox D E, Shirane G, Flinn P A, et al. Neutron diffraction and mössbauer study of ordered and disordered LiFeO$_2$[J]. Physical Review, 1963, 132: 1547.

[16] Zhao J, Zhao L W, Dimov N, et al. Electrochemical and thermal properties of α-NaFeO$_2$ cathode for Na-ion batteries[J]. Journal of the Electrochemical Society, 2013, 160(5): A3077-A3081.

[17] 曹翊, 王永刚, 王青, 等. 水系钠离子电池的现状及展望[J]. 储能科学与技术, 2016, 5(3): 317-323.

第2章　钠离子电池正极材料

钠离子电池的电化学性能主要取决于正、负极材料的结构和性能。通常认为，正极材料的性能如比容量、电压和循环性能是影响钠离子电池能量密度、安全性及循环寿命的关键因素。

正极材料的比能量等于比容量(Q)和电动势(E)的乘积。根据热力学原理，Q遵守以下方程[1]：

$$Q = \frac{nF}{3.6M_w} \tag{2.1}$$

式中，n是电子转移数；F是法拉第常量；M_w是正极材料的相对分子质量。因此可以得知，比容量由分子量和电子转移数决定。小相对分子质量和多的电子转移数意味着较高的比容量。

$$E = E_{正极} - E_{Na} = -\frac{\Delta G}{nF} \tag{2.2}$$

电动势E遵守方程式(2.2)，其中ΔG是吉布斯自由能，$E_{正极}$和E_{Na}分别为正极和金属钠的电势。正极材料的电势本质上是由氧化还原对的能量位置(相对于金属钠的费米能级)决定的，这可以通过增加阴离子的诱导效应来提高。阴离子的电负性越高，诱导效应就会越强，如F的诱导效应要强于O^{2-}。

一方面，钠离子电池正极材料的循环寿命取决于材料的结构稳定性及与电解液的匹配性。由过渡金属氧化物层和钠层相互交替堆叠而成的层状氧化物具有较高的比能量，是研究最为广泛的钠离子电池正极材料之一。然而，钠层在循环过程中的巨大膨胀和电解液溶剂分子共插入导致不可逆的结构变化，从而引起了材料循环寿命的衰减。这一膨胀是由于钠离子的深度脱出导致邻近过渡金属氧化物层中氧原子的排斥力增加，而阳离子掺杂会减弱这种排斥力。另一方面，正极材料的工作电势较高，需要与稳定的电解液相匹配。当正极的能级低于电解液的最高占据分子轨道(HOMO)的能级时，电子就会从电解液转移到正极材料，使电解液发生氧化分解，并降低电池的循环寿命。

正极材料的倍率性能受离子扩散率和电子电导率等动力学因素的影响。通常，电极材料中的离子扩散与扩散长度($L_{离子}$)和扩散系数($D_{离子}$)有关，可以用方程式(2.3)表示。

$$\tau = \frac{L_{离子}^2}{D_{离子}} \tag{2.3}$$

式中，τ是扩散的特征时间。因此，提高离子的扩散速率可以通过缩短扩散距离和提高扩散系数来实现。

目前正在研究的正极材料主要包括过渡金属氧化物、聚阴离子型化合物、普鲁士蓝及其衍生物、有机化合物四大类。

2.1 过渡金属氧化物

过渡金属氧化物通式为 Na_xMO_2（$0 < x \leqslant 1$），其中 M 为 Co、Mn、Fe、Ni 等中的一种或多种 3d 轨道过渡金属。由于其具有合成可控、电化学活性高等特点，作为钠离子电池的正极材料受到广泛关注。Na_xMO_2 在结构上对合成条件和钠含量很敏感，这是由 Na-Na、Na-M 和 M-M 排斥作用对结构稳定性的影响导致的。电活性过渡金属氧化物正极可分为两类：层状过渡金属氧化物和隧道型过渡金属氧化物。

2.1.1 层状过渡金属氧化物

1. 层状过渡金属氧化物的结构

在层状过渡金属氧化物中，共边的 MO_6 八面体形成 $(MO_2)_n$ 层状结构，钠离子在 $(MO_2)_n$ 层间与氧原子形成八面体（O 相）、四面体（T 相）或者三棱柱（P 相）三种配位模式（图 2.1）。这些配位环境取决于 $(MO_2)_n$ 层的堆积形式。

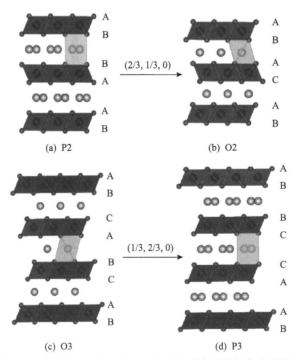

图 2.1 P2 相(a)、O2 相(b)、O3 相(c)、P3 相(d)过渡金属氧化物的晶体结构示意图[2]

层状过渡金属氧化物正极材料主要有 O3 相、P2 相及 P3 相三种。O 表示钠离子处于八面体配位，P 表示钠离子处于三棱柱配位，后面的数字表示过渡金属层中氧原子的堆垛形式在一个周期单元中出现的次数。随着钠离子在碱金属层中含量的增加，材料更容易形成钠八面体配位；相反，当钠离子含量较少时更易形成钠棱柱配位。由于充放电过程中时常发生晶胞的畸变或扭曲，这时需要在配位多面体类型上面加角分符号(′)，如 P′3-$Na_{0.6}CoO_2$(由三方扭曲的单斜晶系)。

层状氧化物的电化学性能由相结构的特点决定，而相结构又与原始态的钠含量、层的稳定性、钠原子周围的环境等因素相关。同时由于钠离子半径较大，在电化学过程中钠离子的迁移必然会造成氧层(MO_2)的滑移，常常伴随着 Pn 与 On 之间(n = 2, 3)相变的发生，如 O3→P3 或 O2→P2 的相转变(图 2.1)。在一定条件下，随着(MO_2)$_n$层的滑移可以实现 Pn 相与 On 相在常温下的相互转化。而 Pn 相与 Om 相($n ≠ m$)的相互转化一般伴随着 M-O 键的断裂，因此这个过程一般在高温下才能进行。由于 P 型和 O 型排列之间的竞争，层状含钠化合物的脱钠行为不是完全的拓扑学。目前还不能完全理解这些滑动转变是如何发生的，以及它们对脱钠/嵌钠动力学的影响。这些相转变一方面存在能垒，影响离子在体相的扩散；另一方面相变过程存在较大的结构变化，造成循环过程结构的瓦解，影响循环性能。通常 O3 结构的氧化物($NaMO_2$)由于具有更多的嵌钠位点，具有较高的容量。而 P2 相结构($Na_{0.67}MO_2$)具有更大的层间距，使 Na^+ 扩散较为容易，可以从一个三棱柱空位迁移到邻近的一个三棱柱空位，表现出更高的离子电导率。

2. 层状过渡金属氧化物的挑战

尽管层状过渡金属氧化物是一种很有应用潜力的高容量的正极材料，但该材料还存在着以下三个方面的问题。

1) 不可逆相变

一般来说，在电化学循环过程中，P2 和 O3 两个相都会发生一系列的相变，涉及氧化层的不同的堆积序列。如果一定量的 Na^+ 脱出，P2 相通常会由于 MO_6 八面体薄层的滑动(旋转 π/3)而转变为 O2 相，导致晶体结构明显收缩，层间距减小[图 2.1(a)和(b)]。由于在 P2 相中，MO_2 层在 Na^+ 脱出后滑动形成八面体位点，即具有独特的 AB-AC-AB 氧堆叠的新的 O2 相[图 2.1(b)]。在晶体结构上，O2 相由两个具有 AB 和 AC 氧排列的不同的 MO_2 层组成，其中 AB 和 AC 层之间留有空隙。因此，O2 相局部存在 ABA 型和 ACA 型氧排列[图 2.1(b)]。根据氧的堆积方式，O2 相可以被划分为立方紧密堆积(CCP)和六方紧密堆积(HCP)阵列之间的一种共生结构。值得注意的是，一旦 P2 相中的 MO_2 出现如图 2.1 中的滑动矢量，P2 相晶体中就会形核生成 O2 相，导致 Na^+ 从 P2 相脱出后形成堆垛层。

相反，在 O3 相中，如图 2.1(c)所示，Na^+ 最初稳定在与 MO_6 八面体共边的八面体位置。当钠离子从 O3 相中部分脱出时，柱状位置处的 Na^+ 的能量变得稳定，这一点与空位的形成有关，与 P2 相类似。然后，在不破坏 M-O 键的情况下，通过 MO_2 层的滑动来形成宽敞的棱柱状位点。因此，典型的氧堆积从 "AB-CA-BC" 变为 "AB-BC-CA"，这一新相被归类为 P3 相[图 2.1(d)]。因此，通过电化学脱钠，不可能从 P3/O3 相转变为 P2 相，因为这些相变需要通过热处理来破坏或重构 M-O 键。

总之，钠离子从 P2 和 O3 相中脱出通常会引起相变。O3 相通常比 P2 结构经历更复杂的相变，如 $NaNi_{0.5}Mn_{0.5}O_2$ 的相变经历 O3→O′3→P3→P′3→P″3，在一定程度上会影响材料后续的容量发挥及循环稳定性。而这种情况在较稳定的 P2 相中却不会出现，P2 相通常表现为一个 P2–O2 相变。因此，P2 结构的氧化物具有良好的结构完整性和低扩散势垒(过渡金属层间的间距更大)，使钠离子的嵌入脱出更为容易，始终表现出良好的循环稳定性和倍率性能。

一般来说，层状 Na_xMO_2 在钠离子脱出过程中经历比其锂的类似物更为复杂的相变，这是由于钠离子半径较大，以及晶体结构中存在不同的电荷有序性和 Na^+/空位的有序排列。不可逆相变很容易导致结构崩塌和容量快速下降，因此抑制或减少这些不可逆相变是改善层状过渡金属氧化物在钠离子电池中电化学性能的关键。

2) 存储不稳定性

与层状过渡金属氧化物正极材料相关的另一个主要挑战是其暴露在空气中后的吸湿性，导致电池性能变差和运输成本增加。关于这个方面，人们对其反应机理的看法各不相同。

(1) 水分子插层到 MO_2 层之间会给结构带来额外的复杂性。这种复杂性的一个例子是 $Na_xMO_{2-y} \cdot H_2O$ 中具有极其丰富的化学空间(y 代表阴离子空位)。材料样品在空气中老化时，其物理变化明显，如颜色由黑色变为棕色，体积膨胀导致颗粒开裂。

(2) 材料与空气中的水发生 H^+/Na^+ 交换的氧化反应，从钠层中脱出 Na^+ 形成质子化相，也被认为是暴露于空气中发生结构变化的原因。由于带正电的 Na^+ 的屏蔽作用减小，相邻氧化层之间的排斥力增大，层间距变大。

(3) 层状氧化物的表面残余碱暴露于空气吸收二氧化碳，在表面形成厚的碱性 Na_2CO_3，阻碍了界面的离子传输，使阻抗大幅度增加。

上述机理提出了在活性材料表面形成电化学惰性和电绝缘的 NaOH 或 Na_2CO_3，导致电池性能恶化。另外，聚偏氟乙烯黏合剂和集流体很容易被浆料中的碱金属离子破坏。考虑这些不利因素，设计空气稳定的正极材料并提高其储存稳定性对于组装性价比高的钠离子电池是必不可少的。

3) 电池性能不够理想

作为大规模储能应用的经济高效的电池，电极材料的组成元素要储量丰富(低成本)，电化学性能(如能量密度、循环寿命和倍率性能)要足够好。提高能量密度的一种方法是保持比容量的同时，利用 Fe^{3+}/Fe^{4+} 和 Ni^{2+}/Ni^{4+} 等高压氧化还原电子对来提高正极材料的工作电压。如上所述，层状过渡金属氧化物正极通常会遭受不可逆相变和水分侵蚀，从而导致容量快速衰减和有限的可逆比容量。尽管这些电极材料的循环性能在最近的研究中有了明显的提高，但仍有其他一些问题需要解决，这些问题可能会影响长期循环稳定性，如姜-泰勒效应(Jahn-Teller effect)Mn^{3+} 和 Fe^{3+} 迁移。由于钠离子相对较大，且在插层(脱出)过程中经历多相转变，许多层状钠氧化物由于相界运动需要额外能量势垒而表现出较差的倍率性能。对于许多潜在的大功率商业应用场景，这方面也需要改进。考虑这些因素，抑制或减少不可逆相变和扩展基于高压的固溶区有望使充电速度更快，循环寿命更长。

3. 铁基层状氧化物正极

铁元素在地球上储量丰富，具有成本低廉和无毒等优势，同时还由于 Fe^{3+}/Fe^{4+} 氧化还原对的高活性，铁基层状氧化物正极在钠离子电池中受到青睐。

1) 储钠机理及结构演变

通过传统的高温固相得到的 $\alpha\text{-}NaFeO_2$ 是一种典型的 O3 型结构，属于六方晶系，具有 $R\bar{3}m$ 空间群，$a_1 = 3.06\text{Å}$，$c_1 = 16.297\text{Å}$。单相的 O3 型 $NaFeO_2$ 的可逆脱钠/嵌钠过程如图 2.2(a)所示。尽管充电比容量随截止电压的增加而升高，但当充电电压超过 3.5V 时，可逆比容量明显降低。在截止电压为 3.4V 时，观察到极小的极化可逆性。当大约 0.3mol Na 从 $NaFeO_2$ 结构中脱出形成 $Na_{0.7}FeO_2$ 时，可逆比容量为 80mA·h/g。这种在 3.5V 以上的不可逆的电极反应是由于在高电压下部分的 Fe^{3+} 迁移到相邻的四面体位置产生不可逆相变引起的。图 2.2(b)展示了 Fe^{3+} 迁移过程示意图，当 Na^+ 从晶格中脱出，在 FeO_6 八面体与四面体共面位置产生空位。而 Fe^{3+} 在四面体位置能量稳定，容易迁移到面部共享位点。Na^+ 在金属层中的扩散很容易受四面体位置的 Fe^{3+} 的干扰，导致电极性能的降低。因此，$Na_{1-x}FeO_2$（x 为 Na^+ 脱出量）可逆反应的范围被限制得很窄，其可用能量密度也被限制得比较小。

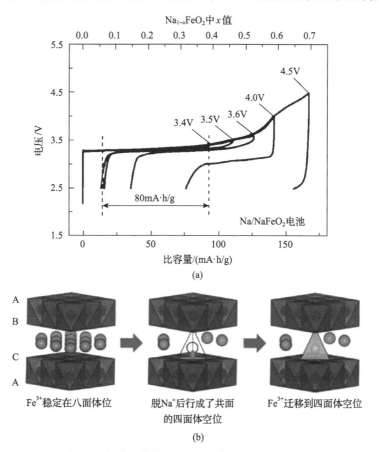

(a)

(b)

图 2.2　$\alpha\text{-}NaFeO_2$ 恒电流充放电曲线图(a)和 Na^+ 在 $\alpha\text{-}NaFeO_2$ 晶格中的迁移图(b)[2]

2）元素取代与掺杂改性

为了提高 $NaFeO_2$ 电极的稳定性，并获得高的工作电压和比能量，可以采用 Mn、Ni、Co、Cu 等元素对 Fe 进行部分替代或掺杂，从而改善其电化学性能。基于成本考虑，采用 Mn 和 Cu 比较合理。

（1）Mn 掺杂

A. $P2/O3-Na_xFe_{0.5}Mn_{0.5}O_2$

$P2-Na_{0.67}Fe_{0.5}Mn_{0.5}O_2$ 和 $O3-NaFe_{0.5}Mn_{0.5}O_2$ 的电化学性能如图 2.3 所示。基于 Fe^{3+}/Fe^{4+} 和 Mn^{3+}/Mn^{4+} 的氧化还原电势，$P2-Na_{0.67}Fe_{0.5}Mn_{0.5}O_2$ 展现出 $190mA \cdot h/g$ 的高比容量和 2.75V 的平均电压，以金属钠为对电极的能量密度高达 $520W \cdot h/kg$。当充电到 3.8V 以下，Na^+ 能够从所有的 Na 层均匀脱出；相比之下，充电到 3.8V 以上，Na^+ 选择性地从 1～2 层的 Na 层脱出，从而产生 P2→OP4 的相转变；与 P2-O2 的相转变比较，中间相 OP4 的形成有利于减少过渡金属层的破坏。因此，P2→OP4 的相转变是高度可逆的[3,4]。$O3-NaFe_{0.5}Mn_{0.5}O_2$ 在 4.3～1.5V 可以放出 $110mA \cdot h/g$ 的可逆比容量。与 P2 相相比，在充放过程中，O3 相展现了更大的电极极化。

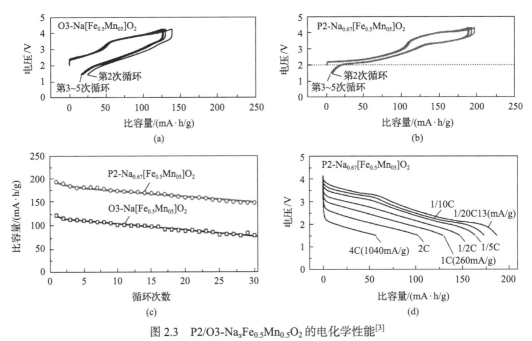

图 2.3 $P2/O3-Na_xFe_{0.5}Mn_{0.5}O_2$ 的电化学性能[3]

B. $P2/O3-Na_xFe_{2/3}Mn_{1/3}O_2$

在 $P2/O3-Na_xFe_{2/3}Mn_{1/3}O_2$ 这两种材料中都没有观察到充放电过程的姜-泰勒效应，这是因为存在着高自旋的 Fe^{3+} 和 Mn^{4+}，从而抑制了具有电化学活性的 Fe^{2+} 和 Mn^{3+} 分别向 Fe^{3+} 和 Mn^{4+} 的转化。P2 和 O3 相在 0.1C 倍率、1.5～4.2V 电压窗口内分别表现出 $114.7mA \cdot h/g$ 和 $134mA \cdot h/g$ 的比容量，且分别展现出 2.5V 和 2.74V 的平均电压。$P2-Na_{2/3}Fe_{2/3}Mn_{1/3}O_2$ 充电到 4V 以上时，由 P2 相转变为 Z 相或 OP4 相，这种相是高度无序的。当材料中的 Mn 含量增加时，在高电压下这种相转变可以被抑制。而 $O3-NaFe_{2/3}Mn_{1/3}O_2$

在充放电过程中的相转变一直存在着争议。有研究者认为[5]在充电过程中发生的是一种由 O′3—O3—P3 的相转变。在此相转变过程中，只有少量的 O3 相转变为 P3 相；也有研究者认为 O3-NaFe$_{2/3}$Mn$_{1/3}$O$_2$ 发生了一系列的两相反应和固溶反应，在发生固溶反应和放电之前，充电会导致无序相的生成，而其主要结构仍会保持。P2 与 O3 相之间 Na$^+$扩散的差异可能是由氧化物层内的静电相互作用引起的，这些相互作用控制了这两相的双稳态性质。P2 相中的 Mn 与 Fe 的比例对 Na$^+$嵌入/脱出时的结构演变起关键的作用。但 P2-Na$_{2/3}$Fe$_{2/3}$Mn$_{1/3}$O$_2$ 在空气中对湿度比较敏感，这限制了它在未来的应用。

C. 其他铁锰基氧化物正极

在铁锰系材料的基础上，为了进一步提高其电化学性能和结构稳定性，可以采用 Cu 等元素进行取代或者掺杂。例如，一种含 Cu 的 O3-Na$_{0.9}$[Cu$_{0.22}$Fe$_{0.30}$Mn$_{0.48}$]O$_2$[6]在空气中同样比较稳定，不易与空气中的水和 CO$_2$ 反应。该材料表现出 100mA·h/g 的可逆比容量和优越的循环稳定性。有趣的是，通过 X 射线近边吸收光谱首次在 O3 型材料中观察到在高电压下的 Cu^{2+}→Cu^{3+} 的氧化还原反应，这为设计高电压、高比容量、低成本的正极材料提供了可能性。使用该材料作为正极，与硬碳负极制备的软包全电池展现出高能量密度（210W·h/kg）、良好的倍率性和优越的循环性。除此之外，锰铁基氧化物材料还具有无毒性和低成本的优势，具有很大的应用前景。

（2）Ni 取代

Ni 取代也可以使铁基氧化物正极的性能得到提升。如图 2.4 所示，O3-NaFe$_{1-x}$Ni$_x$O$_2$（0.5≤x≤0.7）平均电压为 2.0～3.8V，当 x = 0.5 时，基于 Fe^{3+}/Fe^{4+}和 Ni^{3+}/Ni^{4+}氧化还原可以获得 112mA·h/g 的可逆比容量和 89%的首次库仑效率，平均电压为 2.85V；当 x = 0.7 时，可以获得 135mA·h/g 的可逆比容量，首次库仑效率为 93%，平均电压为 2.7V。Ni 取代后通过 Ni^{3+}/Ni^{4+}的氧化还原可以抑制 Fe^{4+}的姜-泰勒效应，从而可以减少电活性铁元素的损失[7]。但是由于在材料中含有比较多高成本的 Ni 元素，所以需要更优异的性能才能实现更高的性价比。

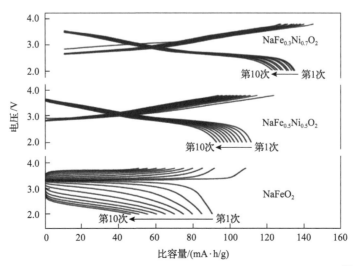

图 2.4　NaFeO$_2$、NaFe$_{0.5}$Ni$_{0.5}$O$_2$、NaFe$_{0.3}$Ni$_{0.7}$O$_2$ 样品的充放电曲线[7]

4. 锰基层状氧化物正极

锰基层状氧化物根据合成条件和化学计量比可以分为 P2-Na$_{0.7}$MnO$_2$、单斜 O′3 型 α-NaMnO$_2$、正交 P2 型β-NaMnO$_2$，晶体结构如图 2.5 所示。早在 1985 年，这三种材料的结构及储钠性能就得到了系统性研究，图 2.5(d)～(f)显示了它们的充放电曲线。2011 年，O′3-NaMnO$_2$ 的电化学性能再次得到了详细研究，在 2～3.8V 电压区间，超小电流下

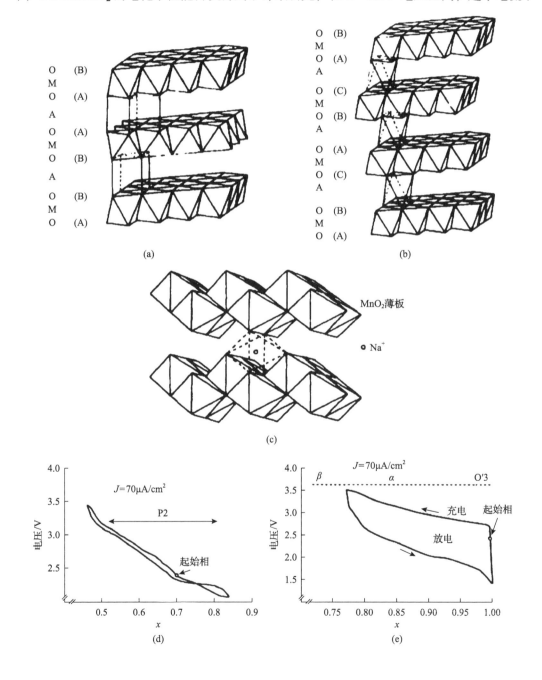

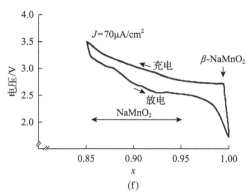

图 2.5　P2-Na$_{0.7}$MnO$_2$、单斜 O′3 型 α-NaMnO$_2$、正交 P2 型 β-NaMnO$_2$ 的晶体结构图(a)～(c)及对应的充放电曲线(d)～(f)[8]

J 为电流密度

可以获得 197mA·h/g 的可逆比容量，但是由于 Mn 的姜-泰勒效应，比容量快速下降，其充放电曲线表现出一系列的阶梯，对应着多步的结构转变。α-NaMnO$_2$ 结构中存在着大量的缺陷，这些缺陷会影响材料的结构、磁性和电化学性能，通过理论计算证明高浓度的缺陷会引起 α-NaMnO$_2$ 向β-NaMnO$_2$ 转变。相对于 α-NaMnO$_2$，β-NaMnO$_2$ 表现出更好的电化学性能。

Na$_x$MnO$_2$ 比容量快速衰减的原因被广泛认为是由 Mn^{3+} 的姜-泰勒效应和湿度造成的结构不稳定性引起的。早期的研究发现水分子可以进入钠层，使层间距增加 0.25nm，导致结构不稳定。无水的 P2-Na$_x$MnO$_2$ 可以表现出 140mA·h/g 的放电比容量，但经过几次循环后，晶体结构会慢慢坍塌变成无定形结构。这种结构扭曲是由高自旋的 Mn^{3+} 的姜-泰勒效应引起的。因此，在防止水分子进入层间的同时，还需要抑制 Mn^{3+} 的姜-泰勒效应。

如图 2.6 所示，当过渡金属离子具有六配位时，其配合物的构型为八面体。位于正八面体六个顶点的配体通过配位键与中心离子相连[9]。配位场理论指出，当该离子的配合物是正八面体构型时，d 轨道分裂成 t$_{2g}$(包括轨道 d$_{xy}$、d$_{zx}$ 和 d$_{yz}$)和 e$_g$(包括轨道 d$_{z^2}$ 和 d$_{x^2-y^2}$)两组轨道，t$_{2g}$ 和 e$_g$ 轨道的能量相同。Mn 的最外层电子为 3d^{5}4s^2，所以 Mn^{3+} 的最外层电子为 3d^4，4 个 d 轨道电子。d 轨道分成 t$_{2g}$ 和 e$_g$，形成 t$_{2g}$(3)e$_g$(1) 的结构。这意味着，在 e$_g$ 轨道中，无论电子填充模式是 d$_{x^2-y^2}$(0)d$_{z^2}$(1) 还是 d$_{x^2-y^2}$(1)d$_{z^2}$(0)，能量都相同。也就是说，这时候出现了两个简并态。d 电子云分布不对称的非线性分子中，基态如果存在简并态，则意味着不稳定。分子的几何构型将会通过畸变的方式(拉长或者压缩)来消除简并态，即通过对称性的变化而降低一个轨道的能量使简并态破坏(图 2.6)，达到稳定分子构型的目的，这就是 Mn^{3+} 的姜-泰勒效应。

通过 Al^{3+}、Li$^+$、Mg^{2+}、Ni^{2+}、Cu^{2+} 等掺杂或取代可以抑制姜-泰勒效应，从而获得结构稳定的 P2 相材料。Li 取代 Mn 可以制备得到 P2-Na$_{0.6}$Li$_{0.2}$Mn$_{0.8}$O$_2$ 和 P2-Na$_{5/6}$Li$_{1/4}$Mn$_{3/4}$O$_2$[10]。在小电流下，这两种材料均具有近 200mA·h/g 的可逆比容量，且表现出良好的循环性能和优越的倍率性能。Li 与 Mn 在过渡金属层中有序分布，而 Na 则均匀、无序地分布在共边和共面的三棱柱位置。Li 取代 Mn 后，充放电曲线变得平滑。Li 的部分取代一方面

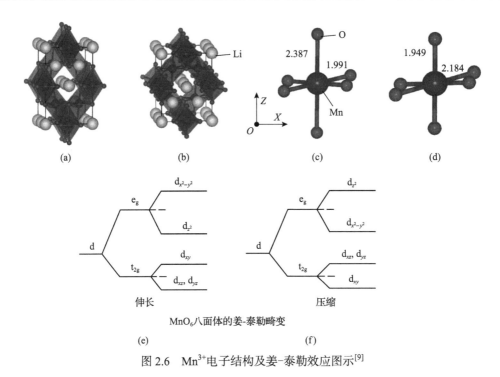

图 2.6　Mn^{3+}电子结构及姜-泰勒效应图示[9]

抑制了材料充放电过程中的有害相转变，另一方面提高了 Mn^{4+}在材料的含量，从而减少了 Mn^{3+}的姜-泰勒效应。

　　Mg 掺杂也可以提高材料在充放电过程中的稳定性，提高材料的电化学性能。在 Na$_{0.67}$Mn$_{1-x}$Mg$_x$O$_2$($0\leqslant x\leqslant 0.2$)中，充电结束时存在更多的 Na$^+$，增大 P2 相稳定的电压范围并延迟氧层滑移的发生，形成 OP4 相。Mg 的加入也可以抑制 Mn^{3+}的姜-泰勒效应，从而提高循环稳定性。5%Mg 掺杂的材料具有 175mA·h/g 的可逆比容量，随着 Mg 含量的增加，材料的可逆比容量减少。有趣的是，Li 或 Mg 的取代都提高了材料的工作电势，这种现象和 Li$_2$MnO$_3$基材料类似，可能是由晶格中 O 发生氧化还原使其在高电势下具有电化学活性引起的。晶格氧参与电荷补偿也可以带来额外的比容量，从而提高正极材料的能量密度[10-12]。但晶格氧的氧化还原反应是一把双刃剑，在充电过程中往往会伴随着晶格氧的丢失，导致结构的破坏，氧气的产生也加剧了电池的安全隐患。

　　这类晶格氧具有高电化学活性，其正极材料的充放电曲线都有一个特点，即充电曲线电压平台间距较大，意味着这类材料电压滞后严重，能量效率降低。这种现象与材料中超晶格结构有密切的联系。如图 2.7 所示，LiO$_6$ 和 MnO$_6$ 八面体在过渡金属层通过共边形成蜂窝状超晶格结构，充电过程中 Li 迁移至 Na 层使得过渡金属层形成 Li 空位，此过程也会伴随着 Mn 迁移到 Li 空位从而产生氧气，也破坏了蜂窝结构。在放电过程中，O$_2$ 分子会在放电时还原为 O^{2-}，但锰离子已迁移到平面中，改变了 O^{2-}周围的配位，从而大大降低了放电电压[13]。LiO$_6$ 和 MnO$_6$ 八面体在过渡金属层中以带状方式排列，材料的电压滞后得到明显的改善。

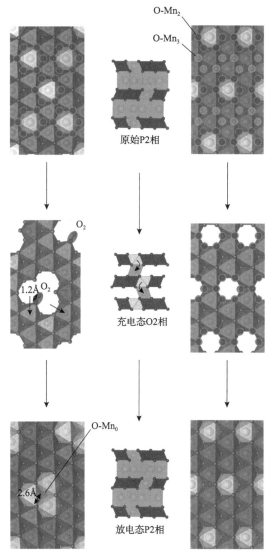

图2.7   不同超晶格结构的P2型Mn基正极中超晶格在充放电过程中的结构演变[13] (扫封底二维码见彩图)

5. 镍基层状氧化物正极

镍基层状氧化物正极由于 $Ni^{2+}/Ni^{3+}/Ni^{4+}$ 电对的高电压而受到广泛关注。$NaNiO_2$ 的结构于 1977 年通过 X 射线和中子散射发现，随后分别于 2000 年和 2005 年通过中子和 X 射线衍射确定。稳定的 $NaNiO_2$ 分为两种晶型：低温的单斜层状 O3 结构及高温菱形相。单斜相的 $NaNiO_2$，属于 C_2/m 空间群，包含由共棱的 NiO_6 八面体形成的 Ni-O 层，每个八面体由于 Ni^{3+} 离子的姜-泰勒畸变而伸长。Na^+ 位于 NiO_2 板之间，并与 O 通过扭曲的八面体进行配位[14]。1980 年，研究发现该材料在 2.0~3.5V 仅能脱出 0.2 个 $Na^{+[15]}$。后来重新对该材料的电化学性能进行了研究，发现较小的 Ni^{3+} 不会迁移到 Na^+ 层。在 1.25~3.75V 下循环表明，0.63 个 Na^+ 可以可逆地脱出，0.52 个 Na^+ 可逆地嵌入(对应于 147mA·h/g

充电比容量和 123mA·h/g 放电比容量)。在 2.0~4.5V 时，0.85 个 Na$^+$可以脱出，0.62 个 Na$^+$可以嵌入(对应于 199mA·h/g 的充电比容量和 147mA·h/g 放电比容量)，但由于高电压下结构受到破坏，导致循环性能很差。该材料在脱 Na$^+$过程中，其结构变化是 O′3 → P′3 → P″3 → O″3 → O‴3，分别对应着 NaNiO$_2$、Na$_{0.91}$NiO$_2$、Na$_{0.84}$NiO$_2$、Na$_{0.81}$NiO$_2$ 和 Na$_{0.79}$NiO$_2$ 之间的转变。

1) 高价离子取代

Ni^{3+}的姜-泰勒效应、充放电过程中的相变及 Na 层的重排都会引起 NaNiO$_2$ 结构的不稳定。通过元素的取代可以稳定其结构，提高电化学性能。NaNiO$_2$ 中的 Ni 为+3 价，经过 Mn、Ti 和 Sb 等高价的元素取代后价态呈现为+2 价，Ni 可以实现+2 ↔ +3 ↔ +4 价的氧化还原，从而获得高的比容量。高价元素则不参与氧化还原反应，而是起到稳定八面体层、提高材料的稳定性的作用。

含 Ni、Mn 的层状氧化物材料主要包括 O3-NaNi$_{0.5}$Mn$_{0.5}$O$_2$ 及 P2-Na$_{2/3}$Ni$_{1/3}$Mn$_{2/3}$O$_2$，这两种材料没有 Ni^{3+}的姜-泰勒效应，所以这类材料具有高的对称性和稳定的晶体结构。两种材料的充放电曲线都表现出很多的台阶，表明它们在充放过程中发生多次相变。O3 相材料含有较多的 Na$^+$，使它具有更高的可逆比容量，但是在相同电压范围内 P2 相表现出更好的稳定性。

在 2~4.5V 电压范围内，P2-Na$_{2/3}$Ni$_{1/3}$Mn$_{2/3}$O$_2$ 发挥出 160mA·h/g 的可逆比容量，对应的是 Ni^{2+}/Ni^{4+}氧化还原，具有 3.7V 的较高放电电压，大约在 4.2V 有一个较长的电压平台。将 P2-Na$_{2/3}$Ni$_{1/3}$Mn$_{2/3}$O$_2$ 充电至高电压时的充电末端，P2 部分转变为 O2 相，发生超过 20%的体积变化，导致循环比容量快速地衰减。P2-Na$_{2/3}$Ni$_{1/3}$Mn$_{2/3}$O$_2$ 结构中存在着 Na$^+$/空位有序排列的超晶格结构,这种超晶格结构会影响 Na$^+$迁移，导致较差的倍率性能。对过渡金属层和 Na 层进行掺杂可以抑制该超结构的产生。另外，P2-Na$_{2/3}$Ni$_{1/3}$Mn$_{2/3}$O$_2$ 材料在充电过程中 Ni^{3+}/Ni^{4+}e$_g$ 轨道与 O2p 轨道在能级上发生重叠，使晶格氧具有活性。然而晶格氧参与电荷补偿生成 O$_2$ 造成晶格氧丢失，导致晶体结构破坏，降低了材料的循环性能。

2) 等价离子取代

在 Ni 位引入与其价态相近的二价元素 Mg^{2+}、Zn^{2+}、Cu^{2+}，可以有效地抑制材料高电压下 P2 → O2 的相转变。这些更强的 Mg-O、Zn-O 键可以抑制由于 Na$^+$的脱出而导致的氧层滑移，从而减少过渡金属的滑移导致的相转变。

使用 Mg^{2+}取代 Ni 离子得到 P2-Na$_{0.67}$Mn$_{0.67}$Ni$_{0.28}$Mg$_{0.05}$O$_2$，该材料表现出 123mA·h/g 的可逆比容量和 3.7V 的平均电压。虽然由 Mg 含量逐渐增加引起的活性 Ni 含量的减少使得比容量不断降低，但是 Mg 取代的材料具有独特的优势：

(1)Mg 取代的材料能够稳定维持 P2 相结构，循环稳定性得到提高，并且充放电曲线变得平滑。另外，当充电电势大于 4.35V 时会出现 OP4 相结构，而 P2 → OP4 在充电过程中是高度可逆的，这有利于提高材料的循环稳定性。

(2)Mg 的加入有利于 Na$^+$/空位的无序化，使 Na$^+$的迁移速率比原始的材料高，从而获得更好的倍率性能。相似的作用可以在 Zn^{2+}、Cu^{2+} 和 Mn^{2+} 取代的镍基氧化物材料，如 $Na_{0.66}Ni_{0.33-x}Zn_xMn_{0.67}O_2$、$Na_{2/3}Ni_{1/3}Mn_{5/9}Al_{1/9}O_2$ 和 $Na_{2/3}Ni_{1/3-x}Cu_xMn_{2/3}O_2$ 材料中同样观察到[16-18]。

3）低价离子取代

Li 取代也是一种稳定过渡金属层、平滑充放电曲线、提高循环稳定性的有效策略。选择适当的 Li 含量，可以得到两相或者三相共存的材料，如采用 Li 取代 $P2\text{-}NaNi_{0.5}Mn_{0.5}O_2$，随着 Li 含量的增加，材料逐渐从 Na-O3（$O3\text{-}Na_xLi_yNi_zMn_{1-y-z}O_2$，$x>y$）转变为 Na-P2（$P2\text{-}Na_xLi_yNi_zMn_{1-y-z}O_2$，$x>y$），再转变成 Li-O3（$O3\text{-}Li_yNa_xNi_zMn_{1-y-z}O_2$，$x>y$），如图 2.8 所示。这类两相共存的化合物将 P2 相较好的倍率性能和 O3 相较高的比容量的优点结合在一起，使材料表现出好的电化学性能[19]。

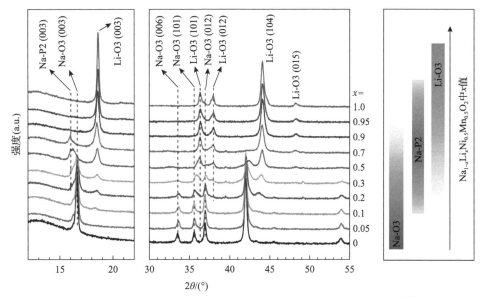

图 2.8　$Na_{1-x}Li_xNi_{0.5}Mn_{0.5}O_{2+\sigma}$ 随 x 的变化的 X 射线衍射（XRD）图[19]

6. 铜基层状氧化物正极

除了以上含 Ni、Fe、Mn 基层状氧化物正极外，铜基层状氧化物由于较低的成本也受到了广泛的关注[6, 20, 21]。在铜基层状氧化物中，Cu^{2+}/Cu^{3+} 表现出电化学活性，材料也具有较好的电化学性能。由于 Cu^{2+}/Cu^{3+} 的电势较高，这一类材料均具有较高的放电电压。但是因为只涉及一个电子转移的电化学反应，所以材料的比容量普遍不高，如 $P2\text{-}Na_{0.68}Cu_{0.34}Mn_{0.66}O_2$ 只具有 $67mA·h/g$ 的可逆比容量[21]。

为了进一步提高该类材料的可逆比容量，使用 Fe 取代部分 Cu 和 Mn 可得到铜铁锰基三元过渡金属正极材料 $O3\text{-}Na_{0.9}Cu_{0.22}Fe_{0.3}Mn_{0.48}O_2$[20]。$O3\text{-}Na_{0.9}Cu_{0.22}Fe_{0.3}Mn_{0.48}O_2$ 材料与硬碳组成的全电池具有 3.2V 的中值电压和 $100mA·h/g$ 的可逆比容量，且具有很好的循环稳定性。另外，以 $O3\text{-}Na_{0.9}Cu_{0.22}Fe_{0.3}Mn_{0.48}O_2$ 材料为正极，热解无烟煤得到的碳为负极，构建的一个 2A·h 软包电池具有 $100W·h/kg$ 的实际能量密度，并且具有很好的倍率性能及循环性能，如图 2.9(a)～(c)所示。该电池正负极材料都使用廉价的原料，极大地降低了材料的成本。从成本和材料环境适应性(对湿气稳定)角度考虑，铜基类材料组成廉价且无毒，具有非常好的应用前景，为设计高稳定性、低成本钠离子电池正极材料提供了一个新的方向。

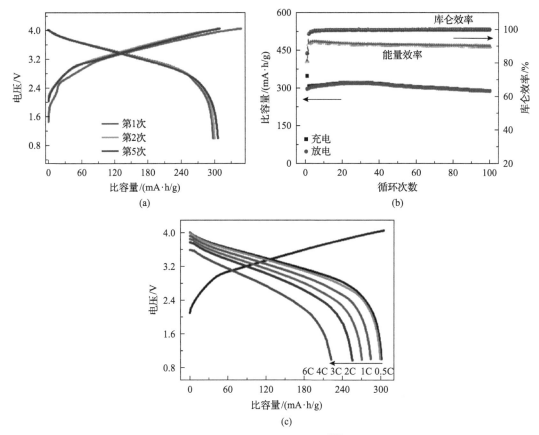

图 2.9　O3-Na$_{0.9}$Cu$_{0.22}$Fe$_{0.3}$Mn$_{0.48}$O$_2$ 全电池性能图[20](扫封底二维码见彩图)

7. 其他过渡金属层状氧化物正极

除了以上讨论的过渡金属层状氧化物正极以外，还有含其他过渡金属元素的层状氧化物也被研究，如 Co、Cr、V 基氧化物。

1) Na$_x$CoO$_2$

早在 1981 年，Na$_x$CoO$_2$ 的电化学性能就得到了系统性的研究[22]。随着钠的化学计量数的不同，Na$_x$CoO$_2$ 表现出不同的结构，包括 P2(0.64≤x≤0.77)、P′3(0.55≤x≤0.6)、O3(x = 1)和 O′3(x = 0.77)。这些结构的 Na$_x$CoO$_2$ 都可以实现 Na$^+$的嵌入和脱出，充放电曲线表现为多个平台。其中，在 0.5≤x≤1 时，P2-Na$_x$CoO$_2$ 存在 9 种单相区，这些单相区的形成主要与 Na$^+$/空位的有序性相关(不同 Na$^+$排布，得到不同的单相)，如图 2.10 所示。

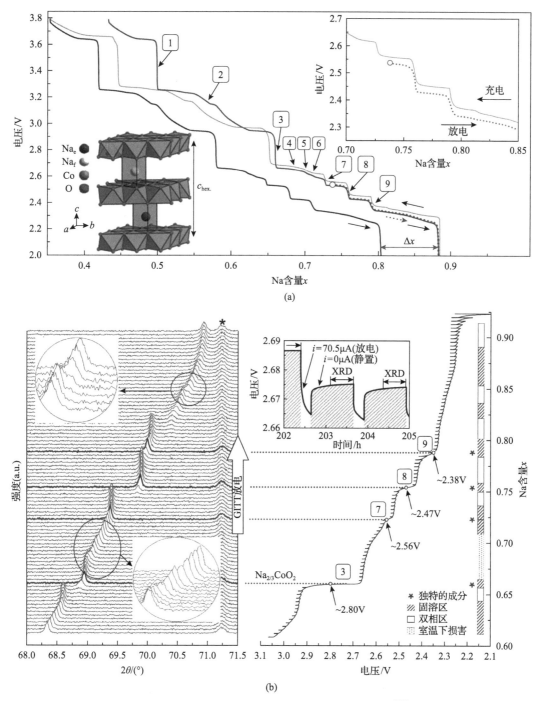

图 2.10　P2-Na$_x$CoO$_2$ 的充放电曲线和原位 XRD 图[23]

　　前面提到过充放电曲线表现出多平台，意味着在充放电过程存在着多相变过程，会导致结构的不稳定性。针对 Na$_x$CoO$_2$ 的多相变的问题，目前也是采用金属元素取代的方法来解决。如通过 Fe 取代部分的 Co 元素，合成出 O3-NaFe$_{0.5}$Co$_{0.5}$O$_2$，该材料在 2.5~4.0V

的电压范围内有 160mA·h/g 的可逆比容量和 3.14V 的平均电压。该材料展现出平滑的充放电曲线，表明 Na^+ 动力学得到了提高，从而具有更好的倍率性能。对充放电过程中的材料结构进行表征，发现充电起始阶段存在一个 O3+P3 两相共存区，因此材料较高的倍率性能也可能得益于 P3 相具有较快的 Na^+ 扩散。这个发现为开发高性能的 Na^+ 正极材料提供了方向。

2）$NaCrO_2$

O3 相 $NaCrO_2$ 早在 1982 年被研究，当时发现 0.15 个 Na^+ 可以可逆地进行嵌入和脱出，对应的是 O3→P3 的相转变。但早年缺乏研究手段，限制了材料的深入研究。近年来，随着材料表征手段的不断发展[24]，该材料再次引起了研究者们的兴趣。经研究人员的努力，目前 O3-$NaCrO_2$ 的可逆储钠比容量可以达到 120mA·h/g，对应 0.48 个 Na^+ 脱出和嵌入，放电电压在 3V 左右。同时，该材料在不同电流密度下均具有较好的循环稳定性。但充电至较高电压时，同样会发生 Cr^{4+} 从过渡金属层到 Na 层的迁移，从而导致比容量的衰减。通过碳包覆的方法可以提高该材料的循环稳定性[25]。碳包覆后的 O3-$NaCrO_2$，材料具有 121mA·h/g 的比容量，300 次循环后具有 90% 的容量保持率，并且在 150C 超高倍率下仍具有将近 100mA·h/g 的比容量。一方面，碳包覆可以通过提高材料的电子电导来提高材料的倍率性能；另一方面，碳包覆可以很好地缓解材料在高压下与电解液发生的副反应，从而改善材料的循环性能。

3）$NaVO_2$

$NaVO_2$ 也具有 O3-$NaVO_2$ 和 P2-$Na_{0.7}VO_2$ 两种结构[26]。O3-$NaVO_2$ 中至少有 0.5 个 Na 能够进行可逆的嵌入/脱出，对应着 126.4mA·h/g 的可逆储钠比容量。P2-$Na_{0.7}VO_2$ 与 O3-$NaVO_2$ 相比，极化更小。这两种材料具有不同的嵌入/脱出钠机理。对于 P2-$Na_{0.7-x}VO_2$，在 $0.5<x<0.9$，充放电过程中存在着三个中间相（$x=1/2, 5/8, 2/3$），也存在着两个固溶体区域，但是在整个充放电过程中始终保持着 P2 相结构，只是晶格常数发生了一定的变化；而 O3-$NaVO_2$ 反应过程中存在着 $Na_{2/3}VO_2$ 和 $Na_{1/2}VO_2$ 两种相。$Na_{2/3}MO_2$ 相属于有序的 O′3 结构。

总体来说，上述三种过渡金属层状氧化物 Na_xMO_2（M = Co, Cr, V）材料虽然表现出较好的储钠性能，但这些元素价格较高且具有较大的毒害作用，因此将其直接用于廉价的储钠体系可能不太合适。然而对其储钠机理的研究，有助于发现一些新的结构和反应原理，可为其他储钠反应体系提供借鉴。

2.1.2　隧道型过渡金属氧化物

隧道型 Na_xMO_2 晶体呈正交结构，其中所有 M^{4+} 和一半 M^{3+} 占据八面体位置（MO_6），而其他 M^{3+} 位于方形金字塔位置（MO_5）。共边的 MO_5 单元通过顶点连接到一个三重和两个双重八面体链，形成三维互通的 S 形隧道。由此产生的隧道结构使 Na^+ 主要在 c 方向扩散。

隧道 $Na_{0.44}MnO_2$ 作为钠离子电池的正极材料已被广泛研究，理论比容量为 121

$mA \cdot h/g$，可通过固相反应法、水热法、燃烧法、溶胶-凝胶法等多种方法合成。通过固相反应法制备的 $Na_{0.44}MnO_2$ 颗粒较大，扩散路径过长导致的较大极化使材料呈现出较低的可逆比容量（0.1C 倍率下约 $80mA \cdot h/g$）和较差的循环寿命（50 次循环后仅 50%容量保持率）。通过改进合成方法得到优化的材料形貌，可以提高电化学性能。采用水热法制备的单晶 $Na_{0.44}MnO_2$ 纳米线，在 0.42C 倍率下的可逆比容量为 $115mA \cdot h/g$，在 8.3C 倍率下的可逆比容量达到 $103mA \cdot h/g$，并且具有良好的循环性。采用溶胶-凝胶法合成的 $Na_{0.44}MnO_2$ 超长亚微米板具有 $120mA \cdot h/g$ 的高比容量，可稳定循环 100 次以上。

相比于层状过渡金属氧化物，隧道型过渡金属氧化物具有三维互通的钠离子 S 形隧道结构，包含大量的 c 轴空位，使 Na^+ 能够快速扩散，且在循环过程中保持结构的稳定性。但是，隧道型过渡金属氧化物由于钠含量较低，使材料的比容量较低。然而由于其对环境和水的稳定性较高，因此作为水系钠离子电池的正极得到了广泛的应用，具体内容将在后面的章节进行讨论。

2.2 普鲁士蓝类化合物

普鲁士蓝是 18 世纪初被发现的蓝色颜料，是已知最早被合成的配位化合物。普鲁士蓝类化合物（类普鲁士蓝）具有化学稳定性高、电化学可逆性强、成本低、易制备等优点。

（1）成本低廉、可规模化制备：材料不含贵金属元素，成本较低，生产过程环境友好、工艺简单、无需进行热处理，能耗低，产量高，适用于规模化工业生产[27]。

（2）可进行功能化精细调控：可通过改变原料中过渡金属种类与含量、钠的投入量、表面活性剂种类与含量，以及控制原料滴加速率等方法对类普鲁士蓝产物的组元组分、空位缺陷、形貌及物相进行调控，进而调控其在钠离子电池中的电化学行为[28]。

（3）离子迁移率较高：材料本征的骨架结构不含高电负性的离子，如氧、氟等元素，Na^+ 受到的化学束缚力较聚阴离子型化合物小，离子迁移率快[29]，不用经过特殊的材料复合等手段就有很好的倍率性能[30]。

（4）充放电电势合适且循环稳定性好:类普鲁士蓝正极材料的充放电电势约为 3.2V（vs. Na/Na^+），有利于实际应用；具有化学稳定的晶格结构，并且骨架结构与嵌入的 Na^+ 之间作用力较弱，在充放电过程中晶格畸变较小，具有很好的循环稳定性[31]。

（5）材料环境适应性强：类普鲁士蓝骨架材料具有快速 Na^+ 传输能力，即使在-25℃极低温条件下，仍然表现出色的倍率性能和循环性能，为寒冷地区的储能提供可靠保障[32, 33]。

2.2.1 类普鲁士蓝的结构及晶体缺陷

1. 类普鲁士蓝的结构

类普鲁士蓝（PBAs）的常见组成为 $A_xM_A[M_B(CN)_6]_y \cdot zH_2O$（A 为碱金属离子，$M_A$ 和 M_B 为过渡金属离子，如 Fe、Mn、Co、Ni、Cu、Zn 等，$0<x<2$，$0<y<1$）。普鲁士蓝属于钙钛矿型晶体结构、面心立方结构。如图 2.11 所示，在 $A_xM_A[M_B(CN)_6]_y \cdot zH_2O$ 的

晶体结构中，过渡金属离子 M_A、M_B（Fe、Mn）与配体—C≡N—按 M_A—C≡N—M_B 排列形成三维立方刚性骨架结构。只与 C 相连的低自旋的 M_A 和只与 N 相连的高自旋的 M_B 均位于面心立方结构的顶点位置，由位于棱边上的—C≡N—连接，碱金属离子 A（Na^+）则占据立方体空隙的位置。面心立方的这种大的空隙能允许 Na^+ 可逆地占据及方便地传输，有利于电化学插入反应的进行。不同于传统的氧化物和磷酸盐正极材料，类普鲁士蓝的晶格具有巨大的间隙位点（直径约 4.6Å）及宽敞的扩散通道（在 ⟨100⟩ 方向上直径约 3.2Å），具有很高的 Na^+ 扩散系数（$10^{-9} \sim 10^{-8} cm^2/s$），这意味普鲁士蓝晶格具有更高的离子导电性[29, 34]。同时，通过选用不同的过渡金属离子，如 Ni^{2+}、Cu^{2+}、Fe^{2+}、Mn^{2+}、Co^{2+} 等，可以获得丰富的结构体系，表现出不同的储钠性能。

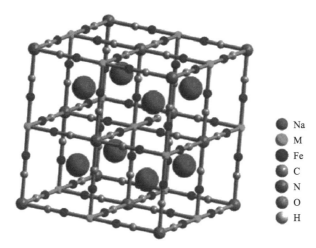

Na
M
Fe
C
N
O
H

图 2.11　类普鲁士蓝骨架的晶体结构（扫封底二维码见彩图）

2. 类普鲁士蓝的晶体缺陷

尽管类普鲁士蓝具有稳定的三维（3D）骨架结构及高达 170mA·h/g 的理论比容量，在早期的类普鲁士蓝电化学反应研究过程中，几乎所有的类普鲁士蓝作为 Na^+ 嵌入型正极材料的性能都不令人满意，甚至不能提供可观的容量。如今，这一令人困惑的现象被认为是由类普鲁士蓝晶格的不规则形变及其骨架内部的水分子引起的。目前，无论哪种合成方法都无法避免骨架的铁氰根空位与水的存在。在类普鲁士蓝材料中的水为吸附水、晶格水和配位水，可以通过热重分析它们在材料中的占比。如图 2.12 所示，通过中子衍射和扩展 X 射线吸收精细结构（EXAFS）探测得到晶格水在类普鲁士蓝立方晶格中可占据位点有 8c、32f 和 48g[35]，水分子的占据位点与嵌入离子的占据位点重合，也就是说在类普鲁士蓝中 Na^+ 与晶格水之间具有占位竞争[36]。高负电荷[$Fe(CN)_6$]$^{4-}$六配位结构在水溶液中是不稳定的，因此前驱体溶液中铁氰根将以[$Fe(CN)_4H_2O$]$^{2-}$的形式存在，当存在大量的碱金属离子时，碱金属离子对高负电荷[$Fe(CN)_6$]$^{4-}$的电荷补偿使 Fe 与 CN 六配位得以稳定存在[37]。大量的合成实验也证实了这一现象，在富钠的前驱体溶液中得到的类普鲁士蓝产物往往具有低的结晶水含量[38, 39]。

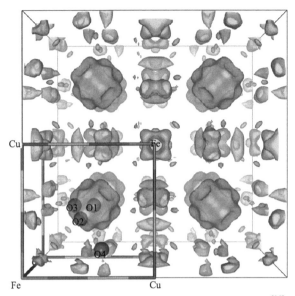

图 2.12　中子衍射和 EXAFS 分析得到晶格水位置[35]

铁与氰根具有强关联作用，当整个铁氰根$[Fe(CN)_6]^{3-/4-}$基团缺失时，为了稳定骨架结构配位，H_2O 团簇会占据原有铁氰根基团的位置[40]，水在骨架中有四配位和六配位结构，如图 2.13 所示。具体采用哪种配位形式是根据环境湿度调整的，材料在不同干燥条件下呈现出不同的颜色变化[41]。骨架缺失导致的空位与结构水之间有着直接对应关系。空位缺陷对类普鲁士蓝材料电化学性能最直接的影响表现在活性位点的缺失导致的比容量下降，以及空位的存在引起的骨架结构稳定性下降而导致的循环寿命缩短。

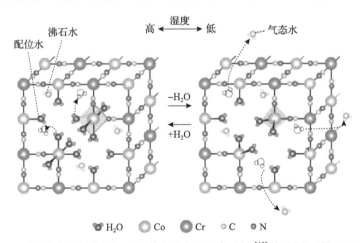

图 2.13　配位水不同构型：六配位（左）与四配位（右）[40]（扫封底二维码见彩图）

通过除去晶格中的水分子可以得到一种更加扭曲的菱面体结构 $Na_2MnFe(CN)_6$[42]。脱水的菱方相 $Na_2MnFe(CN)_6$ 与单斜相材料的氧化还原电势出现差异，两个充放电平台简并成一个在 3.5V 处极为平坦的充放电平台，储钠比容量高达 150mA·h/g，在 20C 倍率下具有 80%初始容量，更重要的是，循环性能得到了极大提高。氧化还原电势的简并是过渡金属的离域能与配位场稳定化能相互制约的结果[43]。晶格水能扰乱配位化合物的配位域，在高水含量时由于 Fe 和 Mn 的离域能不同，表现为双平台。如图 2.14 所示，脱水后，低自旋的 Fe 比高自旋的 Mn 有更高的配位场稳定化能，从而提高 Fe 的氧化还原电势，使电压平台简并。

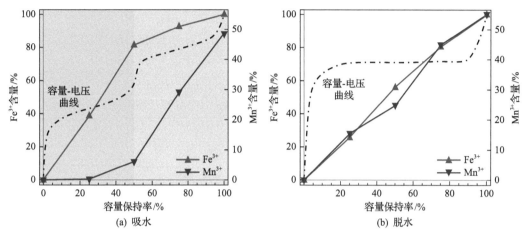

(a) 吸水　　　　　　　　　　　　　　　(b) 脱水

图 2.14　类普鲁士蓝吸水后(a)与脱水后(b)的氧化还原电势是过渡金属离域能与配位含量的关系图[43]

2.2.2　Fe 基类普鲁士蓝

Fe 基类普鲁士蓝(Fe-PBA)的分子式为 $Na_xFe[Fe(CN)_6]_y$，属于双电子转移型普鲁士蓝，理论上具有 170mA·h/g 的放电比容量。传统的 Fe-PBA 合成方法是在水溶液中加入 $Fe^{2+/3+}$ 和 $[Fe(CN)_6]^{3-/4}$ 进行反应。由于 Fe-PBA 成核及晶体生长的速度极快，制备得到的 Fe-PBA 结构不规则，内部具有较多的缺陷及间隙水。2015 年，Goodenough 通过单一铁源水热法，在酸性条件下对 $Na_4Fe(CN)_6$ 进行水热反应，铁氰根分解缓慢释放铁离子，与未反应的 $[Fe(CN)_6]^{4}$ 结合，制备得到了低缺陷的类普鲁士蓝，即斜方六面体结构的富钠态类普鲁士蓝 $R-Na_{1.92}Fe[Fe(CN)_6]$(呈现白色，也称普鲁士白)，具有高比容量、长循环寿命和良好的倍率性能，且在空气中具有良好的稳定性[44]。然而，这种制备方法会产生大量的氰化物，废液需特殊处理，不适宜大规模生产。

为进一步降低缺陷含量，研究者们进一步开发了络合剂辅助的共沉淀法来制备 Fe-PBA。在反应物溶液中加入络合剂(如柠檬酸等)，过渡金属离子会在反应初期与络合剂形成配合物。结晶过程中，配合物解离缓慢释放出过渡金属离子，降低了与铁氰根发生共沉淀反应的速率。由于柠檬酸等配体与铁氰根之间的竞争作用，结晶速率得到明显控制，最终生长成为形貌规整、结晶良好的高钠含量的 Fe-PBA，并有效提升其电化学储钠性能[39](图 2.15)。

大量研究证明了 Fe-PBA 内部的晶格缺陷及随之产生的间隙水是其储钠性能恶化的主要原因，而通过制备高结晶性 Fe-PBA 来降低缺陷和晶格水含量，从而实现其潜在的高比容量是可行的[39,44,45]。

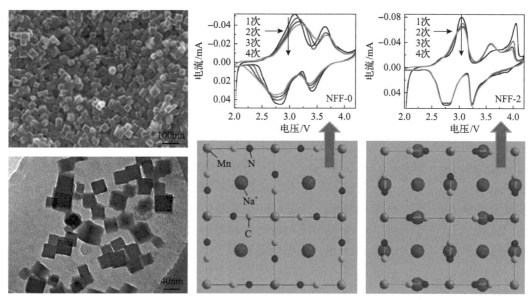

图 2.15　络合剂辅助的共沉淀法合成的高钠含量的 Fe-PBA[39]

2.2.3　Mn 基类普鲁士蓝

Mn 基类普鲁士蓝（Mn-PBA）的分子式为 $Na_xMn[Fe(CN)_6]_y$，同样属于双电子转移型普鲁士蓝，理论上具有 170mA·h/g 的放电比容量。锰在地壳中含量非常丰富，此外，Mn-PBA 中 N 位点 Mn^{2+}/Mn^{3+} 的氧化还原电势（约 3.6V）高于 Fe-PBA 中 N 位点 Fe^+/Fe^{3+} 的氧化还原电势（2.7V），更高的放电电压意味着更高的能量密度，因此 Mn-PBA 受到大量研究人员的关注。Mn-PBA 有两个放电平台，分别为 3.6V 和 3.2V，其中 3.6V 对应于 Mn 的氧化还原反应，3.2V 对应于 Fe 的氧化还原反应[46]。如前所述，Mn-PBA 体系中的晶格水影响着材料的电压平台，如图 2.16 所示，在高水含量时由于 Fe 和 Mn 的离域能不同，表现为双平台。脱水后，低自旋的 Fe 比高自旋的 Mn 具有更高的配位场稳定化能，

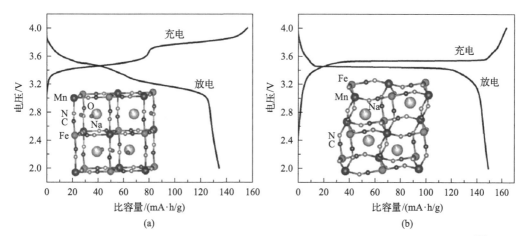

图 2.16　$Na_2MnFe(CN)_6 \cdot zH_2O$ 的充放电曲线 (a) 及 $Na_2MnFe(CN)_6$ 的充放电曲线 (b)[42]

从而提高 Fe 的氧化还原电势，使两个平台简并成一个平台。

通过增加 Mn-PBA 的钠含量可以制备得到晶体结构为单斜晶系的 $Na_{1.72}MnFe(CN)_6$，其在 2~4.2V 电压区间内，1/20C 倍率下具有 134mA·h/g 的放电比容量。此外，通过将单斜晶系的 Mn-PBA 在真空条件下烘干，可以制备得到六方晶系的无水 Mn-PBA[42]。这种无水 Mn-PBA 具有优异的循环性能和倍率性能，在 20C 的大倍率下，比容量依然可以保持在 120mA·h/g。通过在合成过程中添加络合剂也可以加强 Mn-PBA 的结构稳定性，从而提高材料的循环性能。利用乙二胺四乙酸二钠（Na_2EDTA）的强络合作用在 Mn-PBA 结构中制造出阳离子缺陷位点（Mn 空位），合成出单斜相的 $Na_{1.6}Mn_{0.75}[Fe(CN)_6]·1.57H_2O$。与 $Fe(CN)_6$ 空位相比，Mn 空位的存在不仅不会破坏 Mn-PBA 的结构稳定性，反而能有效地抑制 MnN_6 八面体的结构畸变，提高 Mn-PBA 的循环稳定性[47]。

目前，已经可以实现 100kg 级别的 Mn-PBA 材料的工业大规模制备，并且发现在低温条件下合成更有利于 Mn-PBA 形成完整的晶格[48]。

2.2.4　Co 基类普鲁士蓝

Co 基类普鲁士蓝（Co-PBA）由于具有较高的氧化还原电势及双电子转移反应，电化学性能具有明显的优势。在 Co-PBA 中，Fe 和 Co 都分别表现出 Fe^{2+}-Fe^{3+}（+2.36 价）和 Co^{2+}-Co^{3+}（+2.41 价）的混合价态，并且 Fe、Co 对 C 和 N 分别表现出不同的配位能力。Co-PBA 的充放电曲线有两个放电平台（在 3.8V 和 3.4V 处），分别对应着 Fe^{2+}/Fe^{3+} 和 Co^{2+}/Co^{3+} 的氧化还原，理论比容量高达 170mA·h/g[49]。但材料中含有成本高的 Co 元素，使得它作为储能电池的正极材料的性价比并不高。

2.2.5　Ni、Cu 基类普鲁士蓝

Ni 基类普鲁士蓝作为钠离子正极材料时，通常认为 Ni^{2+} 是电化学惰性的，其中仅有 $Fe^{2+/3+}$ 发生氧化还原反应，属于单电子转移型普鲁士蓝，对应的储钠比容量为 85mA·h/g[50]。最先发现 $KNiFe(CN)_6$ 在水系电解液中具有优异的电化学储钠行为，且倍率性能优异[51]。但是其在有机电解液中却没有水系电解液中那么优异的倍率性能[52]，这与类普鲁士蓝材料本身电导率低有关。

若采用络合剂辅助的共沉淀法，通过络合剂形成的配合物来降低成核速率，就可以在晶体生长阶段抑制新的 Ni—N≡C—Fe 骨架的形成，从而获得尺寸均匀、形貌规则、晶格水含量少、铁氰根缺陷少的 Ni 基类普鲁士蓝[52]。这种缺陷少、结晶性好的材料的容量、倍率及循环稳定性都得到了极大的提高。

一般而言，钠含量较低的 Ni 基类普鲁士蓝为立方相，钠含量升高会使材料从立方相转变成单斜相，晶体结构发生扭曲变形，从而影响过渡金属的配位环境。在充放电的过程中，随着 Na^+ 的嵌入和脱出，材料也会呈现出单斜-立方的可逆相转变，转变临界的钠含量为 1.02[50]。高钠含量的单斜相会诱导过渡金属 Ni 的电子离域化，从而提高材料的电导率，提高其倍率性能。

Cu 基类普鲁士蓝同 Ni 基类普鲁士蓝材料类似，属于单电子转移型普鲁士蓝。由于

材料本身的空位缺陷度较高，嵌钠比容量仅为 60mA·h/g。与 Ni 基类普鲁士蓝相比，Cu 基类普鲁士蓝通常含有更多的 $Fe(CN)_6$ 空位缺陷和结构水，在嵌钠时电势可高达 3.5V（vs. Na^+/Na），而 Ni 基类普鲁士蓝通常仅为 3.2V。在锂离子电池中，Cu 基类普鲁士蓝中的 Cu 具有储锂活性，Fe 与 Cu 可同时参与电化学反应，表现出 1.5 个 Li^+ 的可逆电化学活性，但循环稳定性极差，仅维持几次充放电循环，性能急剧恶化，骨架结构坍塌[53]。然而 Cu 基类普鲁士蓝在储钠时仅表现出 Fe 的电化学活性，因此比容量极低。降低材料中的晶格水含量，可以激活 Cu 的氧化还原活性，使材料实现 1.5 个电子转移，储钠比容量提高至 120mA·h/g。这是因为晶格水会抑制了 Cu 和 Fe 的活性，水含量降低有助于激活过渡金属离子的电化学活性，提高材料的储钠比容量[54]。

2.2.6　类普鲁士蓝化合物的性能优化

1. 提高结晶度、降低晶格缺陷

通常未经过结晶控制的共沉淀方法合成得到的类普鲁士蓝材料，爆发式成核生长，存在大量的铁氰根空位缺陷，空位缺陷会使类普鲁士蓝电化学反应活性位点减少，导致储钠比容量降低。同时，铁氰根的缺失会对骨架结构的支撑减少，循环过程中多次形变会引起结构的坍塌，使循环性能劣化[55]。大量的空位会被结构水占据，这些水在电化学反应中会伴随着 Na^+ 的脱出，而脱出的水进入电解液会导致副反应的发生。因此类普鲁士蓝的电极材料用于钠离子电池需要对缺陷浓度进行控制[56]。为了获得铁氰根空位缺陷少的类普鲁士蓝，前面提到的络合剂辅助共沉淀是一种有效的制备方法[57]。该方法能有效控制过渡金属离子与铁氰根结合的速率，从而获得骨架结构完整、缺陷含量低的类普鲁士蓝材料。

然而铁氰根空位和结构水是类普鲁士蓝本征结构的一部分。Na^+ 在晶格中的迁移不仅与嵌入位点的大小有关，也与其迁移通道有关。由于类普鲁士蓝具有丰富的嵌钠位点和宽的离子通道，除了减少缺陷，还需要类普鲁士蓝提供长程、平滑的迁移通道[58]。高结晶性的材料具有更强的长程有序性，提供更顺畅的 Na^+ 迁移通道（图 2.17），结晶性高的材料通常表现出更快的 Na^+ 迁移。因此，在类普鲁士蓝材料的制备工艺中，需要着重关注提高材料的结晶性。

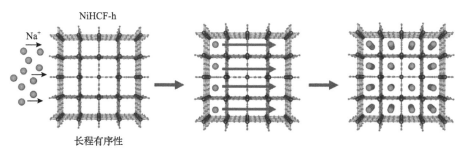

(a)

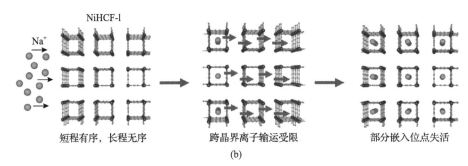

图 2.17　不同结晶性类普鲁士蓝材料的离子迁移示意图[58]

NiHCF-h 为高结晶性的六氰合铁酸镍；NiHCF-l 为低结晶性的六氰合铁酸镍

2. 多金属协同作用

单电子转移的类普鲁士蓝，只有与 C 连接的 Fe 才具有电化学活性，而与 N 连接的过渡金属元素一般不参与电化学反应。这类材料在充放电过程具有很好的循环稳定性。如 Ni 基类普鲁士蓝被认为在嵌入/脱出 Na^+ 过程中体积零应变，且具有极高的倍率性能[30]。然而其理论可逆比容量低，仅为 85mA·h/g，限制了其实际应用。双电子转移的类普鲁士蓝虽然有高达 170mA·h/g 的理论比容量，但材料缺陷度较高、骨架结构稳定性差，2 个 Na^+ 的嵌入/脱出引发的晶格应变会导致骨架结构的坍塌，电化学循环性较差。为兼顾高比容量、高倍率、长循环性能，可使用电化学惰性元素对双电子转移的材料进行掺杂，在达到高比容量的同时改善材料的电化学循环稳定性[59]，如使用电化学惰性的 Ni 元素掺杂双活性 Fe 基类普鲁士蓝来提高其循环稳定性。对于 Mn 基类普鲁士蓝来说，Mn 自身的电子结构导致其价态变化时容易发生歧化反应，其配位化合物易发生姜-泰勒效应，只有 Ni 掺杂量到一定程度才能有效改善 Mn 基类普鲁士蓝的循环性。但是，单一 Ni 元素的加入往往会降低储钠比容量，因此通过单一的元素掺杂改进类普鲁士蓝电极材料的整体性能仍有一定的局限性。因此，可以参考锂离子电池三元层状氧化物材料的构筑方式，设计多元复合的类普鲁士蓝。已有研究表明，采用 Co 和 Ni 等比例取代 Mn，可调节 Fe 周围的电荷密度并改善 Mn 自旋极化产生的 Mn-N 八面体畸变，改善材料的结构和提高储钠稳定性[60]。

3. 形貌控制

在电极材料中形貌调控可以从晶粒尺寸、暴露晶面及构筑分级结构几个方面进行。

不同尺寸的类普鲁士蓝的电化学性能不同[61,62]。随着晶粒尺寸的减小，材料的比容量和倍率性能有显著的提高。减小晶粒尺寸一方面能提高材料与电解液的接触面积，提高界面离子流通量，缩短离子和电子的扩散路径，提高传输效率从而提升倍率性能，另一方面也能抑制体积膨胀，缓解反复充放电产生的结构应力。然而作为电极材料，过度的形貌调控会大大增加工业生产成本，在实际应用中会降低电极材料的振实密度，同时还不可避免地增加材料的表面缺陷，增大与电解液副反应的发生概率。

在暴露晶面方面，立方相类普鲁士蓝骨架结构化合物空间群为 $R\bar{3}m$，其(100)、(010)、(001)为等效晶面，同样也是快离子通道面。由于这些晶面为低能面，通过控制结晶速率来提高产物结晶性，就会使这些低能晶面暴露。同时，高结晶性材料的离子传输通道更为平滑，也能有效提升离子迁移速率[63, 64]。

4. 材料复合

复合材料是人们将不同性质的材料优化组合成新的材料，结构具有可设计性。例如，用电化学稳定性高的 Ni 基类普鲁士蓝包覆在 Cu 基类普鲁士蓝或 Fe 基类普鲁士蓝等材料表面，能有效提升材料的电化学循环性能[65]；利用氧化石墨烯或导电高分子聚吡咯包覆类普鲁士蓝能提升材料的倍率性能及循环稳定性[66,67]。这些复合产物不仅保持各组分材料的优点，通过各组分性能的互补、关联获得单一材料所不能达到的综合性能。类普鲁士蓝之间、类普鲁士蓝与碳材料或金属氧化物协同作用的复合正极材料为进一步提升钠离子电池性能提供新的思路。

2.3　聚阴离子型化合物

聚阴离子型化合物是一系列由 $(XO_4)^{n-}$(X = S, P, Si, As, Mo, W)四面体阴离子单元和 MO_6(M 代表过渡金属)八面体通过共角或者共边连接形成的开放性的三维骨架结构化合物。

这类聚阴离子型化合物具有三个突出的优点：

(1)$(XO_4)^{n-}$四面体阴离子单元不仅可以使 Na^+ 在开放的结构骨架中快速传导，而且可以稳定过渡金属的氧化还原电对；

(2)这种由二维(2D)范德瓦尔斯力或三维(3D)骨架构成的特殊骨架结构有助于 Na^+ 的嵌入和脱出，并且在 Na^+ 的嵌入脱出过程中三维骨架结构变化很小。

(3)聚阴离子化合物中强 X—O 共价键可以诱导并增强 M-O 离子键的电离度，从而产生电势更高的过渡金属氧化还原电对。这就是聚阴离子化合物中的"诱导效应"，因此聚阴离子型正极材料往往具有较高的工作电压。选择不同的 X、M 的化学元素配对，可以对聚阴离子型正极材料的充放电平台点位进行调节，设计出工作电压符合要求的正极材料。除此之外，X 与 O 之间强的共价键稳定了晶格中的 O，因此使聚阴离子型材料往往具有较高的结构稳定性和安全性。这也使聚阴离子型材料更加适用于可充电的二次电池。

2.3.1　磷酸盐类化合物

磷酸盐类化合物正极材料主要包括橄榄石型、钠超离子导体(NASICON)、混合阴离子磷酸盐类化合物和焦磷酸盐类化合物等。

从结构稳定性的角度来看，开放式骨架有利于适应大尺寸 Na^+ 进行嵌入/脱出。强 P—O 共价键即使在高电荷状态下也能稳定晶格氧。磷酸盐骨架材料具有很低的热膨胀率(热膨胀系数约为 $10^{-6}°C^{-1}$)，表明其在高温下具有很高的结构稳定性。

磷酸盐骨架材料种类繁多,结构多样,电化学性能可调,如磷酸盐、焦磷酸盐、混合阴离子和多种可选氧化还原中心(铁、钒、锰、镍、钴等)。从电化学的角度来看,大多数反应是由相变机理引起的,有些反应是由固溶体、表面或界面电荷转移引起的。

1. 橄榄石型 $NaFePO_4$

1997 年,被誉为"锂电之父"的 Goodenough 首次提出 $LiFePO_4$ 适合作为锂离子电池正极材料,此后不同的磷酸盐($LiMPO_4$)被广泛研究。受此启发,人们也开始将这类化合物($NaMPO_4$)用于钠离子电池正极材料。磷酸铁钠($NaFePO_4$)是钠离子电池最早研究的磷酸盐化合物正极材料之一。$NaFePO_4$ 具有磷钠铁矿(maricite)和橄榄石(olivine)两种晶型。热力学稳定存在形式是磷钠铁矿(maricite)型的 $NaFePO_4$,能通过传统的固相和液相直接合成,但是电化学活性较差;相反地,橄榄石型 $NaFePO_4$ 具有较好的电化学性能,但是不能直接合成,只能使用橄榄石型 $LiFePO_4$ 作为前驱体,通过化学或者电化学转换的方式合成。

磷钠铁矿 $NaFePO_4$ 的结构如图 2.18(a)所示,其中 4c 和 4a 位置分别被 Na^+ 和 Fe^{2+} 占据。由于缺乏 Na^+ 扩散的传输通道,磷钠铁矿 $NaFePO_4$ 通常被认为是一种电化学惰性的结构。橄榄石型 $NaFePO_4$ 与 $LiFePO_4$(图 2.18)结构相似,其 4a 和 4c 位置分别被 Li^+ 和 Fe^{2+} 占据。由于 Na^+ 和 Fe^{2+} 位置上的差异,橄榄石结构的 $NaFePO_4$ 含有开放性的结构骨架和隧道结构的 Na^+ 通道,具有很好的电化学活性和结构稳定性,理论比容量为 $154mA \cdot h/g$。

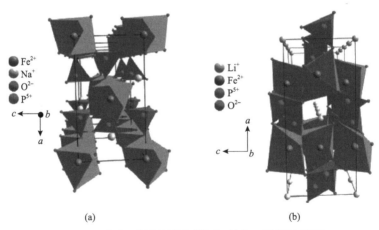

(a) (b)

图 2.18 磷酸盐材料结构图[68](扫封底二维码见彩图)

(a) $NaFePO_4$; (b) $LiFePO_4$

2. NASICON 型 $Na_3V_2(PO_4)_3$

1) $Na_3V_2(PO_4)_3$ 的结构及储钠机理

聚阴离子型材料中另一种重要材料为钠超离子导体(NASICON),分子式一般为 $A_xMM'(XO_4)_3$,最初用于钠硫电池的固体电解质。1987 年发现 NASICON 结构具有电化学可逆性[69,70],人们才开始将这种材料用于锂离子电池和钠离子电池的研究。

在 NASICON 结构的 $A_xMM'(XO_4)_3$ 材料中，钠原子处于不同的两个位点，Na1 位于六配位的 M1 位点，Na2 位于八配位的 M2 位点，其中 M2 位点的钠具有电化学活性；由于 Na^+ 占据间隙空位中的两个位置，其三维骨架结构中有大量钠空位，能快速传导 Na^+，十分有利于 Na^+ 的嵌入/脱出[71]。在这类具有 NASICON 结构的钠离子电池正极材料中，$Na_3V_2(PO_4)_3$ 为典型代表。

$Na_3V_2(PO_4)_3$ 属于六方晶系，空间群为 $R\bar{3}c$，其晶格参数为 $a=b=8.728$ Å，$c=21.804$ Å。其晶体结构是由每个 VO_6 八面体通过共用 O 与 3 个 PO_4 四面体相连组成，形成基本骨架阴离子 $[V_2(PO_4)_3]^{3-}$ 单元。Na^+ 有 2 个占据位点：Na1 和 Na2。其中，Na1 位点有 1 个 Na^+，而 Na2 位点有 2 个 Na^+，并且在充放电过程中 Na2 位点的 2 个 Na^+ 首先进行嵌入/脱出[图 2.19(a)][71]。

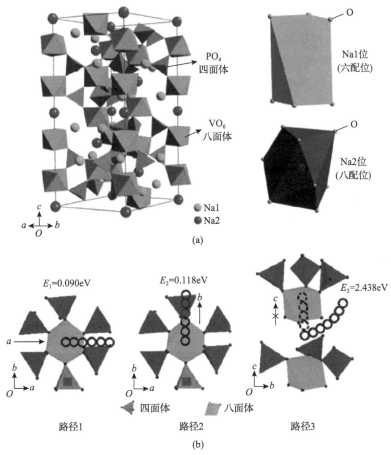

图 2.19　六方晶系的 NASICON 型 $Na_3V_2(PO_4)_3$ 结构(a)及 Na^+ 在 $Na_3V_2(PO_4)_3$ 中的离子迁移路径(b)[71]

Na^+ 在 $Na_3V_2(PO_4)_3$ 中有三种主要的迁移路径[图 2.19(b)][71]。沿 a 方向（即两个 PO_4 四面体之间的通道）扩散的 Na^+ 被记为路径 1；沿 b 方向（PO_4 四面体与 VO_6 八面体之间的空隙）扩散的 Na^+ 被记为路径 2。路径 1 和路径 2 的迁移能 E 值分别计算为 0.090eV 和 0.118eV。而对于沿 c 方向迁移的 Na^+（相邻 VO_6 八面体之间的通道），迁移能非常高

($E > 200\text{eV}$)，因此这是一个不可能的扩散路径。然而，当 Na^+ 沿着弯曲的 c 方向（路径 3）传输时，E 值显著降低到 2.438eV，这也是一种可能的迁移方式。

2）$Na_3V_2(PO_4)_3$ 的性能优化方法

$Na_3V_2(PO_4)_3$ 理论储钠比容量为 117mA·h/g，具有稳定性高、电压较高等明显的优点，但由于 V3d E_{HOMO} 与 O2p E_{HOMO} 存在较大差异，$Na_3V_2(PO_4)_3$ 存在着固有导电性差（电导率为 1.63×10^{-6}S/cm）的主要缺点[72]。另外，Na^+ 半径和相对分子质量均大于 Li^+（$r_{Na^+} = 1.02$Å，$r_{Li^+} = 0.76$Å；$M_{Na^+} = 23$g/mol，$M_{Li^+} = 7$g/mol），这将对 $Na_3V_2(PO_4)_3$ 晶格中的 Na^+ 扩散动力学产生一定的障碍，导致电化学性能较差。为了克服这些问题，可以通过减小材料尺寸、表面导电改性（碳包覆）和元素掺杂等方式，来提升材料的电化学性能[71]。

（1）$Na_3V_2(PO_4)_3$/碳纳米复合材料

提高 $Na_3V_2(PO_4)_3$ 整体导电性的途径主要包括减小 $Na_3V_2(PO_4)_3$ 的尺寸及与碳材料[如非晶态碳、碳纳米纤维、碳纳米管（CNT）和石墨烯]复合，这二者往往结合在一起进行控制。$Na_3V_2(PO_4)_3$ 的典型制备过程是一个高温退火过程，在此过程中晶体生长。通常采用有机聚合物和表面活性剂来控制 $Na_3V_2(PO_4)_3$ 的大小，它们可以降低溶剂的表面张力，同时还可以作为碳源。碳材料可以作为还原剂，将 V^{5+} 还原成 V^{3+}，以及作为导电添加剂使电池极化最小化。此外，它们还可以抑制 $Na_3V_2(PO_4)_3$ 纳米颗粒在高温煅烧过程中的过度生长和聚集。此外，这种纳米结构可以缩短 Na^+ 扩散距离，提供较大的电极/电解质接触面积，从而增强电化学反应的动力学性能。

为了提高电子导电性，在 $Na_3V_2(PO_4)_3$ 表面制备一层薄的非晶态碳层是最常见的策略，通常将碳源（如有机化合物）引入前体制备程序，并转化为在惰性气氛下通过高温裂解形成的非晶碳。例如，采用一种简单的固态烧结方法，以葡萄糖、柠檬酸等有机物为碳源合成 $Na_3V_2(PO_4)_3$/C 正极材料。除了固相反应，溶胶-凝胶法也是制备精细的 $Na_3V_2(PO_4)_3$/C 纳米复合材料的有效途径。

石墨烯是石墨的基本结构单元（即一个由 sp^2 杂化碳原子组成的单层结构），具有卓越的电子、热、机械性能和超高的比表面积及化学性质，是近十年来最吸引人的材料之一。采用简单的溶胶-凝胶结合固相反应的合成方法，就可以制备一种高度结晶的 $Na_3V_2(PO_4)_3$/石墨烯复合物。在这种复合材料中，$Na_3V_2(PO_4)_3$ 粒子结晶良好，大小为数百纳米，包裹在石墨烯薄膜中，仅需要较低含量的石墨烯（5%，质量分数）就可以达到较高的倍率性能，并且保持较好的循环稳定性。

（2）元素掺杂

除了将碳材料引入 $Na_3V_2(PO_4)_3$ 外，元素掺杂被认为是提高 $Na_3V_2(PO_4)_3$ 本征电子和离子导电性的另一种有效的改性策略，许多金属阳离子如 Mg^{2+}、Mn^{3+}、Fe^{3+}、Al^{3+}、Ca^{2+}、Ni^{2+}、Ce^{3+}、Ti^{4+}、Mo^{6+}、K^+、Li^+ 等，都被用作 $Na_3V_2(PO_4)_3$ 正极的掺杂剂。

这些阳离子的半径与 V^{3+} 不同，掺杂到 V 的位点以后，由于半径差异，会引起晶格的变形，从而改变 Na^+ 扩散的动力学。例如，Mg^{2+} 的半径（$r_{Mg^{2+}} = 0.65$Å）小于 V^{3+}（$r_{V^{3+}} =$

0.74Å)，加入 Mg^{2+} 掺杂剂可以缩短 V—O 和 P—O 的平均长度，这可能为 Na^+ 扩散提供更宽的通道。电化学测量显示，掺杂 Mg^{2+} 的 $Na_3V_2(PO_4)_3/C$ 在倍率性能和循环性能方面有显著改善。掺杂比 V^{3+} 更高价的离子(如 Ti^{4+}、Mo^{6+})可以在晶格中产生 Na 空位，也有利于 Na^+ 的扩散。

此外，在 $Na_3V_2(PO_4)_3$ 体系中，在 Na 位点而不是 V 位点掺杂一价阳离子(如 Li^+ 和 K^+)也会显著提高材料的电化学性能。例如，选择半径较大 K^+ 作为掺杂剂，可以拓宽 Na^+ 通道并稳定 NASICON 骨架，从而降低了电荷转移电阻并提高了 Na^+ 扩散率，获得最佳的倍率性能。采用半径较小的 Li^+ 对 Na 位点进行掺杂，当 x 值较小($x \leq 0.1$)时，Li^+ 倾向于占据 Na2 位点，当 x 值大于 0.1 时，Li^+ 同时占据 Na1 和 Na2 位点。由于 Li^+ 和 Na^+ 之间的能量转换存在微小差异，因此在搁置状态下 Li^+ 被 Na^+ 可逆地取代。

除阳离子掺杂外，阴离子掺杂也是提高 $Na_3V_2(PO_4)_3$ 储钠性能的有效途径。F^- 的半径($r_{F^-} = 1.33$Å)与 O^{2-} 的半径($r_{O^{2-}} = 1.40$Å)相似，大于 V^{3+}($r_{V^{3+}} = 0.64$Å)/V^{2+}($r_{V^{2+}} = 0.79$Å)和 Na^+($r_{Na^+} = 1.02$Å)，这有助于 F^- 取代 O^{2-} 以提高材料的工作电势和导电性。结果表明，$Na_{2.85}V_2(PO_{3.95}F_{0.05})_3$ 具有稳定的循环性能和高倍率性能。

(3) 构筑三维多孔结构

三维多孔结构对于电池应用具有很高的吸引力，因为它们具有以下几个优点：①可以提供间隙通道，以确保电子在电极和集流体内快速传输；②缩短 Na^+ 快速扩散的路径；③三维多孔结构有助于电解质渗透，以促进 Na^+ 的快速传输，并缓冲充放电循环期间重复的体积应变，以保持结构完整性。因此，具有三维多孔结构的 $Na_3V_2(PO_4)_3$ 正极有望实现高能量密度、高功率密度和高结构稳定性。

目前，可以采用水(溶剂)热法、喷雾干燥法、静电喷雾沉积(ESD)技术、溶胶-凝胶法、模板法和生物化学合成法等多种技术来构筑 $Na_3V_2(PO_4)_3/C$ 的三维多孔骨架结构。

3. 焦磷酸盐($Na_2MP_2O_7$)

自 20 世纪 60 年代初以来，人们已经探索了各种碱金属焦磷酸盐($A_{2-x}MP_2O_7$，A = Li, Na, Ag，M = 3d 金属)，成功地证明了 Li^+ 的可逆嵌入。各种钠基焦磷酸盐同样显示出开放骨架的晶体结构，可供 Na^+ 的可逆嵌入/脱出。

1) $Na_2FeP_2O_7$

2012 年，$Na_2FeP_2O_7$ 被报道为第一种可以嵌入 Na^+ 的焦磷酸盐材料，属于三斜晶系(对称性 $P\bar{i}$)[图 2.20(a)]，它具有共角的 FeO_6 八面体二聚体(Fe_2O_{11} 二聚体)，并通过共角和共边的方式与 PO_4 四面体桥接。钠原子占据四个可能的位置，占据程度不同。$Na_2FeP_2O_7$ 涉及一个多步嵌入/脱出 Na^+ 过程，中心离子 Fe^{3+}/Fe^{2+} 的氧化还原电势为 3V 和 2.5V($vs.$ Na/Na^+)[图 2.20(b)]，研究证明其中涉及两种反应：在 2.5V 左右的单相反应和在 3.0～3.25V 电压范围内的两相反应[73]。$Na_2FeP_2O_7$ 的储钠动力学性能优异，其根源在于存在低迁移势垒(约 0.5eV)的三维 Na^+ 扩散通道。此外，$Na_2FeP_2O_7$ 的荷电状态具有足够的热稳定性，在高温下具有不可逆相变(P1 相转为 P21/C 相)，且无任何分解和/或气体释放，保证了材料充放电过程中的安全性。

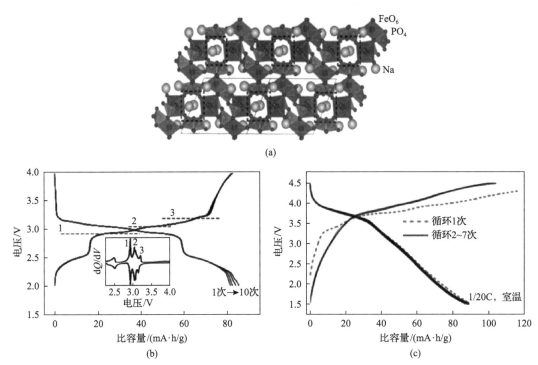

图 2.20 $Na_2FeP_2O_7$ 的晶体结构(a)与储钠性能(b)[73]和 $Na_2MnP_2O_7$ 的储钠性能(c)[74]

2) 其他焦磷酸盐 $Na_2MP_2O_7(M = Mn, Co, V)$

$Na_2MnP_2O_7$ 与 $Na_2FeP_2O_7$ 结构相同，在 3.8V 左右表现出良好的电化学活性，可逆比容量为 90mA·h/g[图 2.20(c)]。与 $Na_2FeP_2O_7$ 相比，$Na_2MnP_2O_7$ 的充放电曲线比较平滑，平台电压较高，这主要是由于原子的小范围重排，降低了电子传导和相边界迁移的势垒。但是锰的活性较差，导致 $Na_2MnP_2O_7$ 极化程度高，动力学较差[74]。

焦磷酸盐体系形成了一类高电压的正极材料，具有丰富的结构多样性和(脱)嵌钠行为。然而，与 $LiMP_2O_7$ 材料类似，很难实现两个电子转移的完全脱钠反应。含有较大的 $P_2O_7^{4-}$，导致材料的分子量较大，理论比容量偏低，使它们不适用于实际应用。未来研究的重点旨在找到实现双电子反应的方法，控制(非)化学计量，并发现新型的 $Na_2MP_2O_7$ $(M = Ti, Cu, Cr)$ 焦磷酸盐体系。

4. 混合阴离子磷酸盐类化合物

通过在磷酸盐结构中引入新的阴离子，得到一类新型混合阴离子化合物可以改善电化学性能。

1) 氟(F)取代磷酸盐

由于 F⁻ 的强诱导效应，F 取代样品显示出更高的电势。在这些材料中，Fe 基和 V 基材料表现出优异的钠储存性能。

(1)Fe/Mn 基氟磷酸盐

Na_2FePO_4F 是具有 *Pbcn* 或各向异性空间群的层状结构，其中通过桥接 F 将共面的

FeO_4F_2 八面体连接起来形成链，并由 PO_4 四面体连接起来形成无限的[$FePO_4F$]层，其中 Na^+ 位于层间。Na_2FePO_4F 作为钠离子电池正极，在 3.1V 和 2.9V 下有两个明显的电压平台，每摩尔反应能够可逆嵌入/脱出 0.8 个 Na^+。Na_2FePO_4F 中的 Na^+ 传导被认为是通过层间平面中的二维通道进行扩散，活化能较低（0.5～0.6eV），表明通过 a/c 平面上的二维网络可以实现高的 Na^+ 迁移率[75]。

Na_2MnPO_4F 的平均工作电压较高，可以触发二维−三维结构转变。Na_2MnPO_4F 具有三维 $P2_1/n$ 结构，表现出倾斜的充放电曲线。通过第一性原理计算可知，从 Na_2MnPO_4F 中提取第二个 Na^+ 需要更高的电压[约 4.67V（$vs.$ Na/Na^+）][76]。

（2）V 基氟磷酸盐

A. $NaVPO_4F$

$NaVPO_4F$ 的理论比容量高达 143mA·h/g，被认为是一种具有前景的正极材料。$NaVPO_4F$ 存在单斜相和四方相两种相结构[77]。

四方结构的 $NaVPO_4F$ 具有 $I4/mmm$ 对称结构，由 VO_4F_2 八面体（由 F 顶点桥接）组成，该八面体与 PO_4 四面体相连，将 Na^+ 置于开放通道中。在四方相 $NaVPO_4F$ 中，V^{4+}/V^{3+} 氧化还原的平均电势为 3.8V，但比容量仅为 80mA·h/g。单斜相的 $NaVPO_4F$ 具有 $C2/c$ 对称性，在与硬碳负极匹配的全电池中提供了接近 100mA·h/g 的比容量，在 3.4V 和 3.7V 下表现出两步氧化还原的电压平台。

纯相的 $NaVPO_4F$ 合成比较困难，常常会出现化学计量的偏差，因此更可能获得基于 V^{4+} 的 $Na_{1.5}VOPO_4F_{0.5}$ 而不是 $NaVPO_4F$。这种富钠的化合物由 VO_5F 八面体（由 F 顶点桥接）和 PO_4 四面体单元构成。实验发现，$Na_{1.5}VOPO_4F_{0.5}$ 的可逆比容量为 87mA·h/g（理论比容量为 156mA·h/g），在 3.6V 和 4V 下具有两个明显的电压平台[78]。可通过改变 O 和 F 的比例来调节电化学活性，较高的 F 含量提供较高的氧化还原电压。

与 $Na_{1.5}VOPO_4F_{0.5}$ 相同结构的 $Na_{1.5}VPO_{4.8}F_{0.7}$ 由 VO_5F、VO_4F_2 八面体和 PO_4 四面体组成，在 3.61V 和 4.02V 下显示出两个放电平台，对应着 $V^{5+}/V^{3.8+}$ 的氧化还原反应，可提供超过 135mA·h/g 的可逆比容量，具有良好的循环稳定性和高倍率性能[79]。

B. $Na_3V_2(PO_4)_2F_3$

$Na_3V_2(PO_4)_2F_3$ 同样具有四方结构（$P4_2/mnm$ 空间群），具有强共价三维骨架，提供大间隙空间用于离子扩散。特殊结构的 PO_4^{3-} 网络不仅有助于稳定材料的晶体结构，固定在 PO_4^{3-} 网络中的氧原子也可能降低氧释放的可能性，从而获得更好的热稳定性。$Na_3V_2(PO_4)_2F_3$ 作为钠离子电池正极，充放电曲线分别在 3.7V 和 4.2V 呈现两个平台。研究发现，在脱 Na^+ 反应过程中存在四个中间相，其中只有一个相发生固溶反应。通过对充电过程中 $Na_3V_2(PO_4)_2F_3$ 的结构和动力学变化进行研究，发现 Na^+ 扩散、电子迁移率及 V 的电子构型有明显变化。Na^+ 非选择性地从两个不同的 Na^+ 位点脱出，而 Na^+ 迁移率随着充电过程中结构中的 Na^+ 空位的增加而增大[80]。

C. $Na_3(VO_{1-x}PO_4)_2F_{1+2x}$（$0 \leqslant x < 1$）

氧取代的氟磷酸钒钠材料 $Na_3(VO_{1-x}PO_4)_2F_{1+2x}$（$0 \leqslant x < 1$）具有较高的能量密度和良好的循环寿命。不同 F 含量的情况下，所有材料都具有相似的 X 射线衍射特性和充放电

曲线，两个电压平台也均相似，表明所有材料属于同一化合物家族，其中 F 含量通过 V^{3+} 和 $VO^{2+}(V^{4+})$ 进行调节。对 $Na_3(VO_{1-x}PO_4)_2F_{1+2x}$ 在钠离子电池中的 $V^{3+}/V^{4+}/V^{5+}$ 氧化还原反应、Na^+-Na^+ 有序性和 Na^+ 嵌入机理进行研究，发现氧化还原机理和相反应随 F 含量的变化而变化[81]。在这类化合物中，$Na_3(VOPO_4)_2F$ 表现出最佳的钠存储性能，既具有优异的倍率性能，又保持了长寿命的循环稳定性。

2)混合多价阴离子磷酸盐类化合物

焦磷酸盐具有丰富的结构多样性和多态性，这是由于共角 $P_2O_7(PO_4—PO_4)$ 单元呈线性或扭曲排列。当 PO_4^{3-} 单元与 $P_2O_7^{4-}$ 单元一起存在时，组成了通式为 $Na_4M_3(PO_4)_2P_2O_7$ （M = Fe、Co、Mn、Ni 等 3d 金属）的混合磷酸盐，形成一个三维正交骨架(空间群：$Pn2_1a$)，由共角/边的 MO_6 八面体和 PO_4 四面体组成。PO_4 单元与相邻的 MO_6 八面体共用一个边和两个角，从而沿 bc 平面形成一个伪层状结构。这些层状结构之间依次由沿 a 轴的焦磷酸盐单元桥接，产生了在四个不同位点容纳 Na^+、沿着(010)和(001)方向延伸的大型隧道[82]。

铁基混合磷酸盐同系物 $Na_4Fe_3(PO_4)_2P_2O_7$ 首次被用作钠嵌入正极材料，整个储钠过程涉及一个三电子转移反应，提供 $105mA\cdot h/g$ 的可逆比容量，充放电曲线呈阶跃电压分布，Fe^{3+}/Fe^{2+} 的氧化还原电势大约为 $3.2V(vs. Na/Na^+)$[83]。虽然混合多价阴离子磷酸盐具有较高的分子量，但由于可以发生嵌入/脱出 3 个 Na^+ 的可逆反应，其理论比容量超过焦磷酸盐，大约可达到 $129mA\cdot h/g$。$Na_4Fe_3(PO_4)_2P_2O_7$ 的储钠机理是一个单相反应，伴随着非常小的体积变化(小于 4%)。

$Na_4Mn_3(PO_4)_2P_2O_7$ 材料显示出 Mn^{2+}/Mn^{3+} 的氧化还原电势为 3.84V，是目前所有锰基钠离子电池正极材料中的最高值，其可逆比容量为 $109mA\cdot h/g$。在该材料中，低活化能的三维钠离子扩散通道确保了材料具有高倍率充放电能力(20C)[84]。

2.3.2　硫酸盐类化合物

虽然基于磷酸盐的嵌入材料具有合成灵活、化学/热稳定性好、耐水分侵蚀和电化学操作安全性等特点，但由于聚阴离子单元自重大，理论比容量较低，因此降低了实际能量密度。可以利用电负性阴离子单元的"诱导效应"来提高氧化还原电势，从而对能量密度进行补偿。根据鲍林电负性理论，在相同结构的多阴离子骨架中，基于 SO_4^{2-} 的化合物能提供最高的氧化还原电势。

$Na_2Fe_2(SO_4)_3$ 可以通过常规固相合成，使用 Na_2SO_4 和 $FeSO_4$ 前驱体在低温(350℃)退火来制备。$Na_2Fe_2(SO_4)_3$ 属于单斜骨架结构(具有 $C2/c$ 对称性)，它是由孤立的共边 FeO_6 八面体构成的 Fe_2O_{10} 二聚体所组成。这些二聚体被 SO_4 四面体截断以构建具有 3 个不同储钠位点的开放骨架系统。当 Na1 位点完全被占据时，位于大空腔中部分被占据的 Na2 和 Na3 位点沿着 c 轴可提供一维的 Na^+ 扩散途径[图 2.21(a)]。$Na_2Fe_2(SO_4)_3$ 中所有铁都处于+2 价态，仅通过一个电子转移的氧化还原反应，就可以将 Na^+ 完全嵌入或者脱出[85]。

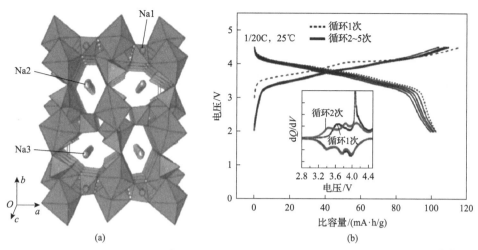

图 2.21　Na$_2$Fe$_2$(SO$_4$)$_3$ 的晶体结构示意图 (a) 及其典型充放电曲线和 CV 曲线 (b) [85]

Na$_2$Fe$_2$(SO$_4$)$_3$ 显示出 100mA·h/g 的可逆比容量,具有 3.8V 的平均电压[图 2.21(b)]。循环伏安曲线(CV)显示在 3.42V、3.8V 和 4.04V 的电压区间内发生多步氧化还原反应,但是充放电却表现出较平滑的斜坡式电压分布曲线。Na$_2$Fe$_2$(SO$_4$)$_3$ 是目前钠离子电池氧化还原电势最高的铁基正极材料。这种高的电压可能来源于:①在 Fe 氧化还原中心周围存在丰富的电负性强的 SO$_4^{2-}$ 单元;②存在具有短 Fe-Fe 距离的共边的八面体二聚体,这增加了带电状态下的吉布斯自由能。即使是没有碳包覆的大微米颗粒的 Na$_2$Fe$_2$(SO$_4$)$_3$ 材料,仍具有优异的倍率动力学和循环稳定性,这与 Na$^+$ 的一维扩散有关,并且其体积变化仅为 3.5%,属于单相(固溶)氧化还原机理。在第一步脱钠过程中,发生了不可逆的结构重排,导致了少量的 Na-Fe 反铁矿缺陷。由于高氧化还原电势,Na$_2$Fe$_2$(SO$_4$)$_3$ 提供了与锂离子电池材料相当的高能量密度。这种高能量密度和高电压使其成为商业钠离子电池炙手可热的正极材料之一,目前正在大规模产业化。

但是,Na$_2$Fe$_2$(SO$_4$)$_3$ 一般是以非化学计量比(富钠和缺铁)的 Na$_{2+2x}$Fe$_{2-x}$(SO$_4$)$_3$ ($x=0.18\sim0.22$)的形式存在。这种非化学计量限制了 Na$^+$ 脱出的程度,因而其理论比容量仅为 100mA·h/g。非化学计量的程度可以调整,但完全化学计量的 Na$_2$Fe$_2$(SO$_4$)$_3$ 的合成仍然是一个难题。此外,由于 Na$^+$ 的初步脱出,FeO$_6$ 变形程度高,结构不稳定,很难实现完全脱钠反应形成 Fe$_2$(SO$_4$)$_3$。因此,获得完全化学计量的 Na$_2$Fe$_2$(SO$_4$)$_3$ 是研究的重点,并通过各种优化方法实现完全的 Na$^+$ 嵌入/脱出。

总体来说,由于 SO$_4^{2-}$ 的强诱导效应,基于 SO$_4^{2-}$ 的聚阴离子嵌入化合物可以提供高的氧化还原电势(高能量密度)。这类材料可以通过低温路线($t<350$℃)进行制备。但是,由于材料本身具有吸湿性,必须严格控制环境的湿度。硫酸盐前驱体往往是工业/农业过程的副产品,因此 Na$_2$Fe$_2$(SO$_4$)$_3$ 具有较高的成本优势。从理论上讲,利用富含钠和铁的硫酸盐化合物,可以实现高性价比的 Na-Fe-S-O 正极材料,制备高能量密度钠离子电池应用于大规模电网存储。

尽管聚阴离子型正极材料在工作电压、结构稳定性和安全性上有显著优势,然而由于聚阴离子基团的分子量较大,聚阴离子型正极材料往往比容量和能量密度较低。因此，在大多数情况下，必须在高压和大容量之间进行平衡。另外，聚阴离子型正极材料的低电子电导率也可能带来问题。然而，在锂电池领域已经开发和建立了几种成熟的材料设计及合成策略来解决这一问题，包括碳涂层和一次颗粒纳米化，这也为钠基聚阴离子型正极材料的商业化提供了巨大的潜力。

目前已发现的大量聚阴离子型化合物中，综合性能最佳的是钒基磷酸盐和氟磷酸盐。但是钒的毒性和成本阻碍了它们的实用化进程。另一个值得关注的化合物是焦磷酸磷酸铁钠[$Na_4Fe_3(PO_4)_2P_2O_7$]，它具有优异的功率性能、安全性和循环稳定性，且成本低廉，极具应用前景，目前正在产业化推进中。虽然 $Na_2Fe_2(SO_4)_3$ 在成本、元素储量和高电压方面似乎是理想的，但是硫酸盐具有强吸湿性，对工艺和环境要求较高，使其实际应用复杂化。

2.4　有机正极材料

对无机电极材料而言，材料本身特定的晶格结构使晶格尺寸、离子电导率和氧化还原的可逆性有一定的特殊性。这种固有本质特征，在一定程度上限制了材料本身的离子通道。一方面，在离子通道被限制的情况下，同种电极材料很难应用于不同系列的碱金属离子电池，如适用于锂离子电池的无机电极材料不一定适用于钠离子电池；另一方面，无机电极材料更大的挑战在于含有价格较高的过渡金属元素，合成需要在高温下进行，能耗高，导致材料成本高、环境可持续性低。

相比于无机电极材料，有机电极材料主要由低原子序数的 C、H、O、N、S 等元素组成，其储量丰富、分子相对量低、成本低、合成简单且对环境友好，为开发新型的高比能电极材料提供了一个多元化的平台，为进一步改进现有的储能技术提供了一种新的可能。正负极均采用有机电极材料的钠离子全电池可完全摒弃过渡金属离子，实现真正意义上绿色、可持续的储能系统。其次，有机化合物结构的多样性使其能够容易通过许多功能化的方法来合成，这样可以通过对材料本身的设计，来调控电极材料的氧化还原电势、比容量、溶解度、电子电导率、离子电导率和机械性能等，可以很好地满足特定应用的需求。另外，有机电极材料不会受到离子选择性的限制。这就意味着，同种有机电极材料可以用于多种不同的储能设备，如锂离子电池、钠离子电池、多价离子电池和双离子电池等。正是由于这种原因，在本节中对有机正极材料的讨论可能会涉及钠离子电池以外的电池体系。

2.4.1　有机电极材料的储钠机理

根据电化学活性及有机材料在氧化还原反应过程中的电荷状态，具有电化学活性的有机材料主要可分为三种固有类型[p 型、n 型或双极(b)型]。图 2.22(a) 和 (b) 给出了三种具有代表性有机电极材料的氧化还原反应过程和循环伏安图[86, 87]。一方面，具有电化学活性的 p 型材料的电化学过程是初始中性状态被夺取电子使材料本身被氧化带正电荷，如循环伏安图中的蓝色线条所示，然后再通过还原反应得到电子回到中性状态，这意味着当 p 型材料用作正极时，应先对其充电。相反，n 型材料则通过接收电子，从中性状态转变到带负电的状态，随后再通过氧化反应失去电子回到初始状态。另一方面，双极型材料既可通过氧化反应带正电，又可通过还原反应带负电，因此可根据所应用的电化学体系需要而对其进行充放电测试。有机电极材料的电化学反应类型主要由有机分子中被称为氧化还原中心的基团决定。例如，以共轭羰基结构为氧化还原中心的有机电极材料通常是 n 型电极。

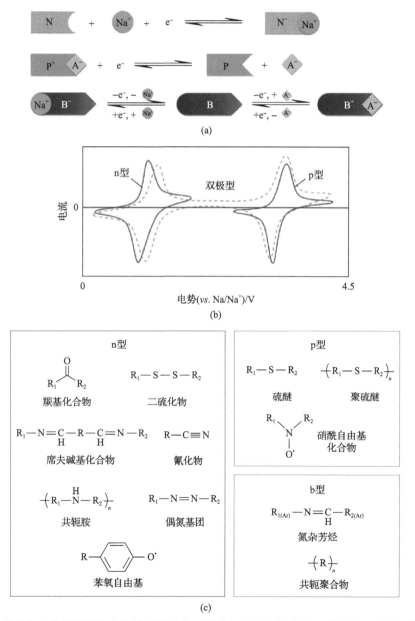

图 2.22　三种具有电化学活性的有机材料的氧化还原反应过程示意图（a）和其所对应的循环伏安图（b）：n 型、p 型和双极型（虚线）；三种代表性有机材料的分子结构（c）[86,87]

　　p 型有机电极材料通常比 n 型有机电极材料具有更高的氧化还原电势，可以作为正极材料使用。这是因为 p 型材料是通过失去电子而引发电化学氧化还原反应，使电子能级相对较低，而 n 型材料在其初始电化学反应中得到电子，随后电子能级升高。假设 p 型和 n 型材料在原始状态下处于类似的电子能量水平，p 型材料将因此倾向于表现出更高的氧化还原电势。图 2.22(c)给出了三种代表性电化学活性有机电极材料的典型分子结构。在理解氧化还原材料的电化学机理时，应仔细考虑氧化还原材料的类型，因为具有氧化还原活性的材料对电解质中的阴离子(PF_6^-、ClO_4^-)和阳离子(Li^+、Na^+)的性质非常敏感。例如，在充电过程中具有正电荷状态的 p 型材料与电解质中的阴离子相互作用，即使在阳离子相同的情况下，它们的电化学活性也会受到阴离子类型的影响。

2.4.2　有机电极材料的类型

　　有机电极材料的历史可以追溯到 20 世纪 60 年代末，当时二氯异氰尿酸首次作为一次锂电池的阴极材料被报道[87]。自那以后，许多类型的有机材料被探索用作可充电电池体系中的电极材料。在研究的早期，重点是寻找新的电化学活性有机分子和确定分子结构中的氧化还原活性中心。含有相同氧化还原活性中心的有机分子及其衍生物具有相似的电化学活性。在锂离子电池的体系中，有机电极材料的研究是从带有阴离子掺杂的 p 型导电聚合物开始的。迄今为止，已有许多不同结构的有机电极材料成功应用在锂离子电池中。事实上，由于有机电极材料不具有离子选择性，这些电极材料中大部分也能应用于钠离子电池。在这里，我们介绍 6 种被广泛研究的有代表性的有机电极材料：羰基化合物、氮杂环化合物、导电聚合物、微孔聚合物、有机自由基聚合物和金属有机聚合物。

　　1. 羰基化合物

　　羰基(C=O)化合物作为有机电极材料，是 1969 年首次报道以来研究最为广泛的有机材料之一。羰基由于具有高反应活性、较快的动力学、高比容量和结构多样性，是目前在有机电极材料中最常见的官能团。几乎所有的羰基化合物都是 n 型有机物，羰基经历可逆的单电子还原，形成单价阴离子，并由 Na^+ 平衡电荷，同时由取代基来稳定分子结构。根据其稳定机理，羰基化合物可分为三种类型(图 2.23)[87]。Ⅰ 型化合物利用邻近的羰基形成稳定的烯醇化物；在 Ⅱ 型化合物中，羰基与芳香核直接相连，并通过离域化来分散负电荷。Ⅲ 类化合物主要的稳定作用来自还原后的超芳香体系。羰基化合物的氧化还原行为可以通过诱导效应和共振效应来调节。根据官能团结构不同，羰基化合物主要分为四种，分别为醌类、羧酸盐、酸酐类和酰亚胺类。其中酸酐直接与芳香环相连，芳香环通过离域作用来分散负电荷。对于醌类化合物，羰基直接连接到共轭环上，通过还原可以形成一个大的芳香环体系。对于羧酸盐，羧酸钠与芳香环相连，芳香环可以生成含有两个钠的共轭体系。相比之下，酸酐的比容量较高，醌类化合物的氧化还原电势较高，其中，羧酸钠由于电子供体(—ONa)与羰基相连，一个钠离子嵌入羧酸盐化合物中的电压低于 1V (vs. Na^+/Na)，所以羧酸盐在钠离子电池中通常作为负极材料使用，对这类负极材料的详述将在后面章节中展开讨论。所有的羰基化合物都可以直接从可再生资源中获得或从其衍生物中制备。醌类、酸酐和酰亚胺类化合物具有较高的氧化还原电势，一般用作钠离子电池的正极材料，在本节中将着重讨论。

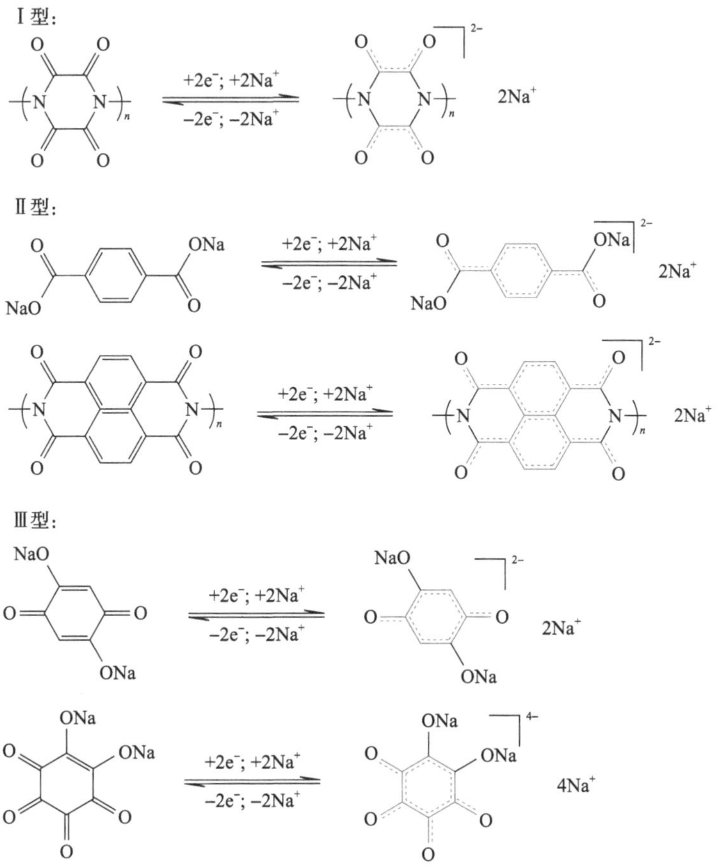

图 2.23　按负电荷稳定机理分类的三种典型羰基化合物[87]

1) 醌类化合物

醌类化合物由于具有较高的氧化还原电势和理论比容量而被认为是羰基电极材料中最具代表性的材料。一般来说，醌类电极材料可以分为两大类：小分子醌和醌类聚合物。醌类化合物是 n 型有机化合物，具有氧化能力，能进行可逆的电子转移反应。如果在醌类化合物中引入更多的羰基，就可将氧化还原反应扩展到多电子反应，形成多价的阴离子，从而使醌类化合物具有较高的理论比容量。这里以对苯醌为例，其储钠反应机理如图 2.24 所示[88]。C═O 得到电子后被还原，其中大部分负电荷位于 O 上，未配对电子位于 C 上，形成 C—O 自由基，这种自由基中间态不稳定，结合一个 Na^+ 生成—ONa，完成一个 Na^+ 的嵌入过程。

此外，密度泛函理论（DFT）的计算还表明，在醌的结构中引入电负性元素可以显著增加钠的储存电势，其趋势如下：$C_6F_4O_2 > C_6Cl_4O_2 > C_6Br_4O_2 > C_6H_4O_2$［图 2.25（a）］[89]。然而，简单醌的嵌钠化合物在非质子电解液中的高溶解性是其容量严重衰减的主要原因，面临巨大挑战。形成或引入盐是一种有效的解决策略。一方面，盐的加入会增加极性，从而阻止有机物在非质子电解液中的溶解。另一方面，盐的强亲水性基团可以形成配位键，提高了材料的结构稳定性。对醌类材料的改性将在后面的章节中详细讨论。

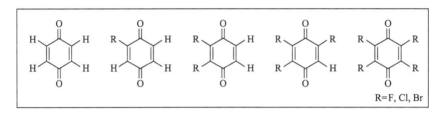

图 2.24　典型醌类化合物对苯醌的储钠反应示意图[88]

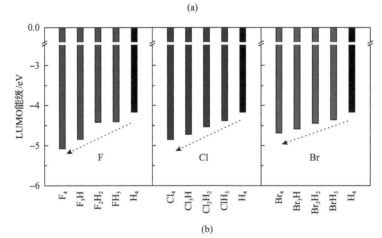

(a)

(b)

分子	LUMO能级/eV (R=F)	LUMO能级/eV (R=Cl)	LUMO能级/eV (R=Br)
$C_6R_4O_2$	−5.06	−4.84	−4.67
$C_6R_3H_1O_2$	−4.84	−4.71	−4.58
$C_6R_2H_2O_2$	−4.43	−4.53	−4.45
$C_6R_1H_3O_2$	−4.40	−4.38	−4.34
$C_6H_4O_2$	−4.17	−4.17	−4.17

(c)

图 2.25　$C_6R_4O_2$ 分子的化学结构 (R = F, Cl, Br) (a) 和用 DFT 计算 $C_6R_4O_2$ 分子的最低未占分子轨道 (LUMO) 能级 [(b)、(c)][89]

2) 酸酐类化合物

酸酐类电极材料通常具有较大的共轭结构，并且可以通过控制充放电电压窗口来控制 Na$^+$ 在电极材料中的嵌入量。最具代表性的酸酐类电极材料为 3,4,9,10-苝四羧酸二酐（PTCDA），其化学结构及储钠过程如图 2.26(a) 所示[90]。从图中可以看出，PTCDA 在 1.0～3.0V（vs. Na/Na$^+$）之间可以嵌入两个 Na$^+$，转变为 Na$_2$PTCDA，表现出约 150mA·h/g 的比容量。继续降低电压到 0.6V（vs. Na/Na$^+$），又能继续嵌入两个 Na$^+$ 生成 Na$_4$PTCDA，如果将放电电压截止到 0.01V（vs. Na/Na$^+$），PTCDA 最终可以嵌入 15 个 Na$^+$，其比容量高达 1017mA·h/g。但完全嵌入 15 个 Na$^+$ 会破坏 PTCDA 的晶体结构，导致可逆性变差。PTCDA 在不同电压区间的充放电曲线如图 2.26(b)～(c) 所示。其在低电压区间产生的额外不可逆比容量被认为是由 SEI 膜的形成及 Na$^+$ 嵌入到芳香环结构中贡献的。在这种结构中，芳香环可以与羰基形成共轭结构，促进氧化还原-烯醇化反应，芳香化的羰基可以捕获 Na$^+$ 形成烯醇化钠，也可以促进 Na$^+$ 在芳香稠环结构中的嵌入。而不含酸酐基团的芳香稠环却没有储钠活性。这是由于具有吸电子能力的酸酐基团降低了化合物的 LUMO 能级，使芳香环的储钠电压提高到 0V（vs.Na$^+$/Na）以上，而表现出电化学活性。与 PTCDA 不同的是，它的四钠盐 NaPTCDA 即使在深度放电条件下也只表现出 2 个 Na$^+$ 的嵌入能力，这意味着盐化之后的结构由于—ONa 的作用，LUMO 能级提高，在 0V（vs.Na$^+$/Na）无法表现出储钠活性[91]。除 PTCDA 外，其他酸酐类化合物，如均苯四甲酸二酐（PMDA）、

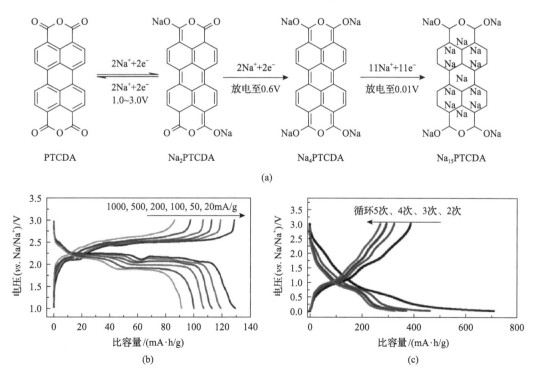

图 2.26　酸酐类有机电极 PTCDA 的化学结构及其储钠过程 (a) 及 PTCDA 电极在不同电压区间的充放电曲线 [(b)、(c)][90]

1,4,5,8-萘四甲酸酐(NTCDA)都表现出与 PTCDA 相似的储钠特性，即放电到 0.01V 后，都贡献出超高的比容量，由多个 Na^+ 嵌入到芳环所贡献。

3) 酰亚胺类化合物

酰亚胺类化合物的特征是氮原子与两个羰基相连，在作为钠离子电池的电极材料时，钠离子与该类化合物的反应是钠离子与羰基上的氧配位，其氧化还原机理是基于羰基的电化学烯醇化反应及钠离子与氧原子的结合与分离，这个过程中负电荷被芳香核稳定，其结构及反应过程与醌类化合物及芳香酸酐类化合物类似(图 2.27)[88]。

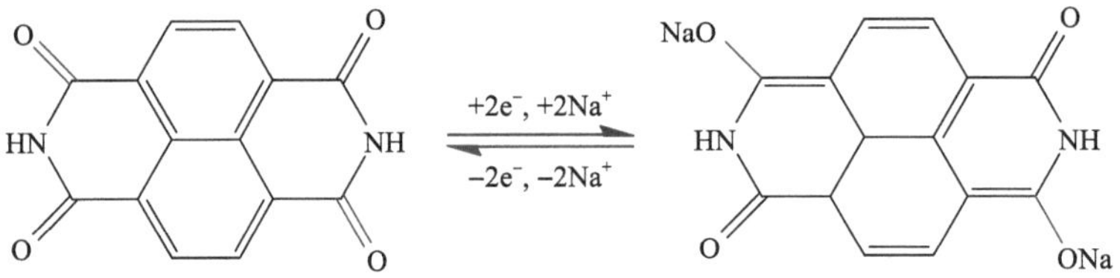

图 2.27 酰亚胺类化合物的结构及其储钠机理[88]

但是，由于酰亚胺类化合物在非质子电解液中极易溶解，因此，用作钠离子电池电极材料的基本都是酰亚胺的盐及聚酰亚胺化合物。通过聚合等方式优化后的酰亚胺化合物，具有更大的分子量和更稳定的共轭结构，使其作为电极材料时具有更长的循环寿命。然而，其理论比容量仍然有待提高，通过合理的分子结构的设计，其电化学性能能够得到更进一步改善。

理论上，每一个二酰亚胺或聚酰亚胺在与 Na^+ 完全反应后，能够在每个分子或重复单元中发生四个电子转移。但是在该芳香族结构中引入四个 Na^+ 会形成高能结构，导致严重的结构破坏甚至分解。因此，根据目前的研究结果来看，酰亚胺只能在适当的电势范围(>1.5V)内实现双电子转移反应。尽管中等电压(1.5~2.3V)使酰亚胺作为正极或负极都不是理想的选择，但却可以与多种材料配对。如苝二酰亚胺作正极、萘二酰亚胺作负极的电池可以提供 1.2~1.4V 的工作电压。此外，调整酰亚胺的氧化还原反应中心和取代基团可以对材料的电化学性能进行精细调控，这一点与传统的钠离子电池无机电极材料相比更具优势。

有机分子的氧化还原电势可以通过调节其分子的 HOMO 能级和 LUMO 能级来调节。根据分子轨道理论，低 LUMO 能级意味着更强的电子亲和力和更高的氧化性，从而具有更高的还原电势。为了降低 LUMO 能级，提高有机正极材料的电压有两种可行的方法：一是扩展芳香环的共轭体系，不仅可以增加分子的离子嵌入量和比容量，而且可以减小分子的能隙，提高导电性从而降低极化。例如，将芳香族体系由一个苯环的 PMDA 拓展为两个苯环的 NTCDA 和五个苯环的 PTCDA，可以降低 LUMO 能级，提高平均放电电压[92]。二是引入吸电子基团。例如，在苝二酰亚胺中引入—Br 和—CN 等适当的吸电子基团，便可以实现在 2.1~2.6V ($vs.$ Na^+/Na) 电势区间内的可调性[93]。图 2.28 显示了不同基团取代的苝二酰亚胺的 LUMO 能级与放电电压的曲线图，电压与

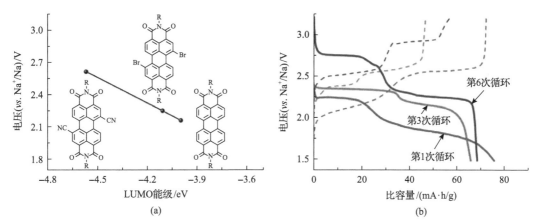

图 2.28 不同基团取代的苝二酰亚胺的第一还原电势与 LUMO 能级计算值之间的线性关系 (a) 及
不同基团取代的苝二酰亚胺的充 (虚线) 放 (实线) 电曲线及电压平台 (b)[93]

LUMO 能级之间存在明显的线性关系。很显然, 吸电子取代基的加入导致了更高的还原电势。

2. 氮杂环化合物

蝶啶衍生物是氮杂环化合物作为有机正极材料的典型代表。蝶啶 (pteridine, 1,3,5,8-四氮杂萘) 由嘧啶环和吡嗪环稠合而成 (结构式见图 2.29), 因最早在蝴蝶翅膀色素中发现而得名。

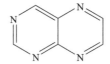

图 2.29 蝶啶分子化学结构式

生物能量转换中存在广泛的离子耦合电子转移反应, 这些氧化还原反应可以提供多功能的电化学能量存储的新体系。蝶啶衍生物就是广泛存在于生物体内的能量中心, 是能量转换的重要化合物。例如, 在光合作用和细胞呼吸过程中, 基于蝶啶且由异咯嗪环衍生而来的黄素辅助因子作为一个关键的氧化还原中心, 促进质子耦合电子转移反应, 在这一反应过程中, 氧化还原循环发生在异四氧嘧啶上。受到这一反应的启发, 一系列电活性蝶啶化合物被开发出来用作电极材料[94] (图 2.30)。

这类衍生物的氧化还原反应主要发生在吡嗪环的 N 上, 其中 O 也会辅助反应的进行, 其反应机理如图 2.31 所示。然而, 尺寸较大的钠离子进入结构之后, 应变较大, 会破坏结构的稳定性, 从而使循环性能受限。

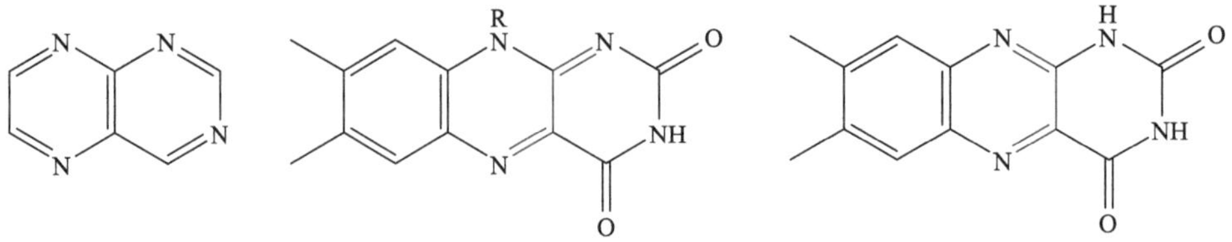

蝶啶
(pteridine)

核黄素
(flavins)

铬色素
(lumichrome, LC)

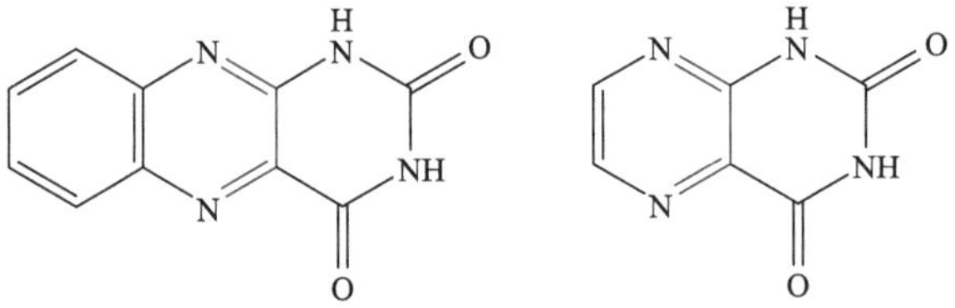

咯嗪
(alloxazine, ALX)

二氧四氢蝶啶
(lumazine, LMZ)

图 2.30　常见衍生物的电活性蝶啶化合物电极材料[94]

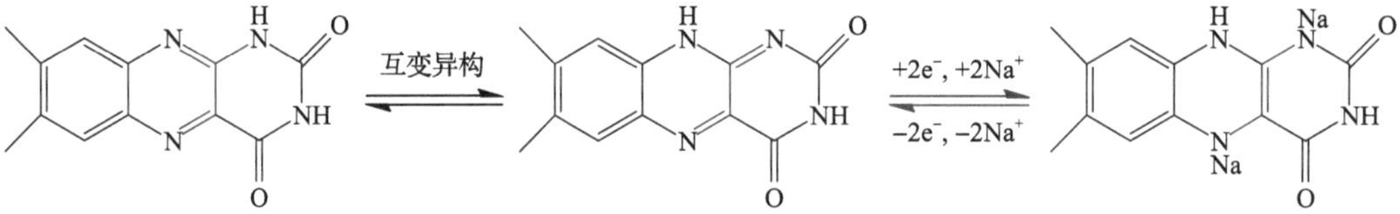

图 2.31　蝶啶衍生物的储钠反应机理[88]

3. 有机自由基聚合物

在钠离子电池的有机电极材料体系里，有机自由基化合物分子含有稳定的链侧自由基基团，表现出最高的氧化还原电势，这一优势源于自由基化合物独有的反应机理，如图 2.32 所示。自由基化合物不仅能够通过 p 型掺杂/去 p 型掺杂与电解液中的 ClO_4^-、PF_6^-等阴离子在高电压下反应，还能通过 n 型掺杂/去 n 型掺杂在相对低的电势实现钠离子的嵌入/脱出。

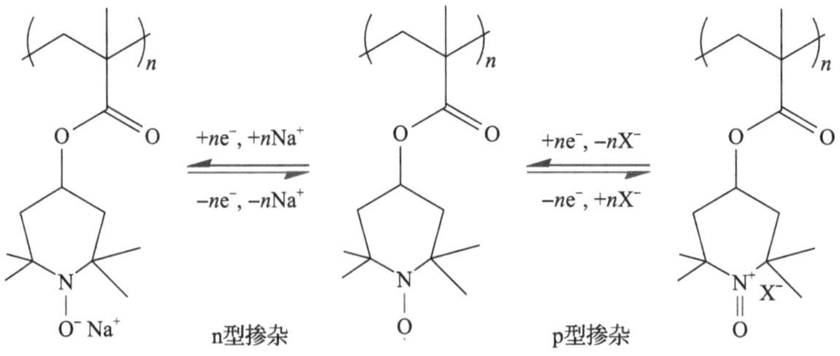

图 2.32　典型有机自由基化合物的结构及其储钠机理[88]

这类化合物在锂离子电池中已经取得了很多突破性进展，但是其在钠离子电池中的应用较少[95,96]。一般会采用硝基自由基 2,2,6,6-四甲基-1-哌啶氧基（TEMPO）侧链取代的单体。TEMPO 具有双极性，可以氧化成氧氨酸阳离子，也可以通过单电子氧化还原反应还原成氨基氧阴离子。聚(2,2,6,6-四甲基哌啶氧基-4-甲基丙烯酸乙烯酯)(PTMA)是首次应用于钠离子电池的有机自由基化合物，表现出高达 3.44V($vs.$ Na$^+$/Na) 的平均电压，且其首次充电比容量高达 296mA·h/g。但是，由于电极材料在电解液中的高溶解性，首圈放电后，其比容量仅有 75mA·h/g。这种高溶解性也使得电池的自放电程度很高。另外，材料的电导率极低，也进一步降低了电极材料的能量密度。为了弥补有机自由基化合物这些固有的缺点，常常采用碳纳米管对 PTMA 进行包覆，试图通过碳基质的引入来抑制有机物的溶解，同时借助由碳构成的导电网络来提高材料的电导率[96]。PTMA 与碳纳米管的复合电极在 0.1C 倍率下，发挥出 222mA·h/g 的比容量，更重要的是其循环稳定性得到了很大的提升。

在有机自由基化合物的氧化还原过程中，其自由基的结构几乎不受氧化还原反应的影响，因此，其动力学过程能够快速发生。同时，该类化合物在氧化还原过程中不涉及化学键的断裂和形成，不需要消耗更多的能量。此外，自由基化合物在氧化还原过程中的电子重排程度也非常小，极易完成。因此，如果能够找到解决该类化合物在电解液中溶解和自放电的有效途径，我们有理由相信有机自由基化合物电极在高功率密度的钠离子正极材料方面具有很大的潜力。

4. 导电聚合物

导电聚合物具有良好的导电性，最先被应用于高倍率型有机电极材料的研究[87]。现已有三大类导电聚合物被广泛研究，即共轭烃、共轭硫醚和共轭胺[97]。代表性材料分别为聚乙炔(PAc)、聚噻吩(PTh)和聚苯胺(PAn)，其氧化还原机理如图 2.33 所示。导电聚合物本质上是双极性的，可以在不同电压区间分别实现 n 型掺杂反应和 p 型掺杂反应，其中 n 型掺杂反应发生的电势相对较低[低于 2.0V($vs.$ Na/Na$^+$)]，而 p 型掺杂反应发生的电势通常为 2.0～4.0V($vs.$ Na/Na$^+$)，因此更适合作为正极材料。

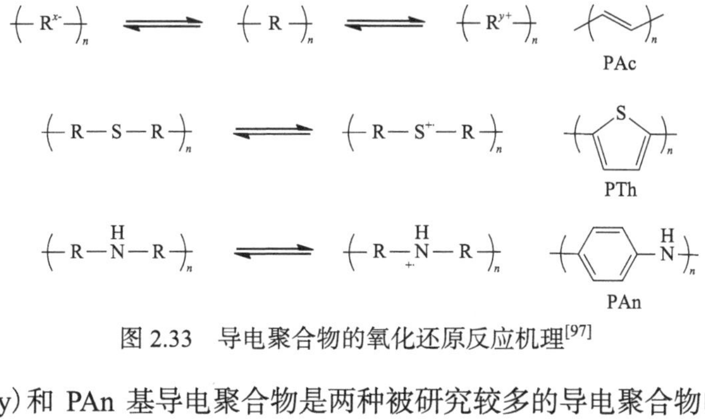

图 2.33　导电聚合物的氧化还原反应机理[97]

聚吡咯(PPy)和 PAn 基导电聚合物是两种被研究较多的导电聚合物电极材料，掺杂反应机理如图 2.34 所示。它们是 p 型掺杂的反应机理，掺杂由电解液中的阴离子来实现，但由于电解液阴离子较大，因此掺杂程度较低，从而使聚合物链的容量利用率低。此外，所有 p 型掺杂的聚合物实际上都不是储钠材料，因此不能形成经典的"摇椅式"钠离子电池。

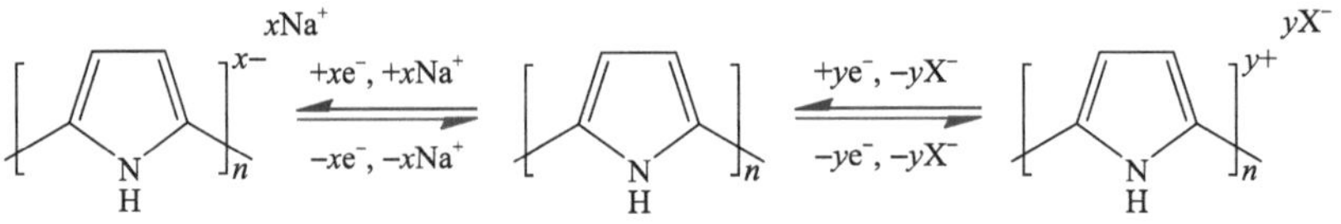

图 2.34　典型导电聚合物 PPy 的 n 型和 p 型掺杂反应过程[88]

需要注意的是，使用导电聚合物作为电极材料需要一个预掺杂工艺，因为只有预掺杂导电聚合物才能表现出足够高的导电性。经过预掺杂后，在电化学反应中导电聚合物的进一步掺杂程度决定了其作为电极的理论比容量和平衡电势。导电聚合物通常表现出倾斜的电化学平台，因为平衡电势随掺杂程度而不断变化。

掺杂是保证导电聚合物作为活性电极材料进行充放电的基本过程。从电解质中加入阴离子和阳离子，即掺杂，会使导电聚合物发生氧化和还原，因此其比容量由每个导电聚合物的掺杂能力决定。对于 p 型材料，掺杂程度可以用 $(P^{y+} \cdot yA^-)_n (0 \leqslant y \leqslant 1)$ 表示，其中 A^- 和 P 分别代表导电聚合物的掺杂阴离子(如 BF_4^-)和重复单元。尽管具有较高掺杂程度的导电聚合物理论上可以提供更高的比容量，但可逆掺杂程度是有限的，因为导电聚合物在高掺杂状态可能发生各种副反应。这是由于在高掺杂状态下，导电聚合物链之间存在着严重的电荷相互排斥作用，阻碍了进一步掺杂的发生。由于高度可逆的高掺杂/去掺杂状态是很难实现，因此随着循环次数的增加，导电聚合物通常会由于掺杂剂的积累而导致较差的循环性能。同时，有限的掺杂程度也导致了高能量密度很难实现。此外，掺杂剂在电极表面的溶解通常会引发自放电现象。这些问题使在实际的电池系统应用中，这类材料很难与无机电极材料竞争。

对导电聚合物电极的电化学性能进行优化的一种有效方法是，在聚合物链中引入具有氧化还原活性的物质，使其拥有氧化还原的能力[98, 99]。例如，将具有氧化还原活性的铁氰根($[Fe(CN)_6]^{4-}$，FC)阴离子掺杂到 PPy 基体中，得到的 PPy/FC 复合物的比容量及循环稳定性与 PPy 相比，均得到改善[98]。

由此可见，导电聚合物用作正极材料的优势在于这类化合物具有较高的电子电导率和氧化还原电势。主要应用的问题包括：

(1)低密度的活性位点(低掺杂程度)限制了其理论比容量，导致化合物的能量密度较低；

(2)导电聚合物的循环稳定性对充放电的电压区间极其敏感，在高电压下，高掺杂程度引起结构单元之间的电荷严重排斥，因此过度氧化会使得该类化合物结构不稳定甚至导致分解；

(3)p 型掺杂过程中表现出的电容效应，可能最终导致电极的过氧化和自放电问题。因此，在未来的材料设计中，应重点考虑解决这些问题。

5. 金属有机聚合物

金属有机聚合物(metal-organic polymers, MOPs)一词用于描述金属离子中心与多个有机配体桥接的材料，这种结合(或配位相互作用)被扩展到具有一维/二维/三维结构的无限阵列中。MOPs 包括配位聚合物(CP)、金属有机骨架(MOF)和普鲁士蓝衍生物(在 2.2 节中已经详细讨论)。只要针对性地选择有机配体的各种官能团、金属簇的不同价态或种类，构筑不同的结构，就可以制备出多种不同的金属有机聚合物材料。配位聚合物(一维)和金属有机骨架(二维/三维)由于诸多优点被认为是具有潜力的电极材料：①选择的多样性(>20000 个物种)；②可调节的孔隙空间；③稳定可调的骨架结构；④有序的开放通道；⑤高的化学/热稳定性；⑥多电子反应[100,101]。

二茂铁作为该类化合物的典型代表，被作为标准电极广泛应用于电化学分析领域。在作为钠离子电池正极材料时，充电后通过 p 型掺杂的反应吸附一个阴离子(ClO$_4^-$)，并同时失去一个电子，其中 Fe^{2+}被氧化成 Fe^{3+}，如图 2.35 所示[102]。在 NaClO$_4$/EC/DMC 的电解液体系中，二茂铁基的聚合物可以在高于 3.2V 的电压区间完成阴离子的嵌入/脱出。值得注意的是，该类材料充放电过程的极化作用极小且可以忽略，这一现象证明了该类材料是一类具有快速动力学的正极材料。值得注意的是，不同于其他几种掺杂型化合物，金属有机化合物中只能通过 p 型掺杂反应来实现钠离子的储存，因此在该类电极材料的设计中，可以通过改变不同的金属离子来得到不同的电化学性能。

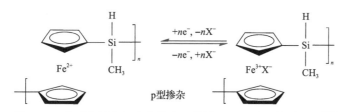

图 2.35　典型金属有机聚合物聚二茂铁甲基硅烷的储钠机理[88]

1) 金属有机聚合物的氧化还原反应机理

基于 MOPs 的电极材料可以通过两种特殊机理储存和传递电化学能量：转换型(通常遵循合金化/非合金化过程)和嵌入型[100]。

(1) 转换型反应。当 MOPs 发生转换型反应时，中心金属离子通常还原成金属态或含钠合金(这种反应只在作为负极材料时才出现)。由于充放电过程中化学成分发生了巨大的转变，整个 MOPs 骨架结构不可避免地发生坍塌[103]。

(2) 嵌入型反应。嵌入型 MOPs 的结构在钠离子嵌入/脱出反应后一般都能保持稳定，能够提供稳定、快速的离子扩散通道。在嵌入/脱出反应过程中，钠离子可以在 MOPs 的孔或骨架之间通过电解液进行转移。此外，MOPs 在无机金属中心和有机桥接配体处具有多个氧化还原活性位点，具有较高的理论比容量及较高的倍率性能。然而，不同的配位环境，包括金属中心的种类、配位构型及有机配体的不同取代基团，都可能影响氧化还原反应的活性位点。根据提供氧化还原活性位点的不同，MOPs 可分为三类：金属中心离子具有活性、有机配体具有活性和金属中心离子/有机配体均具活性。

①金属中心离子具有活性。Fe^{3+}/Fe^{2+}、Ni^{3+}/Ni^{2+}、V^{5+}/V^{4+}、V^{4+}/V^{3+}等都是具有氧化还原活性的金属离子对。一旦钠离子嵌入骨架，金属中心离子将被还原成较低的氧化态，以达到电荷平衡。然而，金属离子的氧化还原对能提供的电子转移数比有机配体要少得多，使得理论比容量非常低。如 MIL-53(Fe) Fe^{III}(OH)$_{0.8}$F$_{0.2}$(O$_2$CC$_6$H$_4$CO$_2$)通过 Fe^{3+}/Fe^{2+}

氧化还原电子对进行可逆储锂反应。MIL-53(Fe)在电压范围为 1.5~3.5V($vs.$ Li/Li$^+$)下循环时，显示出 75mA·h/g 的质量比容量和 140mA·h/L 的体积比容量。在充放电过程中，每重复单元可逆嵌入/脱出 0.6 个 Li$^+$，并伴随 Fe^{3+}/Fe^{2+}氧化还原[104]。虽然这一类 MOPs 在锂离子电池中进行了深入的研究，但是目前在钠离子电池中的应用还较少见，根据反应机理，这一类化合物的储钠反应也是类似的，但是由于钠离子反应动力学较慢，其实际储钠比容量必然会低得多。

②有机配体具有活性。有机配体上氧化还原活性官能团的多功能性和可调性使 MOPs 有望实现多电子转移反应。与共轭羰基化合物、导电聚合物等许多有机电极材料一样，有机配体的电化学活性位点主要位于含氧基团(—COO—和—C=O)、含氮基团(咪唑、吡啶和氨基)和含离域 π 电子云的芳香环。这类化合物主要是用作钠离子电池负极，将在第三章中进行详细讨论。

③金属中心离子和有机配体双活性。尽管有机配体可以提供多电子转移的氧化还原反应，金属中心离子可以起到稳定整个骨架的作用，然而，若金属中心是非活性的且原子量较大，电极材料的比容量降低。为了克服这一点，最理想的情况是设计一种金属中心和有机配体同时具有氧化还原活性的 MOPs 材料。基于此目的，针对钠离子电池正极材料比容量较低的问题，四氰基醌二甲烷亚铜盐(CuTCNQ)被作为钠离子电池正极材料进行研究[105]。CuTCNQ 由四氰基醌二甲烷(TCNQ)配体与亚铜离子(Cu$^+$)配位组成[化学结构如图 2.36(a)所示]。TCNQ 是一种具有氧化还原活性的有机分子，可以发生两个电子转移的可逆反应。Cu$^+$在金属有机化合物中也可以表现出氧化还原活性。CuTCNQ 在 2.0~4.1V($vs.$ Na$^+$/Na)的充放电区间内，有三个放电平台，平均电压高达 3.1V，储钠比容量达到了 255mA·h/g，理论比能量可达到 900W·h/kg，而实际的比能量也达到了 760W·h/kg。Cu$^+$和 TCNQ$^-$同时参与了氧化还原反应，实现 3 个电子转移的可逆反应。

事实上，根据 CuTCNQ 的储钠机理，金属离子的氧化还原反应并不是一个钠离子的嵌入脱出反应，而是对应着电解液中阴离子 ClO$_4^-$的结合与解离。在大部分金属离子和有机配体双活性的 MOPs 中，有序的开放通道和可控的孔隙空间使材料在充放电过程中具有独特的"双离子充电行为"。即电解液中的阳离子(Li$^+$/Na$^+$)和阴离子(如 PF$_6^-$和 BF$_4^-$)都

CuTCNQ(Ⅰ相)　　　　　　　　　　CuTCNQ(Ⅱ相)

(a)

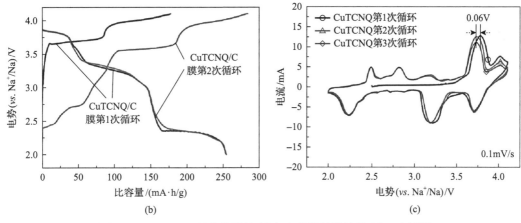

图 2.36　CuTCNQ 的化学结构 (a) 与电化学储钠性能 (b)、(c)[105]

可以捕获到骨架中，并有助于总容量的提高。通常，阴离子在充电过程中被吸附到骨架中，而阳离子在充电过程中嵌入。这有助于实现 MOPs 材料的快速固态离子扩散过程。

2) 提高电极材料性能的方法

(1) 替换与优化金属中心。一方面，有机配体和金属中心离子的多样性为 MOPs 材料的化学成分和骨架结构提供了无限的选择性，为提高电池性能提供了许多可能性。氧化还原 MOPs 中存在多种形式的金属中心，包括一价碱金属离子、多价过渡金属离子、混合价金属离子、混合金属离子等。铜、铁、镍、钒等金属离子一般具有氧化还原活性，而钠、钙、镁、铝等金属离子一般表现出非活性，因此改变金属中心离子有可能影响 MOPs 的结构及氧化还原活性位点。另一方面，可以引入一定量较大半径的金属离子，以扩大层间距，支撑和稳定结构。这样就保证了足够的空间用于离子扩散和电荷转移[100]。

(2) 设计功能化的有机配体。金属中心通过不同氧化状态的交替来转移电子，由于金属离子氧化态的限制，转移的电子数量较少。另外，金属中心价态改变以后，与配体的配位稳定性也会降低。相比之下，钠离子在有机配体上的嵌入/脱出，对整个配位结构影响不大，即使在高/低电势下也能保证整体结构。此外，通过对有机配体进行设计，可以提供多个钠离子嵌入的活性位点，从而产生更高的比容量[105]。最后，通过调节有机配体的结构，还可以提高 MOPs 材料的导电性，从而进一步提高材料的电化学性能[106]。

(3) 提高电子导电率。独特而丰富的孔结构为 MOPs 储钠提供了快速的离子扩散通道，增大了电解液与活性位点的接触面积。因此，理论上 MOPs 可以获得接近 100% 的材料利用率，以实现更高的能量/功率密度。然而，MOPs 材料固有的绝缘特性会阻碍电子的转移，导致氧化还原反应不能顺利进行。

目前解决这个问题主要采取两个方案[100]。

①在电极中添加导电剂，包括导电炭黑、碳纳米管、功能化石墨烯/还原石墨烯氧化物、导电聚合物、金属纳米粒子等。这种方法已广泛应用于传统的商用锂离子电池材料 $LiCoO_2$/$LiMn_2O_4$/$LiFePO_4$ 电极，也可用于 MOPs 电极。在这些导电物质中，官能团修饰的碳纳米管 (CNTs) 和还原氧化石墨烯 (RGO)，不仅可以增强电子导电性能，而且可以作

为功能化前驱体调控 MOPs 的骨架和形貌。但是，外部导电添加剂没有活性，并且占据电极的体积和质量百分比，这导致整个电极的能量密度降低。因此，提高 MOPs 材料的本征电导率，才能从根本上解决问题。

②增强电子在结构中的离域程度，提高材料的本征导电性。许多 MOPs 材料由于配体中金属离子的 π 轨道和 d 轨道的重叠性较差，造成载流子迁移率较差，所以本质上是绝缘的。为了提高在电化学反应过程中的电子迁移率，通过 d-π 共轭构筑具有二维结构的导电 MOPs，实现有机配体的 π 轨道与金属中心离子 d 轨道的有效重叠，并通过层间的 π-π 堆积作用来促进电子传导。典型的材料是 Co^{2+} 与六氨基苯配位聚合得到的二维导电的六氨基苯钴(Co-HAB)，电导率达到 1.57S/cm，材料作为钠电池电极材料可以发生三个电子转移的氧化还原反应，3 个 Na^+ 可以可逆地存储在每个六氨基苯配体上，理论比容量为 312mA·h/g。

(4)提高工作电压。为了设计具有高电压的 MOPs 正极材料，可以将具有高氧化还原电势的金属离子作为金属中心引入到 MOPs 的结构中，如 Cu(Ⅰ)、V(Ⅳ)、Fe(Ⅲ)等[100,105]。这些金属离子的氧化还原反应可以使对应的 MOPs 材料产生相对较高的电压。

(5)其他方法。除了以上提到的一些方法之外，还可以对孔结构、粒径、形貌等多层次结构进行综合考虑。MOPs 的孔通道是离子迁移的重要途径，孔半径、孔形状及客体分子是否占据孔道均是需要重点考虑的问题。

同时，可通过控制晶体生长方向来调节的 MOPs 的多维结构，这是材料结构设计的另一个重点。与一维纤维和三维多孔骨架相比，二维层状纳米片通常具有超薄厚度和超高的比表面积，能够提供许多反应位点，并可以提高材料的导电性。此外，通过调整合成条件制备具有纳米尺寸的纳米颗粒和形貌，可以显著增加电极与电解质之间的接触面积，缩短电子/电荷扩散距离，从而提高电化学反应的速率。

6. 微孔聚合物

具有共价有机骨架(COF)的共轭微孔聚合物在有机电极材料的研究中也备受关注。微孔聚合物电极具有一些固有的优势：一是较高的比表面积和微孔结构使钠离子可以快速传输；二是聚合物的结构很好地解决了有机电极材料在电解液中的溶解问题；三是丰富的氧化还原活性位点为其作为电极材料提供了较高的理论比容量。如图 2.37 所示，微孔聚合物的储钠过程也能通过 n 型掺杂和 p 型掺杂来完成[88]。

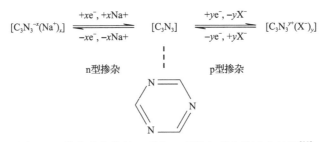

图 2.37　微孔聚合物的 n 型和 p 型掺杂反应的反应过程[88]

参 考 文 献

[1] Xiang X, Zhang K, Chen J. Recent advances and prospects of cathode materials for sodium-ion batteries[J]. Advanced Materials, 2015, 27(36): 5343-5364.

[2] Yabuuchi N, Komaba S. Recent research progress on iron- and manganese-based positive electrode materials for rechargeable sodium batteries[J]. Science and Technology of Advanced Materials, 2014, 15(4): 043501.

[3] Yabuuchi N, Kajiyama M, Iwatate J, et al. P2-type $Na_x[Fe_{1/2}Mn_{1/2}]O_2$ made from earth-abundant elements for rechargeable Na batteries[J]. Nature Materials, 2012, 11(6): 512-517.

[4] Singh G, López del Amo J M, Galceran M, et al. Structural evolution during sodium deintercalation/intercalation in $Na_{2/3}[Fe_{1/2}Mn_{1/2}]O_2$[J]. Journal of Materials Chemistry A, 2015, 3(13): 6954-6961.

[5] Mortemard de Boisse B, Cheng J H, Carlier D, et al. O3-$Na_xMn_{1/3}Fe_{2/3}O_2$ as a positive electrode material for Na-ion batteries: structural evolutions and redox mechanisms upon Na^+ (de)intercalation[J]. Journal of Materials Chemistry A, 2015, 3(20): 10976-10989.

[6] Li Y, Yang Z, Xu S, et al. Air-stable copper-based P2-$Na_{7/9}Cu_{2/9}Fe_{1/9}Mn_{2/3}O_2$ as a new positive electrode material for sodium-ion batteries[J]. Advanced Science, 2015, 2(6): 1500031.

[7] Wang X, Liu G, Iwao T, et al. Role of ligand-to-metal charge transfer in O3-type $NaFeO_2$-$NaNiO_2$ solid solution for enhanced electrochemical properties[J]. Journal of Physical Chemistry C, 2014, 118(6): 2970-2976.

[8] Mendiboure A, Delmas C, Hagenmuller P. Electrochemical intercalation and deintercalation of Na_xMnO_2 bronzes[J]. Journal of Solid State Chemistry, 1985, 57: 323-331.

[9] Zheng L, Wang Z, Wu M, Xu B, et al. Jahn-Teller type small polaron assisted Na diffusion in $NaMnO_2$ as a cathode material for Na-ion batteries[J]. Journal of Materials Chemistry A, 2019, 7: 6053-6061.

[10] Yabuuchi N, Hara R, Kajiyama M, et al. New O2/P2-type Li-excess layered manganese oxides as promising multi-functional electrode materials for rechargeable Li/Na batteries[J]. Advanced Energy Materials, 2014, 4(13): 1301453.

[11] Billaud J, Singh G, Armstrong A R, et al. $Na_{0.67}Mn_{1-x}Mg_xO_2$ ($0 \leqslant x \leqslant 0.2$): A high capacity cathode for sodium-ion batteries[J]. Energy & Environmental Science, 2014, 7(4): 1387-1391.

[12] Maitra U, House R A, Somerville J W, et al. Oxygen redox chemistry without excess alkali-metal ions in $Na_{2/3}[Mg_{0.28}Mn_{0.72}]O_2$[J]. Nature Chemistry, 2018, 10(3): 288-295.

[13] House R A, Maitra U, Perez-Osorio M A, et al. Superstructure control of first-cycle voltage hysteresis in oxygen-redox cathodes[J]. Nature, 2019, 577: 502-508.

[14] Vassilaras P, Ma X, Li X, et al. Electrochemical properties of monoclinic $NaNiO_2$[J]. Journal of the Electrochemical Society, 2012, 160(2): A207-A211.

[15] Braconnier J J, Delmas C, Fouassier C. Comportement electrochimique des phases Na_xCoO_2[J]. Matials Research Bulletin, 1980, 15(12): 1797-1804.

[16] Wu X, Guo J, Wang D, et al. P2-type $Na_{0.66}Ni_{0.33-x}Zn_xMn_{0.67}O_2$ as new high-voltage cathode materials for sodium-ion batteries[J]. Journal of Power Sources, 2015, 281: 18-26.

[17] Zhang X H, Pang W L, Wan F, et al. P2-$Na_{2/3}Ni_{1/3}Mn_{5/9}Al_{1/9}O_2$ microparticles as superior cathode material for sodium-ion batteries: Enhanced properties and mechanisam via graphene connection[J]. ACS Applied Materials & Interfaces, 2016, 8(32): 20650-20659.

[18] Zheng L, Li J, Obrovac M N. Crystal structures and electrochemical performance of air-stable $Na_{2/3}Ni_{1/3-x}Cu_xMn_{2/3}O_2$ in sodium cells[J]. Chemistry of Materials, 2017, 29(4): 1623-1631.

[19] Lee E, Lu J, Ren Y, et al. Layered P2/O3 intergrowth cathode: Toward high power Na-ion batteries[J]. Advanced Energy Materials, 2014, 4(17), 1400458.

[20] Mu L, Xu S, Li Y, et al. Prototype sodium-ion batteries using an air-stable and Co/Ni-Free O3-layered metal oxide cathode[J]. Advanced Materials, 2015, 27(43): 6928-6933.

[21] Xu S Y, Wu X Y, Li Y M, et al. Novel copper redox-based cathode materials for room-temperature sodium-ion batteries[J]. Chinese Physics B, 2014, 23 (11): 118202.

[22] Delmas C, Braconnier J J, Fouassier C, et al. Electrochemical intercalation of sodium in Na_xCoO_2 bronzes[J]. Solid State Ionics, 1981, 3 (4): 165-169.

[23] Berthelot R, Carlier D, Delmas C. Electrochemical investigation of the P2-Na_xCoO_2 phase diagram[J]. Nature Materials, 2011, 10 (1): 74-80.

[24] Komaba S, Takei C, Nakayama T, et al. Electrochemical intercalation activity of layered $NaCrO_2$ vs. $LiCrO_2$[J]. Electrochemistry Communications, 2010, 12 (3): 355-358.

[25] Yu C Y, Park J S, Jung H G, et al. $NaCrO_2$ cathode for high-rate sodium-ion batteries[J]. Energy & Environmental Science, 2015, 8 (7): 2019-2026.

[26] Didier C, Guignard M, Darriet J, et al. O'3-Na_xVO_2 system: A superstructure for $Na_{1/2}VO_2$[J]. Inorganic Chemistry, 2012, 51 (20): 11007-11016.

[27] Hurlbutt K, Wheeler S, Capone I, et al. Prussian blue analogs as battery materials[J]. Joule, 2018, 2 (10): 1950-1960.

[28] Ji Z, Han B, Liang H, et al. On the mechanism of the improved operation voltage of rhombohedral nickel hexacyanoferrate as cathodes for sodium-ion batteries[J]. ACS Applied Materials & Interfaces, 2016, 8 (49): 33619-33625.

[29] Takachi M, Fukuzumi Y, Moritomo Y. Na^+ diffusion kinetics in nanoporous metal-hexacyanoferrates[J]. Dalton Transactions, 2016, 45 (2): 458-461.

[30] Shibata T, Moritomo Y. Ultrafast cation intercalation in nanoporous nickel hexacyanoferrate[J]. Chemical Communications, 2014, 50 (85): 12941-12943.

[31] You Y, Wu X L, Yin Y X, et al. A zero-strain insertion cathode material of nickel ferricyanide for sodium-ion batteries[J]. Journal of Materials Chemistry A, 2013, 1 (45): 14061-14065.

[32] Du K, Zhu J, Hu G, et al. Exploring reversible oxidation of oxygen in a manganese oxide[J]. Energy & Environmental Science, 2016, 9 (8): 2575-2577.

[33] Jiang L W, Lu Y X, Zhao C L, et al. Building aqueous K-ion batteries for energy storage[J]. Nature Energy, 2019, 4 (6): 495-503.

[34] Shibata T, Moritomo Y. Ultrafast cation intercalation in nanoporous nickel hexacyanoferrate[J]. Chemical Communications, 2014, 50 (85): 12941-12943.

[35] Wardecki D, Ojwang D O, Grins J, et al. Neutron diffraction and EXAFS studies of $K_{2x/3}Cu[Fe(CN)_6]_{2/3}$center dot nH_2O[J]. Crystal Growth & Design, 2017, 17 (3): 1285-1292.

[36] Bhatt P, Thakur N, Mukadam M D, et al. Evidence for the existence of oxygen clustering and understanding of structural disorder in Prussian blue analogues molecular magnet M-1.5[$Cr(CN)_6$]center dot zH_2O (M = Fe and Co): reverse monte carlo simulation and neutron diffraction study[J]. Journal of Physical Chemistry C, 2013, 117 (6): 2676-2687.

[37] Tirler A O, Persson I, Hofer T S, et al. Is the hexacyanoferrate (Ⅱ) anion stable in aqueous solution: A combined theoretical and experimental study[J]. Inorganic Chemistry, 2015, 54 (21): 10335-10341.

[38] You Y, Yu X, Yin Y, et al. Sodium iron hexacyanoferrate with high Na content as a Na-rich cathode material for Na-ion batteries[J]. Nano Research, 2015, 8 (1): 117-128.

[39] Liu Y, Qiao Y, Zhang W, et al. Sodium storage in Na-rich $Na_xFeFe(CN)_6$ nanocubes[J]. Nano Energy, 2015, 12: 386-393.

[40] Ohkoshi S I, Arai K I, Sato Y, et al. Humidity-induced magnetization and magnetic pole inversion in a cyano-bridged metal assembly[J]. Nature Materials, 2004, 3 (12): 857-861.

[41] Zhang L, Chen L, Zhou X, et al. Morphology-dependent electrochemical performance of zinc hexacyanoferrate cathode for zinc-ion battery[J]. Scientific Reports, 2015, 5: 18263.

[42] Song J, Wang L, Lu Y, et al. Removal of interstitial H_2O in hexacyanometallates for a superior cathode of a sodium-ion battery[J]. Journal of the American Chemical Society, 2015, 137 (7): 2658-2664.

[43] Wu J, Song J, Dai K, et al. Modification of transition-metal redox by interstitial water in hexacyanometalate electrodes for

sodium-ion batteries[J]. Journal of the American Chemical Society, 2017, 139 (50) : 18358-18364.

[44] Wang L, Song J, Qiao R, et al. Rhombohedral Prussian white as cathode for rechargeable sodium-ion batteries[J]. Journal of the American Chemical Society, 2015, 137 (7) : 2548-2554.

[45] Wu X, Deng W, Qian J, et al. Single-crystal FeFe (CN)$_6$ nanoparticles: A high capacity and high rate cathode for Na-ion batteries[J]. Journal of Materials Chemistry A, 2013, 1 (35) : 10130.

[46] Lu Y, Wang L, Cheng J, et al. Prussian blue: A new framework of electrode materials for sodium batteries[J]. Chemical Communication, 2012, 48 (52) : 6544-6546.

[47] Shang Y, Li X, Song J, et al. Unconventional Mn vacancies in Mn-Fe Prussian blue analogs: Suppressing Jahn-Teller distortion for ultrastable sodium storage[J]. Chemicals, 2020, 6 (7) : 1804-1818.

[48] Bauer A, Song J, Vail S, et al. The scale-up and commercialization of nonaqueous Na-ion battery technologies[J]. Advanced Energy Materials, 2018, 8 (17) : 1702869.

[49] Wu X, Wu C, Wei C, et al. Highly crystallized Na$_2$CoFe (CN)$_6$ with suppressed lattice defects as superior cathode material for sodium-ion batteries[J]. ACS Applied Materials & Interfaces, 2016, 8 (8) : 5393-5399.

[50] Xu Y, Wan J, Huang L, et al. Structure distortion induced monoclinic nickel hexacyanoferrate as high-performance cathode for Na-ion batteries[J]. Advanced Energy Materials, 2019, 9 (4) : 1803158.

[51] 钱江锋, 周敏, 曹余良, 等. Na$_x$M$_y$Fe (CN)$_6$ (M=Fe, Co, Ni) : 一类新颖的钠离子电池正极材料[J]. 电化学, 2012, 18: 108-112.

[52] Xu Y, Chang M, Fang C, et al. *In situ* FTIR-assisted synthesis of nickel hexacyanoferrate cathodes for long-life sodium-ion batteries[J]. ACS Applied Materials & Interfaces, 2019, 11 (33) : 29985-29992.

[53] Okubo M, Asakura D, Mizuno Y, et al. Ion-induced transformation of magnetism in a bimetallic CuFe Prussian blue analogue[J]. Angewandte Chemie International Edition, 2011, 123 (28) : 6393-6397.

[54] Xu Y, Wan J, Huang L, et al. Dual redox-active copper hexacyanoferrate nanosheets as cathode materials for advanced sodium-ion batteries[J]. Energy Storage Materials, 2020, 33: 432-441.

[55] Cai D, Yang X, Qu B, et al. Comparison of the electrochemical performance of iron hexacyanoferrate with high and low quality as cathode materials for aqueous sodium-ion batteries[J]. Chemical Communication, 2017,53 (50) : 6780-6783.

[56] You Y, Wu X L, Yin Y X, et al. High-quality Prussian blue crystals as superior cathode materials for room-temperature sodium-ion batteries[J]. Energy & Environmental Science, 2014, 7 (5) : 1643-1647.

[57] Wu X, Shao M, Wu C, et al. Low defect FeFe (CN)$_6$ Framework as stable host material for high performance Li-ion batteries[J]. ACS Applied Materials & Interfaces, 2016, 8 (36) : 23706-23712.

[58] Xu Y, Ou M, Liu Y, et al. Crystallization-induced ultrafast Na-ion diffusion in nickel hexacyanoferrate for high-performance sodium-ion batteries[J]. Nano Energy, 2020, 67: 104250.

[59] Chen R, Huang Y, Xie M, et al. Chemical inhibition method to synthesize highly crystalline Prussian blue analogs for sodium-ion battery cathodes[J]. ACS Applied Materials & Interfaces, 2016, 8 (46) : 31669-31676.

[60] Oliver-Tolentino M, Osiry H, Ramos-Sánchez G, et al. Electronic density distribution of Mn-N bonds by a tuning effect through partial replacement of Mn by Co or Ni in a sodium-rich hexacyanoferrate and its influence on the stability as a cathode for Na-ion batteries[J]. Dalton Transactions, 2018, 47 (46) : 16492-16501.

[61] Dumont M F, Risset O N, Knowles E S, et al. Synthesis and size control of iron (Ⅱ) hexacyanochromate (Ⅲ) nanoparticles and the effect of particle size on linkage isomerism[J]. Inorganic Chemistry, 2013, 52 (8) : 4494-4501.

[62] He G, Nazar L F. Crystallite size control of Prussian white analogues for nonaqueous potassium-ion batteries[J]. ACS Energy Letters, 2017, 2 (5) : 1122-1127.

[63] Wu X, Wu C, Wei C, et al. Highly crystallized Na$_2$CoFe (CN)$_6$ with suppressed lattice defects as superior cathode material for sodium-ion batteries[J]. ACS Applied Materials & Interfaces, 2016, 8 (8) : 5393-5399.

[64] You Y, Wu X L, Yin Y X, et al. High-quality Prussian blue crystals as superior cathode materials for room-temperature sodium-ion batteries[J]. Energy & Environmental Science, 2014, 7 (5) : 1643-1647.

[65] Asakura D, Li C H, Mizuno Y, et al. Bimetallic cyanide-bridged coordination polymers as lithium ion cathode materials: core@shell nanoparticles with enhanced cyclability[J]. Journal of the American Chemical Society, 2013, 135(7): 2793-2799.

[66] Luo J, Sun S, Peng J, et al. Graphene-roll-wrapped Prussian blue nanospheres as a high-performance binder-free cathode for sodium-ion batteries[J]. ACS Applied Materials & Interfaces, 2017, 9(30): 25317-25322.

[67] Hu F, Li L, Jiang X. Hierarchical octahedral $Na_2MnFe(CN)_6$ and $Na_2MnFe(CN)_6$@PPy as cathode materials for sodium-ion batteries[J]. Chinese Journal of Chemistry, 2017, 35(4): 415-419.

[68] Moreau P, Guyomard D, Gaubicher J, et al. Structure and stability of sodium intercalated phases in olivine $FePO_4$[J]. Chemistry of Materials, 2010, 22(14): 4126-4128.

[69] Delmas C, Cherkaoui F, Nadiri A, et al. A NASICON-type phase as intercalation electrode: $NaTi_2(PO_4)_3$[J]. Materials Research Bulletin, 1987, 22(5): 631-639.

[70] Delmas C, Nadiri A, Soubeyroux J L. The NASICON-type titanium phosphates $ATi_2(PO_4)_3$ (A=Li, Na) as electrode materials[J]. Solid State Ionics, 1988, 28-30: 419-423.

[71] Zhang X, Rui X, Chen D, et al. $Na_3V_2(PO_4)_3$: An advanced cathode for sodium-ion batteries[J]. Nanoscale, 2019, 11(6): 2556-2576.

[72] Zheng Q, Yi H, Li X, et al. Progress and prospect for NASICON-type $Na_3V_2(PO_4)_3$ for electrochemical energy storage[J]. Journal of Energy Chemistry, 2018, 27(6): 1597-1617.

[73] Barpanda P, Ye T, Nishimura S I, et al. Sodium iron pyrophosphate: A novel 3.0V iron-based cathode for sodium-ion batteries[J]. Electrochemistry Communications, 2012, 24: 116-119.

[74] Park C S, Kim H, Shakoor R A, et al. Anomalous manganese activation of a pyrophosphate cathode in sodium ion batteries: A combined experimental and theoretical study[J]. Journal of the American Chemical Society, 2013, 135(7): 2787-2792.

[75] Li Q, Liu Z, Zheng F, et al. Identifying the structural evolution of the sodium ion battery Na_2FePO_4F cathode[J]. Angewandte Chemie International Edition, 2018, 130(37): 12094-12099.

[76] Zheng Y, Zhang P, Wu SQ, et al. First-principles investigations on the Na_2MnPO_4F as a cathode material for Na-ion batteries[J]. Journal of the Electrochemical Society, 2013, 160(6): A927.

[77] Ling M, Jiang Q, Li T, et al. The mystery from tetragonal $NaVPO_4F$ to monoclinic $NaVPO_4F$: Crystal presentation, phase conversion, and Na-storage kinetics[J]. Advanced Energy Materials, 2021, 11(21): 2100627.

[78] Sauvage F, Quarez E, Tarascon J M, et al. Crystal structure and electrochemical properties *vs.* Na^+ of the sodium fluorophosphate $Na_{1.5}VOPO_4F_{0.5}$[J]. Solid State Sciences, 2006, 8(10): 1215-1221.

[79] Park Y U, Seo D H, Kwon H S, et al. A new high-energy cathode for a Na-ion battery with ultrahigh stability[J]. Journal of the American Chemical Society, 2013, 135(37):13870-13878.

[80] Gover R K B, Bryan A, Burns P, et al. The electrochemical insertion properties of sodium vanadium fluorophosphate, $Na_3V_2(PO_4)_2F_3$[J]. Solid State Ionics, 2006, 177(17-18): 1495-1500.

[81] Park Y U, Seo D H, Kim H, et al. A family of high-performance cathode materials for Na-ion batteries, $Na_3(VO_{1-x}PO_4)_2F_{1+2x}$ ($0 \leq x \leq 1$): Combined first-principles and experimental study[J]. Advanced Functional Materials, 2014, 24(29): 4603-4614.

[82] Wood S M, Eames C, Kendrick E, et al. Sodium ion diffusion and voltage trends in phosphates $Na_4M_3(PO_4)_2P_2O_7$ (M = Fe, Mn, Co, Ni) for possible high-rate cathodes[J]. Journal of Physical Chemistry C 2015, 119(28): 15935-15941.

[83] Kim H, Park I, Seo D H, et al. New iron-based mixed-polyanion cathodes for lithium and sodium rechargeable batteries: Combined first principles and experimental study[J]. Journal of the American Chemical Society, 2012, 134(25): 10369-10372.

[84] Kim H, Yoon G, Park I, et al. Anomalous Jahn-Teller behavior in a manganese-based mixed-phosphate cathode for sodium ion batteries[J]. Energy & Environmental Science, 2015, 8(11): 3325-3335.

[85] Barpanda P, Oyama G, Nishimura S I, et al. A 3.8-V earth-abundant sodium battery electrode[J]. Nature Communications, 2014, 5: 4358.

[86] Shanmukaraj D, Ranque P, Youcef H B, et al. Towards efficient energy storage materials: Lithium intercalation/organic

electrodes to polymer electrolytes—a road map[J]. Journal of the Electrochemical Society, 2020, 167(7): 070530.

[87] Xu Y, Zhou M, Lei Y. Organic materials for rechargeable sodium-ion batteries[J]. Materials Today, 2018, 21(1): 60-78.

[88] Zhao Q, Lu Y, Chen J. Advanced organic electrode materials for rechargeable sodium-ion batteries[J]. Advanced Energy Materials, 2017, 7(8): 1601792.

[89] Kim H, Kwon J E, Lee B, et al. High energy organic cathode for sodium rechargeable batteries[J]. Chemistry of Materials, 2015, 27(21): 7258-7264.

[90] Luo W, Allen M, Raju V, et al. An organic pigment as a high-performance cathode for sodium-ion batteries[J]. Advanced Energy Materials, 2014, 4(15): 1400554.

[91] Wang H, Yuan S, Si Z, et al. Multi-ring aromatic carbonyl compounds enabling high capacity and stable performance of sodium-organic batteries[J]. Energy & Environmental Science, 2015,8(11), 3160-3165.

[92] Wang H, Yuan S, Ma D, et al. Tailored aromatic carbonyl derivative polyimides for high-power and long-cycle sodium-organic batteries[J]. Advanced Energy Materials, 2014, 4(7): 1301651.

[93] Banda H, Damien D, Nagarajan K, et al. Twisted perylene diimides with tunable redox properties for organic sodium-ion batteries[J]. Advanced Energy Materials, 2017, 7(20):1701316.

[94] Hong J, Lee M, Lee B, et al. Biologically inspired pteridine redox centres for rechargeable batteries[J]. Nature Communications, 2014, 5: 5335.

[95] Dai Y, Zhang Y X, Gao L, et al. A sodium ion based organic radical battery[J]. Electrochemical and Solid-State Letters, 2010, 13: A22.

[96] Kim J K, Kim Y, Park S. Encapsulation of organic active materials in carbon nanotubes for application to high-electrochemical-performance sodium batteries[J]. Energy & Environmental Science, 2016, 9(4): 1264-1269.

[97] Lee S, Kwon G, Ku K, et al. Recent progress in organic electrodes for Li and Na rechargeable batteries[J]. Angewandte Chemie International Edition, 2018, 30(42): 1704682.

[98] Zhou M, Zhu L, Cao Y, et al. Fe(CN)$_6^{4-}$ doped polypyrrole: A high-capacity and high-rate cathode material for sodium-ion batteries[J]. RSC Advances, 2012, 2(13): 5495-5498.

[99] Zhou M, Xiong Y, Cao Y, et al. Electroactive organic anion-doped polypyrrole as a low cost and renewable cathode for sodium-ion batteries[J]. Journal of Polymer Science Part B: Polymer Physics, 2013, 51(2): 114-118.

[100] Wu Z, Xie J, Xu Z J, et al. Recent progress in metal-organic polymers as promising electrodes for lithium/sodium rechargeable batteries[J]. Journal of Materials Chemistry A, 2019, 7(9): 4259-4290.

[101] Wang L, Han Y, Feng X, et al. Metal-organic frameworks for energy storage: Batteries and supercapacitors[J]. Coordination Chemistry Reviews, 2016, 307(2): 361-381.

[102] Zhang H, Wang G, Song Z. Organometallic polymer material for energy storage[J]. Chemical Communications, 2014, 50(51): 6768-6770.

[103] Zhang Y E, Riduan S N, Wang J Q, et al. Redox active metal- and covalent organic frameworks for energy storage: Balancing porosity and electrical conductivity[J]. Chemistry: A European Journal, 2017, 23(65): 16419 -16431.

[104] Férey G, Millange F, Morcrette M, et al. Mixed-valence Li/Fe-based metal-organic frameworks with both reversible redox and sorption properties[J]. Angewandte Chemie International Edition, 2007, 46(18): 3259-3263.

[105] Fang C, Huang Y, Yuan L X, et al. A metal-organic compound as cathode material with superhigh capacity achieved by reversible cationic and anionic redox chemistry for high-energy sodium ion batteries[J]. Angewandte Chemie International Edition, 2017, 129(24): 6897-6901.

[106] Xie L S, Skorupskii G, Dincă M. Electrically conductive metal-organic frameworks[J]. Chemical Reviews, 2020, 120(16): 8536-8580.

第3章 钠离子电池负极材料

3.1 钠离子电池负极材料的要求

负极作为钠离子电池的核心组成(正极材料、负极材料和电解质)之一,其性能对于电池的整体表现具有决定性的作用,因此关于负极材料的研究也同样重要。作为钠离子电池负极材料要求具有以下性能。

(1)钠离子在材料中嵌入/脱出的电势低,且电势变化较小,从而获得较高的全电池输出电压。

(2)钠离子嵌入/脱出过程中材料的结构变化小,从而确保较好的循环寿命。

(3)材料的可逆比容量高,从而获得较高的能量密度。

(4)材料的电子电导率和钠离子电导率高,从而获得较高的功率密度。

(5)材料与电解液、集流体等不发生反应,且热稳定性和化学稳定性好。

(6)材料的合成方法简单,原料来源丰富,成本较低,安全无毒环保。

目前研究的钠离子电池负极材料体系有以下几种:金属钠、碳材料、合金材料、过渡金属氧族化合物、磷及磷化物、聚阴离子型负极和有机负极材料等[1]。本章节将分别对这几种材料进行论述。

3.2 金属钠负极

钠为银白色金属,质地柔软,可用小刀切割,密度为 $0.97g/cm^3$,熔点为 97.81℃,沸点为 882.9℃,离子半径为 1.02Å,Na^+/Na 的标准电极电势为−2.714V(*vs.* SHE)。钠有两种晶体结构,低温时为密排六方结构,高温时为体心立方结构。钠的最外层只有一个电子,很容易失去,因此表现出很强的还原性,化学性质非常活泼。

作为钠离子电池负极材料,金属钠具有较高的理论比容量($1165mA \cdot h/g$)和最低的电极电势,因此使用金属钠负极的钠离子电池能够表现出较高的能量密度。从 20 世纪 60 年代开始,金属钠就已开始应用于高温钠/硫电池中,高温钠硫电池的电极反应如下:

$$2Na \rightleftharpoons 2Na^+ + 2e^- \quad (负极) \quad (-2.71V \; vs. \, SHE) \qquad (3.1)$$

$$xS + 2e^- \rightleftharpoons S_x^{2-} \quad (正极) \quad (-0.428V \; vs. \, SHE) \qquad (3.2)$$

为确保反应物均呈液态并确保电解质较高的离子电导率,高温钠硫电池的工作温度一般为 300~350℃。此时,金属钠以液态形式存在,并且高温下硫化钠对钢和其他合金具有很强的腐蚀性,因此高温钠硫电池在集流体的选择方面面临极大的挑战。另外,一旦陶瓷电解质隔膜破损导致短路，高温的液态钠和硫就会直接接触，发生剧烈的放热反应，产生高达 2000℃ 的高温，因此高温钠硫电池存在着极高的安全隐患。

除了应用于高温钠硫电池外，金属钠负极在钠/空气电池、钠/二氧化碳电池等领域的应用也逐步得到了广泛的关注和研究。众所周知，在电解池中电镀金属时，枝晶的生长普遍存在。而枝晶生长是实现钠离子电池和锂离子电池金属负极的主要障碍。金属钠负极存在与锂负极类似的问题：钠的不均匀电沉积伴随着不受控制的苔藓和树枝状金属钠的生长，这会导致 SEI 膜不均匀生长、电解液的快速耗尽、阻抗上升、库仑效率低和电池比容量迅速下降，更严重地会带来使用寿命和安全性的问题。除此之外，无论是金属钠的易燃易爆炸性质，还是其枝晶生长的趋势，都给电池安全造成了很大的威胁。而当其匹配传统可燃的有机电解液时，就无异于给电池体系增加了一把燃料，这些挑战使金属钠的应用受到了很大的限制。

必须强调的是，金属钠的沉积过程与金属锂有所不同，这主要体现在：①金属钠成核热力学和动力学不同，因为钠与无机物(如 Na_2O 和 NaF)、金属(如正极穿梭沉积的金属阳离子)、基质碳等的价键结合方式不同；②金属钠生长动力学不同，因为在室温下，钠电池的同系温度($T/T_m = 0.8$，其中 T 为当前绝对温度；T_m 为某物的熔点)高于锂($T/T_m = 0.65$)；③金属钠的枝晶的弹性刚度仅为金属锂枝晶的一半。在准零电场中，钠枝晶逐渐溶解在标准的碳酸酯(如碳酸乙烯酯/碳酸二甲酯)电解液中，在外加应力作用下钠枝晶容易断裂。而在相同条件下，锂枝晶相对稳定。了解这些关键差异对于研究金属钠-SEI 间的相互作用至关重要。综上所述，只有构建稳定的 SEI 膜，抑制钠枝晶生长，限制钠的体积变化，才能有效提高金属钠负极的性能。目前，解决以上问题的常用策略有以下几种。

3.2.1　优化液态电解质体系

1. 溶剂的选择

在碳酸酯类溶剂中，相同条件下，金属钠比金属锂具有更高的活泼性。以碳酸乙烯酯/碳酸二甲酯(EC/DMC，体积比为 1∶1)或碳酸乙烯酯/碳酸二甲酯/碳酸丙烯酯(EC/DMC/PC，体积比为 4.5∶4.5∶1)为电解液，组装 Na/Na 对称电池。当电流密度为 $0.1mA/cm^2$ 时，电池在循环初期就显示出较大的沉积/剥离超电势。将金属钠在电解质中浸泡 24h 后发现，金属钠表面变得非常粗糙，并有大量凸起形成，这是因为在电解液/金属钠界面处发生了较剧烈的副反应，导致金属钠的腐蚀及副反应产物在表面的堆积[2]。在碳酸酯基电解液中，电解液在金属钠表面分解主要形成 $HCOONa$、Na_2CO_3、RCH_2OCO_2Na、$R(OCO_2Na)_2$、$ROCO_2Na$ 等 SEI 膜组分。但是这些常见的 SEI 膜组分比较疏松，无法对金属钠起到良好的钝化作用[3]。

醚类溶剂具有较低的介电常数和黏度，这使它们与金属钠电极之间具有更高的稳定性。当使用相同的钠盐时，金属钠在基于 1mol/L $NaPF_6$ 的醚基电解质(包括单、二和四乙二醇二甲醚)中可取得高达 99% 以上的库仑效率和良好的稳定性[4][图 3.1(a)]。后续表征发现金属钠在该醚基电解液中形成的 SEI 膜主要由 Na_2O 和 NaF 等组成，其主要源自 $NaPF_6$ 的分解。得益于醚类溶剂较高的 LUMO 能级，使钠盐优先于溶剂发生分解，从而

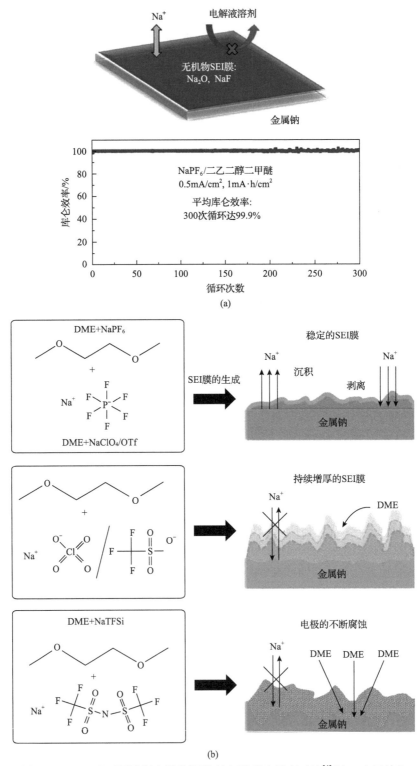

图 3.1 NaPF$_6$ 在不同溶剂中钠的沉积/溶解的库仑效率对比[4](a)、金属钠和
不同钠盐在二甲醚(DME)溶剂中形成 SEI 膜的机理[6](b)

生成富含致密无机物的 SEI 膜，非常有利于金属钠负极的保护。由于金属钠表面的 SEI 膜由钠盐阴离子的分解所主导，因此钠盐的种类就显得尤为重要[5]。图 3.1 示意性地阐明了基于二甲醚溶剂的不同钠盐种类对金属钠表面 SEI 膜组分的影响。虽然金属钠的最外层 SEI 膜都富含源自溶剂分解的有机物成分，但它们表面 SEI 膜的内部成分却有较大区别。$NaPF_6$ 的分解可在金属钠表面生成一层薄的、富含 NaF 的 SEI 膜；$NaCF_3SO_3$ 和 $NaClO_4$ 盐分解分别形成了富含 NaF 和 NaCl 成分的 SEI 膜，但其厚度相比 $NaPF_6$ 分解产生的 SEI 膜要厚得多，将不利于界面处的钠离子迁移，从而增加了循环后的界面阻抗；而双（三氟甲基磺酰）亚胺钠（NaTFSI）的分解所生成的无机物大多数为 Na_2CO_3，此外，$TFSI^-$ 的尺寸较大，也造成了 SEI 膜孔隙率的增加，导致电解液会不断渗入 SEI 膜并导致进一步的分解［图 3.1(b)］。

以氟代碳酸乙烯酯（FEC）为代表的一系列氟代溶剂，包括氟代碳酸酯和氟代醚类［如 1,1,2,2-四氟乙基-2,2,3,3-四氟丙基醚（HFE）］，与金属钠具有较好的相容性，其可以通过优先生成富含 NaF 的 SEI 膜来有效钝化金属钠负极。例如，基于碳酸丙烯酯/FEC/HFE（体积比为 3∶3∶4）混合溶剂的电解液中，金属钠的平均沉积/剥离库仑效率可提升至 90.3%，明显优于碳酸酯基电解液（15.2%）。由于高含氟量组分的引入，该电解液还呈现出本征不可燃性，这对提高金属钠电池的安全性起到了很大的作用。在上述电解液中加入 5%（体积分数）的全氟己酮（PFMP）灭火剂［图 3.2(a) 和 (b)］后，可以进一步提高电解液的安全性[7]。除此之外，由于氟原子的吸电子效应，氟化溶剂与钠离子之间的结合能会明显更低，因此钠离子在氟化溶剂中的去溶剂化更容易。基于此，设计高度氟化的碳酸甲乙酯/FEC/HFE（体积比为 3∶3∶4）溶剂体系来替代传统的碳酸乙烯酯/碳酸丙烯酯（EC/PC）基电解液，可显著降低钠离子的去溶剂化活化能，有助于提高金属钠电池在低温和快充等严苛条件下的动力学性能。加之在金属钠表面预先生成的 $Na_{15}Sn_4$/NaF 双相 SEI 膜，所组装的 $Na/Na_3V_2(PO_4)_2O_2F$ 全电池在 30C 倍率下的放电比容量仍达 $89.2mA \cdot h/g$，且在 $-30℃$ 下放电比容量达 $92.1mA \cdot h/g$［图 3.2(c) 和 (d)］[8]。

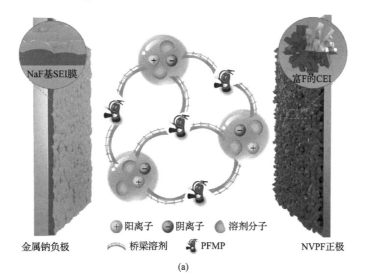

金属钠负极　　　　⊕ 阳离子　⊖ 阴离子　　溶剂分子　　　　NVPF正极
　　　　　　　　　桥梁溶剂　　🔥 PFMP

(a)

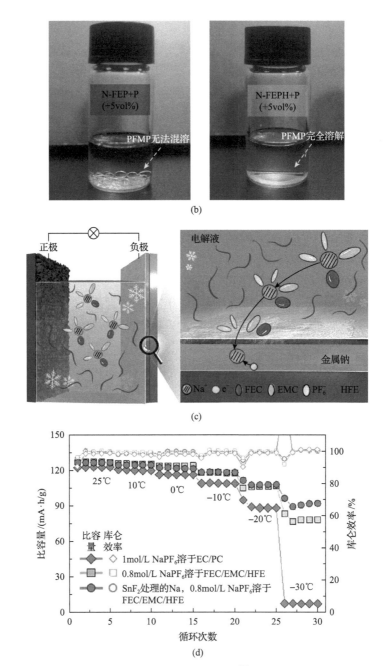

图 3.2　全氟己酮基高度氟化电解液的结构示意图(a)[7]、全氟己酮在对应电解液体系下的
相容性测试(b)[7]、弱溶剂化电解液和人工 SEI 膜的构筑对低温金属钠电池的
作用(c)[8]、Na/Na₃V₂(PO₄)₂O₂F 全电池在不同温度下的放电比容量(d)[8]

FEC 作为共溶剂可极大地提高金属钠在常规酯基电解液中的可逆性(由＜20%提升
至 92%～95%)。除此之外，FEC 在磷酸酯、羧酸酯、腈类、砜类等溶剂体系中均展示了
类似的效果。研究者对不同 FEC 添加量的溶剂化结构进行研究，发现当电解液中 FEC
的配位数大于 1.2 时，金属钠的可逆性显著地升高。而在此阈值上继续增加 FEC 的含量，

反而会造成电池内阻的增加和电池倍率性能的下降(图 3.3)。随着 FEC 含量的增加，SEI 膜成分中的有机物成分逐渐减少，同时，来自 PF_6^- 分解所生成的 PO_xF_y 含量也逐渐下降，这表明 FEC 共溶剂有效抑制了其他溶剂分子和阴离子的分解。除此之外，添加 FEC 后的所生成的 SEI 膜呈高度结晶态，由丰富的 Na_2O、Na_2CO_3、NaF 和 Na_3PO_4 等无机纳米晶粒构成，从而可促进钠离子在界面处的快速迁移[9]。

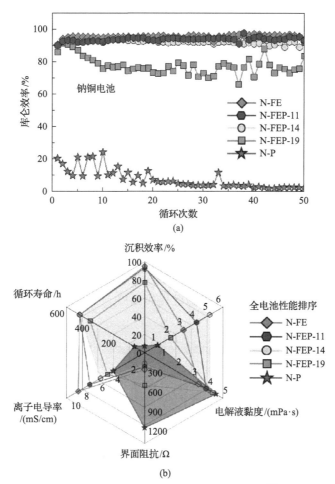

图 3.3 FEC 含量对金属钠沉积/剥离效率的影响(a)[9]、FEC 含量
对金属钠电池性能和电解液各项指标的影响(b)[9]

N-FE 为 1mol/L NaPF₆溶于 FEC；N-FEP-11 为 1mol/L NaPF₆溶于 FEC/PC(体积比 1:1)；N-FEP-14 为 1mol/L NaPF₆溶于 FEC/PC(体积比 1:4)；N-FEP-19 为 1mol/L NaPF₆溶于 FEC/PC(体积比 1:9)；N-P 为 1mol/L NaPF₆溶于 PC

2. 电解液中钠盐浓度的影响

电解液中盐的浓度是影响电解液性能的关键因素之一。近年来，探索高浓度电解液对稳定金属负极的作用已成为该领域研究热点。尽管盐浓度的升高会导致电解液电导率的降低和黏度的增大，但高浓度的电解液仍具有以下优势：降低界面反应活性、提高热稳定性、增大氧化/还原稳定性和提高离子传输数。在电化学反应过程中，金属的沉积可

分为传质过程和电荷转移过程。金属离子通过扩散和电迁移运动至电极表面，随后发生还原反应释放电子，故电池内存在浓度梯度。据此，桑德(Sand)提出了 Sand 时间模型：恒电流条件下，电流密度较大时，阴极的阳离子浓度将逐渐减小，直至为零，此时电势将发生突跃，电极反应由电荷转移控制转变为传质过程控制。从开始到发生电势突跃的时间称为 Sand 时间：

$$t_{Sand} = \pi D_{app} \frac{(z_c c_0 F)^2}{4(J t_a)^2} \tag{3.3}$$

式中，D_{app} 为扩散系数；z_c 为阳离子所带电荷数；c_0 为盐的本体浓度；F 为法拉第常量；J 为电流密度；t_a 为阴离子迁移数。由式(3.3)可知 Sand 时间与电流密度的平方成反比，而与电解液初始浓度的平方成正比[10]。因此，当阴离子浓度在电极/电解质处达到 0 时，枝晶将开始大规模生长，从开始到枝晶生长的这段时间就称为 Sand 时间(τ)[11]。Sand 时间(τ)随起始金属离子的浓度(c_0)增加而增加。电解液中存在较多的钠离子数量能导致一种特殊的配位结构产生，同时减少非配位溶剂分子的数量，因此能减少由有机溶剂诱导产生的金属钠表面的腐蚀。

通常来说，在高盐浓度下，有大量的 Na^+ 和双(氟磺酰)亚胺阴离子(FSI^-)团簇形成，每一个溶剂阴离子可以和 4～5 个 Na^+ 配位，通过对多种 Na^+ 环境的模拟，发现 Na^+ 可在不同配位环境间快速的交换及 Na^+ 的扩散机理[12]。在高盐体系中这种特殊的位点交换导致了较大的 Na^+ 传输数。与传统低浓度电解液相比，高浓度电解液可以使金属钠实现更均匀的沉积[图 3.4(a)][13, 14]。同时，当盐的浓度提高以后，电解液对金属钠的腐蚀也会明显降低[图 3.4(b)]。

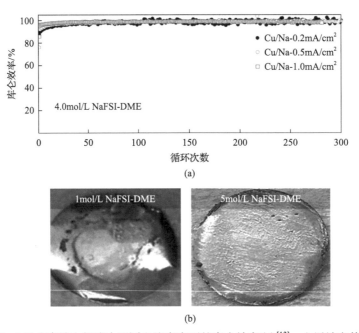

(a)

(b)

图 3.4   Na/Cu 电池在高浓电解液中不同电流密度下的库仑效率(a)[13]、金属钠在传统低浓度和高浓度电解液中沉积的光学照片(b)[14]

　　尽管高浓度电解液的研究取得了许多可喜的结果，但是由于高昂的钠盐价格和随之带来的高电解液黏度，以及与隔膜间较差的浸润性，这类电解质的实用化仍面临诸多挑战。为了克服这些缺点，研究者们引入了局部高浓度电解液的概念，即通过使用惰性的稀释剂将高浓度电解液稀释为较低浓度的电解液。这些稀释剂通常没有溶解钠盐的能力，如氢氟醚、氟代烷等。例如，将双(2,2,2-三氟乙基)醚(BTFE)作为稀释剂引入 5.2mol/L 双(氟磺酰)亚胺钠/二甲醚(NaFSI/DME)的高浓电解液后，可大幅度降低电解液的黏度，提高其与隔膜间的浸润性[15]。由于 BTFE 不会参与 Na^+ 的溶剂化，原先高浓度电解液下所形成的富含阴离子的溶剂化团簇得以保存，仍可保证阴离子的优先分解来钝化金属钠电极(图 3.5)。

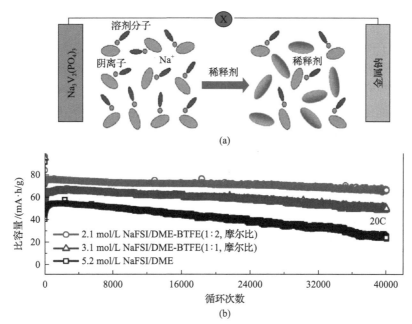

图 3.5　添加 BTFE 稀释剂后的局部高浓度电解液的溶剂化结构示意图(a)
及金属钠全电池在该电解液中的循环性能(b)[15]

3. 离子液体

　　离子液体是指由有机阳离子和有机/无机阴离子所组成的在室温或接近室温下呈现液态的盐，也称低温熔融盐。离子液体具有低蒸气压、高沸点、较强的热稳定性、较宽的电化学窗口和高安全性等优点。目前，对离子液体电解液的研究已成为金属钠负极电池研究的重要方向之一。

　　阴离子的种类对 SEI 膜的性质起着关键性作用。含有 FSI 的离子液体可以稳定金属钠负极。FSI^- 阴离子反应活性较低且能被还原生成自由基阴离子以稳定金属表面[16]。在含 FSI^- 的离子液体中，金属钠储存 4 周后，表面仍然光滑，且依然具有金属光泽，但在含 $TFSI^-$ 的离子液体中保存的金属钠则变黑，失去了表面金属光泽(图 3.6)。这主要是由两种离子形成的 SEI 膜的性质不同造成的，相对于 FSI^- 离子，$TFSI^-$ 形成的 SEI 膜更厚，但其孔隙率较高，离子液体易渗入 SEI 膜并持续和金属钠反应，因此 SEI 膜没有起到保护金属钠的效果[17]。

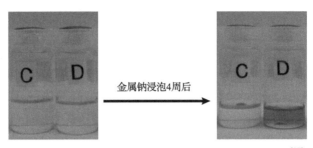

图 3.6　金属钠在含有不同阴离子的离子液体电解液中浸泡 4 周后的光学照片[17]（扫封底二维码见彩图）
C 为 Na[FSI]-[C₂C₁im][FSI]（10∶90，物质的量比）；D 为 Na[TFSI]-[C₂C₁im][TFSI]（10∶90，物质的量比）；C₂C₁im 为 1-乙基-3-甲基咪唑；FSI 为双氟磺酰亚胺离子；TFSI 为三氟甲烷磺酰亚胺离子

除了阴离子种类外，温度、盐的浓度和水分含量也会影响金属钠在离子液体中的稳定性。温度的影响主要是改变 Na⁺ 和阴离子之间的配位作用。温度越高，Na⁺ 的配位作用越差，即可产生更多的游离 Na⁺，从而促进 Na⁺ 的运输[18]。然而，这个温度必须超过一个阈值时才可能促进 Na⁺ 的传输，但温度太高又可能会限制金属钠负极的使用。因此，温度的选择和其他诸如安全问题方面的因素必须同时考虑。电解液中的水分对电池的性能也有明显影响。通过对 0.5mol/L 二氰亚胺钠/N-丁基-N-甲基吡咯烷酮二氰亚胺电解液的研究发现，当水分含量从 90ppm①提高到 400ppm 时，Na/Na 对称电池的极化将明显增加[19]，且从循环伏安测试图可观察到一个明显的阴极峰，说明钠的沉积过程受到阻碍，表面生成了阻抗较高的 SEI 膜。所以，在利用 FSI 离子促进稳定地形成 SEI 膜的过程中，还需综合考虑离子液体的盐浓度、温度和水分等参数的影响。

3.2.2　人工构建 SEI 膜

人工构建 SEI 膜是另一种常用的保护金属钠负极的方法，构建 SEI 膜的常用方法一般有三种：物理法、化学法和电化学法。物理法一般是直接在电极表面包覆一层保护层，可用方法有旋转涂膜、原子层沉积、分子层沉积、磁控溅射、刮片涂布等；化学法一般涉及前驱体和电极间的原位反应；电化学法是指在电流作用下，利用电极表面的反应剂引发降解或聚合反应，构建稳定的 SEI 膜。

1. 物理法构建 SEI 膜

原子层沉积（ALD）是构建包覆层最有效的方法之一，其可以将物质以单原子膜的形式逐一镀在基底表面，从而将包覆层的厚度控制在原子级别。例如，通过原子层沉积在金属钠上包覆 Al₂O₃[20]，其表层的 Al₂O₃ 在嵌钠后将生成 NaₓAl₂O₃，这是一种较好的钠离子导体，可在阻挡金属钠和电解液直接接触的同时，保证界面钠离子流的均匀快速通过[图 3.7（a）]。除了单一的无机包覆层外，当构建的 SEI 膜中含有机物时，可以实现 SEI "刚柔并济" 的效果。为此，以三甲基铝和乙二醇为例，利用分子层沉积（MLD）技术可

---

① 1ppm=10⁻⁶。

在金属钠表面构筑铝基有机/无机复合薄膜(alucone)作为金属钠负极的保护层,在抑制枝晶的同时,进一步起到抑制金属钠在循环过程中的体积形变的作用[21]。通过滚压或刮刀法将预先准备好的材料均匀涂敷在金属钠表面上也是实现人工 SEI 膜的最简便方法之一。例如,研究者将 Al_2O_3 与偏氟乙烯和六氟丙烯共聚物混合,制备有机/无机复合包覆层[22],然后通过辊压将该包覆层附着在金属钠表面[图 3.7(b)]。这种人工 SEI 膜兼具无机颗粒的硬度和有机骨架的弹性,可以对金属钠负极起到很好的修饰作用,组装的全电池表现出稳定的循环性能。

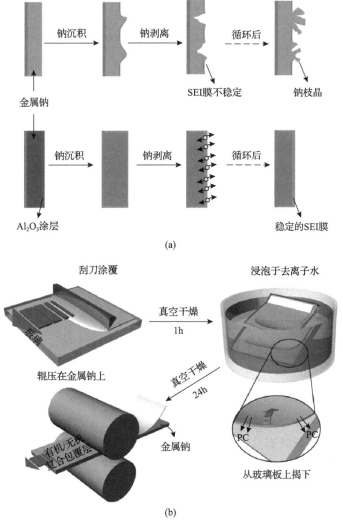

图 3.7　Al_2O_3 包覆保护金属钠的示意图[20](a) 及有机/无机复合包覆层
附着在金属钠表面的示意图[22](b)

2. 化学法构建 SEI 膜

关于化学法构建 SEI 膜的研究,较典型的是利用金属钠和溴丙烷之间的原位反应,在金属钠表面构建一层 NaBr 的包覆层[23]。NaBr 具有可以和 Mg 金属相媲美的低离子传输能垒(0.02eV/原子),而且 NaBr 的界面活化能比金属钠低 3 倍,在 NaBr 中钠离子的传输速度比在金属钠本体中快 20 倍。所以在金属钠表面包覆一层 NaBr 后,钠在 $1.0mA/cm^2$ 下沉积 30min 后没有显示任何枝晶状的结构。利用金属钠的高反应活泼性,在常规酯类电解液中加入 50mmol/L $SnCl_2$ 添加剂,可在金属钠表面原位生成一层致密的且可以自愈合的 Na-Sn 合金/NaCl 保护层。钠离子通过在界面的合金化反应可实现混合电荷存储和快速的界面电荷传输,从而为金属钠负极提供更低的界面阻抗和更高的稳定性[24]。相比于对极片的预处理,此方法成本低,且操作简便,为实现金属钠在酯类溶剂中的稳定循环提供了良好的思路。

3. 电化学法构建 SEI 膜

在电化学法构建 SEI 膜方面,可采用电解液添加剂,通过电化学法在金属钠表面沉积一层柔软致密的 SEI 膜。例如,带有不饱和官能团的 DAIM 单体可在充电条件下发生原位电聚合,从而在金属钠表面构筑一层橡胶状的可快速传导离子的 SEI 膜[25]。最近,研究者采用电化学抛光方法在金属锂、金属钠表面产生光滑、超薄的 SEI 膜。该方法所生成的 SEI 膜没有微观缺陷,且表现了良好的耦合刚度和机械性能,从而可以有效抑制循环时的枝晶生长和体积变化[26]。

总之,具有快速离子传导能力且电子绝缘的材料都可作为潜在的人工 SEI 膜材料。然而,经过长时间的循环后,人工 SEI 膜依然有可能出现破裂,因此必须更好地控制人工 SEI 膜的厚度和弹性,同时统筹考虑人工 SEI 膜对钠的沉积/剥离的动力学特征。

3.2.3 构建金属钠沉积的基底材料

为了克服金属钠在循环中的巨大体积效应,一些多孔材料被用作容纳金属钠负极的基底材料。目前,一系列的多孔材料已用作金属锂负极的宿主材料,如还原氧化石墨烯(RGO)、泡沫镍、ZnO 包覆的聚酰亚胺、Si 包覆的泡沫碳等。作为理想的碱金属负极沉积基底应具有以下特征。

(1)和金属间有极好的润湿性。

(2)具有较大的表面积以减少局部电流密度。

(3)与电极和电解质间有良好的相容性,以避免副反应发生。

基于以上三点的考虑,RGO 被认为是最有希望的保护金属钠的基底材料,如图 3.8(a)所示,将熔融金属钠灌入氧化石墨烯(GO)基体中,GO 将立即被还原成 RGO,接着熔融金属钠被吸附到 RGO 层间间隙中,形成 Na@RGO 复合物[27]。在此过程中,可通过控制 RGO 的质量来调节 Na@RGO 复合物的比容量。此外,由天然木头加工制备的多孔导电碳也可用作钠的宿主材料[28]。将选择范围进一步拓宽后发现,未经任何修饰的三维碳毡也可展示出相同的功效。这类碳毡材料成本低、质量轻、柔性高,且具有较高的孔隙率和比表面积,不仅为低成本金属钠复合材料的制备提供了可能性,也可以用作柔性钠电池的设计[29]。

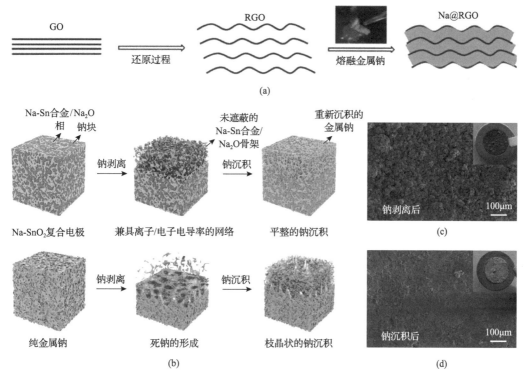

图 3.8　Na@RGO 复合物的制备示意图(a)、钠在 Na-SnO$_2$ 复合电极、纯金属钠上的沉积/剥离过程及剥离/沉积后的扫描电子显微镜(SEM)图像和相应的光学照片[31][(b)～(d)]

除了常用的碳基材料外，研究者们近期报道了将多孔铜基体作为容纳熔融金属钠的骨架[30]。通过在基体表面进行氧化(或硫化)处理，多孔铜可展现出非常优异的亲钠性，其能够使熔融的金属钠快速渗入其内部孔道形成均一的复合电极。除此之外，可采用高温熔融法在金属钠本体中原位地引入了兼具离子/电子电导率的亲钠骨架。例如，研究者利用金属钠的高度反应活泼性，将一定量的 SnO$_2$ 纳米粉末加入到熔融的金属钠中，并通过高温(150℃)混合搅拌的方式，激发两者间进行自发的置换反应，从而在金属钠本体中生成 Na$_{15}$Sn$_4$ 与 Na$_2$O 相[图 3.8(b)]。如图 3.8(c)和(d)所示，当高达 8.0mA·h/cm^2 的钠从该 Na-SnO$_2$ 复合电极中被剥离后，其 Na$_{15}$Sn$_4$/Na$_2$O 骨架仍得以完好地保存，且可在随后钠沉积过程中作为亲钠位点引导 Na$^+$ 在其骨架内部进行均匀沉积[31]。

3.2.4　金属钠沉积集流体的修饰

平面金属集流体通常表现为相对粗糙的表面和电子的不均匀分布，常导致 Na$^+$ 在沉积过程中的不均匀成核，诱发钠枝晶不断地生长。因此，为了提高金属钠负极的稳定性，很有必要对传统的集流体进行修饰和改性。铝箔是最常用的金属集流体之一，用多孔铝取代铝箔可以使金属钠负极获得较好的电化学性能[32]。这是由于多孔材料具有较大的比表面积，能减少局部电流密度，增大 Na$^+$ 的成核位点[图 3.9(a)]。类似地，对铜集流体的改性也可促进更均匀的钠沉积。例如，可以通过 30s 电镀将镍纳米颗粒沉积在铜导电骨架上，制备出 3D Ni@Cu 集流体。在钠沉积过程中，Na$^+$ 首先在集流体中垂直的孔道中沉积，再水平沉积直至最后形成表面平整的钠负极[33]。此外，通过 N、S 共掺杂的碳纳米管作为 Na$^+$沉积集流体，证实了共掺杂后由于引入了亲钠基团，碳材料与 Na$^+$的结合能显著提升[34]。类似地，理论计算结果表明，Na$^+$与石墨烯材料中的硼掺杂点具有非常高的结合能，从而可获得较低的成核过电势，实现无枝晶钠的均匀生长［图3.9(b)］[35]。

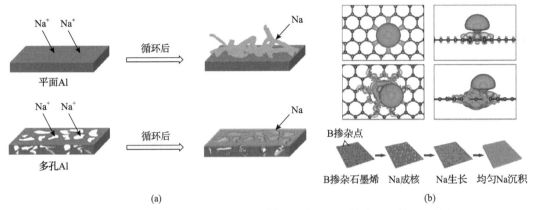

图 3.9　钠在多孔铝上沉积的示意图(a)[32]、钠离子在无掺杂石墨烯和硼掺杂的
石墨烯上沉积的模拟图(b)[34]

　　近年来，很多研究者通过在铜箔上溅射具有亲钠性的金属镀层，或者在集流体上生长金属颗粒，来诱导 Na$^+$在其位点上的均匀成核。这些金属材料通常需要在金属钠中有一定溶解度，或可与 Na$^+$发生合金反应。例如，在铜集流体表面溅射一层很薄的金(Au)，首次 Na$^+$沉积过程中生成 Au-Na 合金层后，可以明显降低 Na$^+$的成核过电势[36]。后续，铜流体表面溅射锡(Sn)、锑(Sb)镀膜也取得了类似的效果[37]。除了对铜箔集流体进行表面修饰外，也可使用碳材料作为基底，在其结构中均匀负载金属颗粒，以诱导 Na$^+$在碳层中的均匀成核。例如，将单质 Sn 以纳米颗粒(大小约为 150nm)的形式均匀分布于整个碳纳米网络中，可为 Na$^+$的沉积提供丰富的成核位点，且容纳循环过程中的巨大体积形变[38]。其他金属纳米颗粒，如锌(Zn)、铋(Bi)、银(Ag)、钴(Co)等也可作为 Na$^+$的优先沉积位点，由于其工作原理和上述金属颗粒基本一致，这里不再做详细的介绍。

3.2.5　固态电解质

　　在金属钠的保护措施中，固态电解质(SSE)因具有较好的机械强度而被认为是抑制枝晶刺穿的理想方法。相比于传统液态电解质，固态电解质不存在漏液、胀气、燃烧、与金属钠持续发生副反应等问题，因此更加安全。目前研究的固态电解质主要分为两类：无机固态电解质和有机固态电解质(又称为聚合物电解质)。当前，制约室温固态金属钠电池发展的关键问题主要包括固体电解质-电极间的高界面阻抗，充放电过程中金属钠负极体积频繁膨胀-收缩导致的界面接触劣化，以及钠枝晶在固体电解质中的生长等问题。

1. 无机固态电解质

19 世纪末，Warburg 等就发现了一些固态化合物具有离子导电性。进入 20 世纪后，许多在室温下离子电导率高、化学稳定性好的固态电解质被发现。在固态钠电池领域，受到关注较多的无机固态电解质有 β-Al_2O_3、Na_3PS_4、NASCION 等。一般地，氧化物基固态电解质的化学稳定性较好，与高还原性的金属钠接触时不易被还原，而硫化物基固态电解质的稳定性则较差，与金属钠接触时常有界面副反应发生，例如：

$$Na_3PS_4 + 8Na \longrightarrow 4Na_2S + Na_3P \tag{3.4}$$

除了界面稳定性外，无机固态电解质和电极间较差的润湿性通常导致巨大的界面电阻。Goodenough 教授组报道了对金属钠-$Na_3Zr_2Si_2PO_{12}$ 间界面的研究[39]。当温度升到 380℃时，金属钠很容易在 $Na_3Zr_2Si_2PO_{12}$ 片上铺展开[图 3.10（a）和（b）]，由于电极-电解

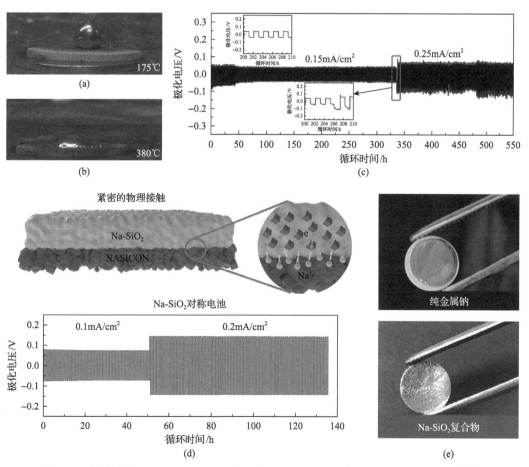

图 3.10 金属钠在 175℃（a）和 380℃（b）下与 $Na_3Zr_2Si_2PO_{12}$ 陶瓷片的润湿性对比图[39]、$Na/Na_3Zr_2Si_2PO_{12}/Na$ 对称电池在 65℃时的循环性能图[39]（c）；Na-SiO_2 电极与 NASICON 负极的润湿性示意图，及其 Na-SiO_2 对称电池的循环性能测试[40]（d）；纯金属钠与 Na-SiO_2 复合材料与 NASICON 陶瓷片之间的浸润性测试（e）[40]

质界面润湿性的提高，组装的 Na/Na$_3$Zr$_2$Si$_2$PO$_{12}$/Na 电池可以非常稳定地沉积/剥离循环 500h 以上［图 3.10（c）］。

除了电极-电解质界面优化外，对金属钠本体的修饰也可以改善负极-陶瓷电解质界面稳定性。例如，可在熔融金属钠中加入 SiO$_2$ 作为添加剂后制备出 Na-SiO$_2$ 复合电极[40]。SiO$_2$ 的添加极大地降低了金属钠的表面张力，使金属钠和固态陶瓷电解质之间的接触变得更加紧密［图 3.10（d）和（e）］。通过匹配 NASICON 型固态电解质，研究者成功地将 Na|NASICON 的界面电阻从 1658Ω·cm^2 降低到 101Ω·cm^2。所组装的 Na-SiO$_2$|NASICON|Na-SiO$_2$ 对称电池可在 500μA/cm^2 电流密度下稳定循环 135h。

2. 固态聚合物电解质

1973 年首次报道了聚氧化乙烯（PEO）-碱金属盐复合物具有高的离子导电性。此后，离子导电性聚合物开始受到人们的重视。1978 年，法国的 Armand 博士首次提出将聚合物与锂盐的复合物用作固态电解质，引起了电化学工作者的广泛关注。近几十年来，人们在固态聚合物电解质（SPE）的理论研究和应用研究方面都取得了很大的进展。常用的聚合物基体有 PEO、聚丙烯腈（PAN）、聚乙烯醇（PVA）、聚乙烯基吡咯烷酮（PVP）和聚甲基丙烯酸甲酯（PMMA）。PEO 基 SPE 是研究最早且研究最多的固态聚合物电解质体系，它具有质量轻、弹性好、易成膜和化学稳定性好等优点。PEO 的导电机理如图 3.11 所示[41]，离子传输主要发生在无定形区域，随着 PEO 链段的蠕动，Li$^+$ 与氧化乙烯（EO）单体上的氧原子不断地发生络合与解离，从而实现 Li$^+$ 的迁移。

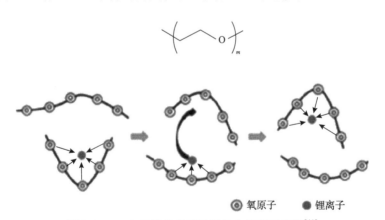

◉ 氧原子　● 锂离子

图 3.11　PEO 的结构单元及其导电机理示意图[41]

然而，聚合物固态电解质在室温时的离子电导率通常很低，极大地限制了它们的实际应用。制备复合电解质是提高聚合物固态电解质离子电导率的一种重要方法。例如，将无机纳米颗粒（如 SiO$_2$、Al$_2$O$_3$、TiO$_2$ 和 ZrO$_2$ 等）与 PEO 复合，利用无机纳米颗粒降低 PEO 高分子链的有序度，提高可蠕动分子链的比例，从而提高 PEO 的离子电导率。此外，还可将无机固态电解质和聚合物固态电解质进行复合，使复合电解质既有一定的机械模量又有较高离子电导率。构建复合电解质的方法之一是在金属钠和无机固态电解质间增加一层固态聚合物电解质，如在 $Na_3Zr_2Si_2PO_{12}$ 电解质-金属钠界面间增加一层交联的聚乙二醇甲基丙烯酸酯(CPMEA)膜[39]，可有效解决金属钠和固态电解质间界面不相容的问题。这种复合电解质的主体部分是无机陶瓷固态电解质，能够保证电解质的高离子电导率和机械模量，同时添加的固态聚合物电解质夹层可以增强界面兼容性及电解质-金属钠之间的接触面积，利于形成均匀的 Na^+ 流。

另一种构建复合电解质的方法是将无机电解质纳米颗粒填充到固态聚合物电解质中。例如，可以将 NASICON 型 $Na_{3.4}Zr_{1.8}Mg_{0.2}Si_2PO_{12}$(NZMSP)颗粒填充到 PEO 中，当无机填料的质量分数为 40%时，复合电解质具有很好的电化学稳定和高离子电导率($80℃$时 $2.4×10^{-3}$S/cm)[42]。不过，这类复合电解质通常需要在较高的温度下工作，这对于低熔点($98℃$)的钠负极是非常不利的。为了提高复合电解质的室温离子电导率，向聚合物电解质中添加增塑剂是一种常用的有效方法。将无机填充物(如 SiO_2)和离子液体(Emim FSI)增塑剂填充到 PEO 中获得的复合电解质[43]，其室温下表现出离子电导率高($1.3×10^{-3}$S/cm)，离子传输数高(0.61)和电化学窗口宽[$4.2V$($vs.$ Na^+/Na)]等特点。虽然添加增塑剂对于离子电导率的改善效果显而易见，但是增塑剂的添加涉及向电池引入有机溶剂，可能会增加电池的安全隐患(如热失控)。

3.3 碳 负 极

在众多储钠负极材料中，碳材料不仅具有来源广泛、资源丰富、结构多样等优势，又有锂离子电池商业化进程的成功经验，因此，碳材料被视作最有前景的钠离子电池的负极材料，在基础研究及产业化方面的发展速度较快。

3.3.1 碳材料概述

碳是一种非金属元素，是元素周期表的第 12 号元素，位于第二周期ⅣA 族。碳材料中碳原子间的杂化方式主要有 sp^2 和 sp^3，通过不同的杂化方式相结合可形成结构和性质完全不同的物质。传统的碳材料有木炭、活性炭、炭黑、焦炭、天然石墨等，新型碳材料有金刚石、碳纤维、柔性石墨、核石墨、玻璃碳等。其中新型纳米碳材料有富勒烯、碳纳米管、纳米金刚石、石墨烯等。

在碳材料中，C—C 单键的键长一般为 0.154nm，C═C 双键的键长一般为 0.142nm，随碳材料结构的不同，其键长会略有变化。C═C 双键组成六方形结构，构成一个平面(墨片面)，这些面通过范德瓦尔斯相互堆积就成为石墨晶体(图 3.12)。石墨晶体的参数主要有 L_a、L_c 和 d_{002}。L_a 为石墨晶体沿 a 轴方向的平均长度；L_c 为墨片面沿与其垂直的 c 轴方向进行堆积的厚度。随碳种类的不同，L_c 小可至 1nm，大可至 10μm 及以上；d_{002} 为墨片面之间的距离，理想石墨单晶的 d_{002} 一般为 0.3354nm，无定形碳则可达 0.37nm 以上，当插入其他原子或离子时甚至可达 1nm 以上。

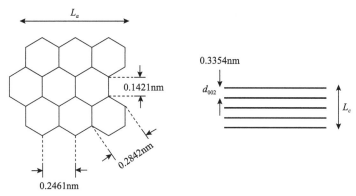

图 3.12　石墨晶体的一些结构参数

1. 碳材料的分类

碳材料的种类可以从晶体学、堆积方式和石墨化等多个角度来划分。从晶体学角度讲，碳材料可分为结晶碳和无定形碳；从堆积方式可划分为石墨、玻璃碳、碳纤维和炭黑等；从石墨化程度又可分为石墨类碳和非石墨类碳。石墨类碳材料有天然石墨、人造石墨和石墨化碳材料（碳纤维、改性石墨、石墨化的中间相碳微球等）。非石墨化碳材料主要有两类：易石墨化碳材料和难石墨化碳材料，即通常所说的软碳和硬碳。

石墨具有良好的层状结构，其平面碳层由 sp^2 杂化碳原子呈正六边形排列并向二维方向延伸。石墨的层与层之间靠范德华力维系，层间距为 0.335nm，如图 3.13 所示。石墨烯从石墨剥离而来，是由单层碳原子构成的二维材料。

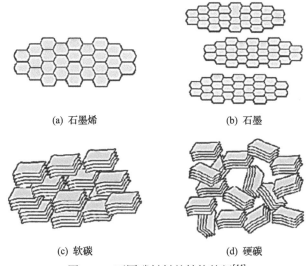

(a) 石墨烯　　　　　　　　　　(b) 石墨

(c) 软碳　　　　　　　　　　(d) 硬碳

图 3.13　不同碳材料的结构特征[44]

非石墨类碳材料通常为无序结构，结晶度低，晶粒尺寸小，晶面间距较大，与电解液相容性较好。软碳和硬碳主要由类石墨微晶构成，这些石墨微晶不仅厚度、宽度较小，而且排布不及石墨规整，因此具有较低的结晶度和较大的晶面间距。软碳和硬碳的主要区别在于石墨微晶的排列方式和石墨化程度难易的不同。在碳化过程中，有些前驱体材料先形成中间体液态相，这有助于形成石墨状结构所需的三维有序转变。软碳在 2500K 高温下石墨化后，通过电子显微镜可观察到十分清晰的石墨层状结构。其内部的石墨微晶的排布相对有序，而且微晶片层的厚度和宽度较大。硬碳可由前驱体如热固性聚合物（如酚醛树脂、糠醇、二乙烯苯-苯乙烯共聚物等）、纤维素、蔗糖和焦炭等制备而来，其结构中含有少量的 C—H。在碳化过程中，这些前驱体直接通过固态转变生成硬碳。硬碳在 3000K 高温热处理后，在电子显微镜下仍显示出相互缠绕的无序结构。其内部的石墨微晶排列更加杂乱、无序，并含有一部分的微纳孔区域。硬碳难以石墨化的原因可能是其前驱体结构中存在 sp^3 杂化的强交联键，阻止了碳原子的运动和再取向以生成有序的石墨层状结构。软碳的晶面间距一般为 0.35nm，而硬碳的晶面间距一般为 0.35～0.40nm。另外，与软碳相比，硬碳的晶粒较小，晶粒取向更不规则（表 3.1）。

表 3.1 硬碳和软碳的特征对比

前驱体	微结构	晶面间距	结晶度
热固性聚合物、纤维素、蔗糖和焦炭等	相互缠绕的无序结构	0.35～0.40nm	低
热塑性聚合物、石油焦、油及煤焦沥青等	清晰的石墨层状结构	0.35nm	低

2. 碳材料的表面结构

在碱金属二次离子电池中，碳材料的表面结构对电解液的分解和界面膜的形成和稳定性起到很重要的作用。碳的表面结构受以下因素影响。

（1）端面和基面的分布：石墨表面有基面和端面之分。基面（basal plane）指与墨片面平行的面，端面（edge）指与墨片垂直的面，可分为 Z 字形面和扶椅形面。碳材料中端面与基面之比可以变化很大。端面的比例定义为端面面积与总面积之比，即 $f_e=1-f_b$（基面面积的比例）。该比例与碳材料类型和表面积的处理过程有关（图 3.14）。

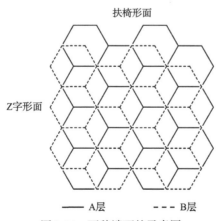

图 3.14 两种端面的示意图

（2）粗糙因子：除了高定向热解石墨的基面外，碳材料表面总存在一定程度的粗糙度，粗糙因子的定义为微观面积与几何面积之比：

$$\sigma = A_m / A_g \tag{3.5}$$

式中，A_m 为微观面积，可通过吸附或动力学测量得到；A_g 为几何面积或宏观面积，可通过外观检查或计时安培分析法确定。σ 大于或等于 1。端面积 A_e 也可以根据 A_g、σ 和 f_e 计算：

$$A_e = A_g \sigma f_e \tag{3.6}$$

（3）物理吸附：对于碳材料而言，其物理吸附性能差异很大，因此不同的材料在不同的气氛中表现出的物理吸附性能会不同，常以 θ_p 表示碳材料表面被杂质物理吸附所覆盖的比例。

（4）化学吸附：由于干净的碳材料表面碳原子的价态未饱和，因此易于吸附不同的分子或原子，特别是吸附氧原子，形成表面氧化物。表面氧化物对碳材料的表面化学性质有很大影响。

3. 碳材料的结构缺陷

碳原子成键时的多种杂化形式及碳材料结构层次的多样性，导致碳材料存在多种结构缺陷。常见的结构缺陷有面内结构缺陷、层面堆积缺陷、孔隙缺陷等。

（1）面内结构缺陷：在碳材料中，碳原子除了通过 sp^2 杂化轨道成键并构成六角网络结构外，还可能存在其他杂化轨道成键的碳原子。杂化形式不同，电子云分布密度也不同，导致碳平面层内电子密度发生变化，使碳平面层变形，引起平面层的结构缺陷。此外，当碳平面结构中存在其他杂原子（如 B、N、O、S、P 等）时，杂原子与碳原子的大小、所带电荷不同，也会引起碳平面层面内的结构缺陷。

以有机物作为前驱体，通过热解方法制备的碳材料，在碳平面生长过程中，边沿的碳原子可能仍与一些原子或原子团（如—OH、=O、—O—、—CH₃）等连接，也会引起碳平面层的结构变形。

（2）层面堆积缺陷：这是一种碳平面层呈现不规则排列形成的碳材料的层面堆积缺陷。

（3）孔隙缺陷：这是在制备碳材料的过程中，因气相物质挥发留下的孔隙引起的缺陷。

3.3.2　储钠碳材料

碳材料内部原子排布和微晶结构的不同，会造成储钠活性位点的差异，从而对其电化学储钠性能造成不同的影响。用于储钠研究的碳材料主要有石墨、石墨烯、软碳和硬碳四大类。

石墨、石墨烯、软碳和硬碳等都是 sp^2 杂化碳的同素异形体，其通过堆叠二维六边形共价键形成，层间通过弱的范德瓦尔斯相互作用。如图 3.15 所示的各碳材料的 XRD 谱图可以看出，石墨是结晶型碳。从软碳到硬碳谱图的变化显示，衍射峰逐渐变宽，并且(002)峰值向左移动,说明其结构紊乱程度和层间距逐渐增加。石墨烯是由单层或少数几层碳原子堆积而成,也具有较高的无序度,层间距介于软碳和硬碳之间。一般地,从石墨到软碳到硬碳再到石墨烯,这几种碳材料的储钠比容量呈现逐渐增大的趋势。其中,硬碳具有低的嵌钠电势,因此表现出较低的充放电电压平台和较高的库仑效率,而石墨烯则呈现出较高的充放电电压平台和较低的库仑效率。

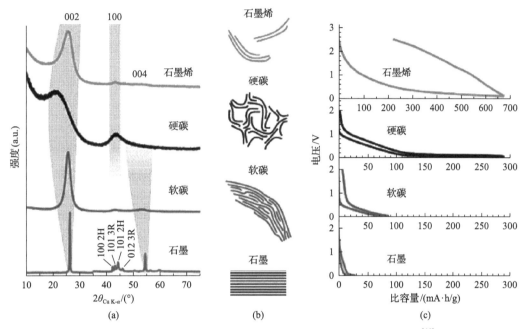

图 3.15 石墨、软碳、硬碳和石墨烯的 XRD 谱图和充放电曲线[45]

1. 石墨

石墨是目前应用最广泛的锂离子电池负极材料。石墨嵌锂的比容量主要来源于锂离子在石墨层间嵌入后形成的嵌入化合物(LiC_x),锂嵌入量最大值为 $x = 6$,所以石墨的理论比容量为 $372mA \cdot h/g$。因此,石墨很早就被作为嵌钠材料进行研究,但进展却非常有限。

早期通过气相法将钠蒸气与石墨充分反应,发现仅有极少量钠原子嵌入石墨层形成 NaC_{64} 化合物,这种嵌钠化合物对应的比容量约为 $35mA \cdot h/g$。最初的观点认为这主要是因为石墨层间距过小,较大半径的 Na^+ 嵌入石墨层间需要更大的能量,无法在有效的电势窗口内进行可逆嵌入/脱出,因此认为石墨不能作为负极材料应用于钠离子电池中。

后来,运用 DFT 对 Na^+ 嵌入石墨的稳定性进行了分析。结果发现,Na^+ 难以嵌入石墨中的原因是,钠-石墨嵌入化合物(如 NaC_6 或 NaC_8 等)形成的 C—C 的拉伸和应力作用使其很不稳定[46]。基于赫斯定律(Hess's law),钠-石墨嵌入化合物的生成能可分为三部分:①从块体到形成孤立原子的能量(E_d,结合能);②在形成石墨嵌入化合物过程中石墨的结构变形能(E_s);③Na^+ 嵌入石墨的能量降(E_b)。因为 Na 的成键较弱,超过了 $E_s + E_d$ 的能量降,所以钠-石墨嵌入化合物的生成能比其他碱金属-石墨嵌入化合物的生成能高,这也说明石墨的嵌钠比容量较低与 E_b 直接相关。

为了提高石墨的嵌钠比容量，人们尝试了多种方法，其中扩展石墨层间距是一种很有效的方法。例如，通过高温处理+活化造孔联合工艺制备得到的多孔碳材料，既保持了前驱体中高度有序的赝石墨结构，还具有更大的层间距(0.388nm)。电化学测试表明这种多孔碳负极的嵌钠比容量主要集中于 0.2V($vs.$ Na$^+$/Na) 以下，在 50mA/g 的电流密度下比容量可达 298mA·h/g。此外，采用两步氧化还原工艺可以促进石墨层间距膨胀，在保持其长程有序层状结构的同时，使层间距增大到 0.43nm。尽管这种膨胀石墨负极表现出优异的循环稳定性，但该材料的反应电势、储钠比容量等均无法与石墨储锂性能相比，而且其复杂的工艺不适合大规模生产。

2. 石墨烯

石墨烯是一种特殊的二维层状碳材料，具有极高的比表面积、超强的导电性、极好的机械强度和化学稳定性。单层石墨烯只有一个碳原子层的厚度(0.335nm)，从理论上讲，石墨烯可通过两面吸附 Li$^+$ 而形成 Li$_2$C$_6$，对应的储锂比容量为 744mA·h/g，是石墨的 2倍。理论计算表明，石墨烯的储钠比容量也优于石墨，一般在 150～350mA·h/g。

一般通过高温热处理氧化石墨烯可以制备出 RGO，这种 RGO 的(002)面的距离在 0.365～0.371nm，大于石墨的 0.34nm，可以用作钠离子电池负极[47]。但这类 RGO 的首次库仑效率都不高，一般低于 10%。

在不同的温度下还原制备 RGO 时发现，当还原温度升到 1100℃时，RGO 结构中的含氧官能团逐渐减少，并且石墨层间距也明显变小。而在 300℃的低温下还原制备的 RGO含有较多氧官能团，不仅提供更多的活性储钠位点，而且(002)面的层间距从 0.350nm 扩展到 0.375nm，从而表现出较优的电化学性能，在 0.03A/g 和 10A/g 的电流密度下，可逆比容量分别为 220mA·h/g 和 80mA·h/g。研究发现，0.5～2.0V($vs.$ Na/Na$^+$)电压区间这种RGO 主要通过表面的氧化还原反应存储 Na$^+$，而在 0.5V 以下则主要是 Na$^+$ 在碳层间的嵌入和脱出[48]。

除温度外，还原气氛也会对 RGO 的化学特征、机械性能和电化学性能产生影响。在NH$_3$ 气氛下制备的 RGO 的无序结构非常严重，表现出非常差的储钠性能(13mA·h/g)，这说明具有优异储钠性能的 RGO 应该是有合适的无序度或较大的碳层间距[49]。制备RGO 过程中，前驱体的选择也对产物的结构和性能有影响。分别以氧化石墨和氧化石墨烯为前驱体，可以分别制得平行取向和任意取向的石墨烯。平行取向的石墨烯保持了石墨原有的层状结构，其平均的层间距为 0.374nm，而任意取向的石墨烯的层间距仅有0.342nm。较大的层间距有利于 Na$^+$ 的扩散，计算结果也表明平行取向的石墨烯负极具有较大的 Na$^+$ 的扩散系数(D_{Na})。实验表明当用作钠离子电池负极时，平行取向的石墨烯的比容量远远大于任意取向的石墨烯。

3. 软碳

软碳是指热处理温度达到石墨化温度后，材料具有较高的石墨化程度的碳材料，也称易石墨化碳。软碳具有相对规整、有序的石墨微晶结构，层间距也基本接近于石墨材料，因此其层间不利于 Na⁺的嵌入，其储钠机理主要表现为碳层表面、微晶间隙和碳层边缘对钠离子的吸附。如图 3.15(c)所示，软碳的充放电曲线表现为斜坡电压区域，没有低压平台，因此反应电势较高(>0.5V)，首次不可逆比容量较大。与硬碳相比，软碳的比容量更低，平均电压更高。更重要的是，软碳负极通常具有较好的倍率性能，因此在有些需要高功率密度电池的设备中可作为硬碳的替代品。

制备软碳的原材料比较多，如聚氯乙烯(PVC)、沥青、石油焦、聚苯乙烯(PS)和葡萄糖混合物、均三甲苯、PTCDA、NTCDA、聚环氧乙烷(PEO)/聚环氧丙烷(PPO)共聚物和纤维素纳米晶体等，这些物质的结构中含有大量的 C—H 成分。其中 PVC、沥青和石油焦是最常用的制备软碳的原料。沥青在高温处理过程中可以形成中间相或球形微珠，而且又具有可塑性，利于控制软碳的形貌。富含 H 的聚合物一般也易制得软碳，如均三苯和热塑性聚合物(PS、PEO 等)等。此外，PTCDA 和 NTCDA 等前驱体，其结构由多环芳香烃和两个酸酐组成，酸酐在高温碳化过程中易释放 CO 或 CO_2，使生成的碳中的 H 含量降低，尽管这种情况易产生非石墨化的碳，但 PTCDA 和 NTCDA 等制备的碳并未受此影响，其产物仍具有软碳的特征。

早在 1993 年，Doeff 等就首次报道了钠离子可嵌入软碳中形成 NaC_{24}，储钠比容量约为 90mA·h/g[50]。后来，陆续出现用沥青、PVC 和石油焦为原料热解制备的软碳负极，比容量均有大幅度提高，但其首次库仑效率仍不理想，只有 60%～70%。然而，通过热解 PTCDA 制备软碳，当热解温度从 700℃升到 1600℃时，软碳的层间距从 0.362nm 减小到 0.346nm，比表面积则逐渐增大，并且沿 c 轴方向的平均石墨片层数从 3.8 层逐渐增加到 13.8 层。因此，控制热解温度不仅能控制软碳的层间距，还能控制石墨微晶的尺寸。电化学测试发现，在 900℃的煅烧温度下制备的软碳(C-900)具有最优异的储钠性能。通过 XRD 和透射电子显微镜(TEM)分析发现，在嵌钠过程中软碳的层间距可由 0.36nm 扩展到 0.42nm，经证实这是 Na⁺在软碳石墨微晶层间嵌入的结果，而且 Na⁺的嵌入和脱出是可逆的，因此软碳能保持长时间的循环稳定性。

虽然软碳材料具有储钠性能，但一般来说，其储钠比容量仍不高(<300mA·h/g)，并且充电电势较高(高于 0.5V)，这些缺点极大地限制了钠离子电池能量密度的提高，因此软碳也不适合作为理想的高比能量碳基储钠负极材料。

4. 硬碳

硬碳是指难以被石墨化的碳，通常由高分子聚合物热分解制得。与石墨材料相比，硬碳具有更短的石墨烯层(直径约为 1nm)，其层状结构由单层或 2～3 层石墨烯层堆积形成(图 3.13)。这些任意相互交错堆积的石墨烯层间形成了较多的缺陷和微孔，同时还具有较大的碳层间距，因此拥有更多储钠位点。从图 3.15 可知，硬碳材料表现出不同于其他 sp^2 杂化碳材料的储钠特征，其充放电曲线主要分为 0～0.2V 的低电压平台区和 0.2～1.2V 的斜坡区两部分，由于在低压区有较大的嵌钠比容量，所以硬碳表现出较好的储钠性能。早在 2000 年，研究人员首次报道了葡萄糖热解硬碳的电化学嵌钠行为，发现该材料具有 300mA·h/g 以上的可逆比容量，远超石墨和软碳材料。后来，硬碳的研究主要集中于碳源选择、制备方法的改进等方面，并报道了一系列具有不同结构、不同形貌的硬碳材料，如空心纳米碳材料、多孔碳材料、碳纤维、碳纳米片等，有效地提高了硬碳负极的储钠比容量、循环性能和倍率性能。此外，异质元素掺杂对碳材料的电子结构和化学性能具有调节作用，也被视为一种能切实提高硬碳储钠性能的有效方法。

孔隙率、比表面积等因素通常也会影响硬碳的储钠性能。研究发现，硬碳的孔隙率和可逆比容量之间成反比关系，即低孔隙率、低比表面积硬碳易表现出较高的可逆比容量，而高孔隙率、高比表面积通常导致其可逆比容量的急剧下降。硬碳制备过程中，其比表面积主要取决于材料的制备条件。通常情况下，碳化温度越高，制备得到的硬碳比表面积越小，首次库仑效率越高。另外，前驱体热解速度对硬碳的比表面积也有重要影响。热解速度越慢，越有利于石墨化过程中气体逸出和微孔闭合，进而得到低比表面积的硬碳。

5. 生物质碳

生物质主要由碳水化合物(糖、纤维素)和木质素组成。地球上含有丰富的生物质资源，具有可再生、资源丰富和绿色环保等优点。这些生物质材料在高温热解后非常容易转化为生物质碳。例如，日本可乐丽以椰壳为前驱体，经过碳化、破碎、碱渍、热处理纯化和化学气相沉积等过程生产生物质碳，国内企业佰思格则采用淀粉等为原料，通过改性、裂解缩聚、碳化和表面改性等过程制备生物质碳。在化石能源紧张的今天，生物质碳负极的开发与利用对可充电电池产业的发展非常有吸引力。

从微观结构来看，生物质碳也是硬碳的其中一类。作为钠离子电池负极材料时，生物质碳通常表现出较高的比容量和优异的循环寿命。目前，钠离子电池产业链正处于行业初期阶段，生物质碳因生产工艺难度小、电化学性能优异等优点，产业化进程速度很快，在硬碳负极产业布局中已经占据了一席之地。然而，由于原料受种类、产地、气候等因素影响较大，生物质碳负极进入成长放量阶段后产业规模容易受供应链稳定性、批次一致性等因素制约。此外，首次库仑效率也是困扰生物质碳负极的重要问题，需要选择合适的前驱体和对制备工艺进行优化。

6. 异质元素掺杂碳

在碳中掺入 B、N、S、P 等杂原子，可以改变碳的微观结构和电子状态，进而影响碳材料的导电性、表面缺陷和层间距离，从而增强碳材料的储钠性能。如图 3.16 所示，本节将从 B、N、S、P 等单元素掺杂碳、双元素掺杂碳和三元素掺杂碳等方面进行分析[51]。

1) 单元素掺杂碳

(1) B 掺杂碳

B 掺杂是在碳结构中引入电子缺陷，形成 p 型掺杂半导体，这是降低碳费米能级的一种有效方法。B 掺杂不会导致明显的结构变形，掺杂后依然可保持碳的平面结构，掺杂的 B 原子最多可以吸附 3 个 Na^+，因此 B 掺杂有利于提高碳的储钠比容量[52]。二维 B 掺杂石墨烯片及其嵌钠后的 Na_xBC_3，可释放的比容量最高可达 762mA·h/g，嵌钠平台为 0.44V。第一性原理计算表明，B 掺杂石墨烯在嵌钠过程中能保持其良好的结构稳定性[53]。虽然 B 掺杂碳已显示出较好的储钠性能，但是由于在 B 掺杂的过程中易形成碳化硼，导致 B 掺杂碳的制备条件比较困难。

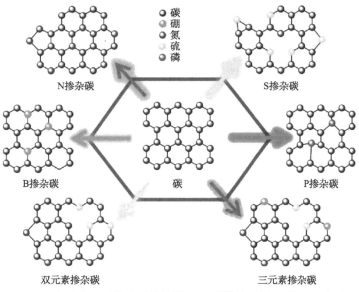

图 3.16　各种杂原子掺杂碳的结构示意图[51](扫封底二维码见彩图)

（2）N 掺杂碳

N 在元素周期表中与碳相邻，很容易与碳发生键合作用，所以 N 是研究最多的掺杂元素。N 掺杂可提高碳的导电性，并且产生额外的结构缺陷，从而提高碳的储钠活性位点。许多含 N 的物质可作为掺 N 的前驱体，如 NH_3、聚丙烯腈、聚吡咯、聚苯胺等。一般地，掺杂在碳中的 N 有三种形式，石墨型（N-Q）、吡咯型（N-5）和吡啶型（N-6）。笔者课题组首次碳化聚吡咯纳米纤维制得 N 掺杂碳，聚吡咯前驱体具有交联的结构，纤维直径约为 100nm，所制得的 N 掺杂碳纳米纤维直径也约 100nm，但表面比较粗糙，表面在碳化过程中产生了较多的缺陷。开放的结构、高含量的 N 掺杂和较多的缺陷，有利于促进 Na^+ 的扩散及活性物质和电解液的接触，从而促进碳负极储钠性能的提高[54]。

N 掺杂的作用主要有两点：一是提供局部电负性，通过化学吸附更多 Na^+；二是产生额外的缺陷，改善电子电导率，提高载流子浓度，促进 Na^+ 的扩散。这种异质元素的掺杂被称为"活性掺杂"。在材料中引入活性 N 掺杂，通过新型界表面机理储钠，比容量不再受限于化学计量比。N 掺杂碳材料在储能领域有非常广泛的用途。但是，要获得理想的 N 掺杂碳负极材料，必须在制备路线、煅烧温度/时间和含氮前驱体的选择等多方面进行优化。此外，还必须提高 N 掺杂碳的首次库仑效率，否则将会限制其在钠离子电池中的实际应用。

（3）S 掺杂碳

碳的层间距需要超过 0.37nm，才有利于 Na^+ 的嵌入。所以，引入半径大的 S、P 等杂原子，是扩展碳层间距的一种有效方法。并且，S 掺杂不仅能扩展碳层间距，还能提供额外的储钠位点和提高 Na^+ 的扩散速率。因此，S 掺杂碳也引起了人们的极大兴趣。

早在 2011 年，Schmidt 等就用噻吩基的聚合物制备了微孔 S 掺杂碳，通过控制碳化温度，可将 S 的含量控制在 5%～23%（质量分数），比表面积可达到 $711m^2/g$[55]，S 聚集在碳片的边缘和结构的缺陷处。S 掺杂碳的层间距（0.39nm）比 N 掺杂碳（0.36nm）的大，并且储钠性能也远远好于 N 掺杂碳[56]。S 掺杂碳优异的储钠性能主要归结于在电化学过程中扩散控制的嵌钠反应和表面诱导的赝电容储钠的协同作用。

可见，S 掺杂碳可以提高碳的储钠比容量和循环稳定性，但 S 掺杂碳的高比表面积却容易导致较低的库仑效率。此外，S 掺杂碳中 S 的含量不高，且通常掺杂在碳片的边缘和噻吩结构的缺陷处，容易出现成分不均匀的问题。所以，S 掺杂碳的研究重点应是降低碳的比表面积以提高首次库仑效率，同时提高掺入 S 元素的均匀性。

（4）P 掺杂碳

P 掺杂也是一种较好的提高碳材料电化学性能的方法。P 具有较低的电负性和较高的供电子性，并且 P 的原子半径比 C 的大，所以掺杂 P 可以改变碳的电子云结构和层间距。然而，直到 2017 年才首次报道了 P 掺杂碳在钠离子电池中的应用，使用 Na_2HPO_4 和碳量子点为前驱体合成了 P 掺杂碳纳米片（P-CNSs）[57]。P 掺杂碳纳米片具有超薄的片状结构，碳的晶格间距约为 0.42nm，可以在超大电流密度下发挥优异的储钠比容量，并保持良好的循环稳定性。

对碳材料掺杂 P 既有优点也有缺点，其优点是可扩展层间距并促进电子和 Na^+ 的传输，从而获得更高的储钠比容量。P 掺杂的缺点是 P 的原子半径较大，导致其难以掺入到碳结构中。因此，通过掺杂工艺的改善提高 P 的掺杂量，才能有效提高 P 掺杂碳材料的电化学性能。

2）双元素掺杂碳

如上所述，在碳中掺入 B、N、S 和 P 可以提高碳的电化学性能，但这些元素对碳的结构和性能的影响是不同的。已有研究表明，在碳骨架中掺入两种或三种杂元素，可以在杂元素间产生协同耦合效应，从而改善碳相应的物理或化学性质。在这些掺杂的碳材料中，N 掺杂是最常用的，而 B、O、S、P 经常作为 N 掺杂的共掺杂元素。

（1）N/B 共掺杂碳

使用同时含有 N、B 的高分子聚合物前驱体，或者含 N、B 的盐溶液浸润的聚合物前驱体，就可以制备出 N/B 共掺杂碳材料。通过 DFT 计算发现掺杂的 N/B 双原子掺杂不仅能提高电子导电性，而且能在碳中产生额外的缺陷，形成一个整体的钠离子吸附位点，促进材料的电化学储钠活性[58]。

（2）N/O 共掺杂碳

N/O 共掺杂碳是一种提高碳材料储钠性能的有效方法。通常采用生物质作为前驱体较容易制备得到 N/O 共掺杂的碳。N/O 共掺杂碳一般具有较大的层间距和较多的石墨烯层缺陷，既可以增加 Na^+ 的存储位点，又可以提高 Na^+ 的扩散动力学，从而实现较好的储钠性能[59]。

（3）N/S 共掺杂碳

在钠离子电池领域中，N/S 共掺杂碳可能是双元素掺杂碳中被研究最多的，因为 N 掺杂可提高碳的导电性以提高电子的移动速度，而 S 掺杂则可有效地扩展碳层间距以促进 Na⁺ 的扩散和储存，所以 N/S 共掺杂对提高碳材料的储钠性能非常有帮助[60]。此外，N/S 共掺杂对碳材料的容量贡献来自嵌入式容量和表面赝电容容量的共同作用。特别是在大倍率下，其容量主要来自 Na⁺ 在表面、纳米孔或缺陷处的储存，因此表面赝电容容量的比例进一步提高。第一性原理计算表明，N/S 共掺杂形成的大层间距、丰富缺陷和杂原子，有利于提高碳材料的电子导电性和对 Na⁺ 的吸附能力，降低 Na⁺ 的扩散能垒。

(4) N/P 共掺杂碳

N/P 共掺杂碳中存在的拓扑缺陷和端面卷曲等现象，可以提高碳材料的导电性，产生更多活性 Na⁺ 结合位点，促进电荷转移和 Na⁺ 传输过程，从而提高碳材料的储钠性能。P 比 N 具有更高的电子供体能力，因此可以表现出更强的 n 型掺杂特征。N/P 共掺杂带来的协同效应，也是提高材料电导率、增加层间距的一种可行方法。

(5) 三元素掺杂碳

在成功研究双元素掺杂碳材料的基础上，三元素掺杂工艺也开始用于碳材料储钠性能的优化。与双元素掺杂类似，三元素掺杂同样也是为了扩大碳材料的层间距、产生缺陷、提高电导率，进而通过扩散控制的嵌入行为和表面诱导的赝电容行为协同储钠。特别是在快速充放电过程中，表面快速的电容行为贡献了大部分的容量，从而证实碳材料的优异倍率性能可通过快速赝电容行为实现[61]。

总体来看，杂原子掺杂是一种能有效提高碳材料储钠性能的方法。不同的掺杂元素对碳材料的影响机理不同，其中 N 掺杂有利于增强碳材料的电导率，B 掺杂可增加面内缺陷，而 P 掺杂和 S 掺杂则会增大碳材料的层间间距，并提供额外的活性位点。此外，多种杂原子共存时对 Na⁺ 的存储具有协同作用，借助理论计算和原位表征技术可对协同效应的详细机理作进一步的研究和理解。

7. 碳材料的储钠机理

研究发现，碳材料的微观结构对其储钠机理起着非常重要的影响。石墨、软碳和石墨烯具有较窄的层间距，所以普遍认为其储钠过程主要与表面 Na⁺ 吸附过程有关。如图 3.15 所示，石墨、软碳和石墨烯的充放电曲线以高电势的倾斜曲线为主，没有低电势平台。然而，硬碳的储钠行为不同于其他碳材料，并且其过程非常复杂。到目前为止，人们已经提出了多种不同的硬碳储钠机理。

1) "纸牌屋"模型

"纸牌屋"模型的硬碳储钠机理在 2000 年由 Dahn 提出，即常说的"嵌入-吸附"机理[图 3.17(a)]。硬碳结构类似于纸牌，由大量随机堆积的碳层形成，一些碳层相互平行，而另一些碳层则随机排列，形成纳米尺度的微孔。在"纸牌屋"模型中，高电势区的斜坡容量主要来自 Na⁺ 插入的平行层或几乎平行的石墨层中，而低电势平台区的容量则与 Na⁺ 在微孔的吸附相关[62]。当放电至 0.2V 时，XRD 结果发现硬碳的(002)面衍射峰从 23.4° 偏移到 21°，表明(002)面的层间距在扩大，这可能是因为钠离子嵌入到了平行的石墨层间，导致了层间距的扩大。而当硬碳再充电到 2.0V 时，(002)面的衍射峰又回到其初始位置，说明 Na⁺ 从石墨层间脱出。这些变化表明 0.2～1.2V 的斜坡容量与石墨层间 Na⁺ 的可逆嵌入是相对应的。此外,非原位 X 射线小角散射(SAXS)的结果也表明低电势平台区硬碳纳米孔结构的变化。当硬碳负极从 0.2V 放电到 0.0V 时,散射强度在 $0.03 \sim 0.07 \text{Å}^{-1}$ 范围内明显减弱,表明纳米孔的电子密度下降。这一结果表明,低电势平台区的容量主要来自钠在微孔中的储存。在这之后,许多研究者在解释硬碳负极的电化学储钠行为时都是基于"纸牌屋"模型,并且一些实验结果与该储钠机理具有一致性。

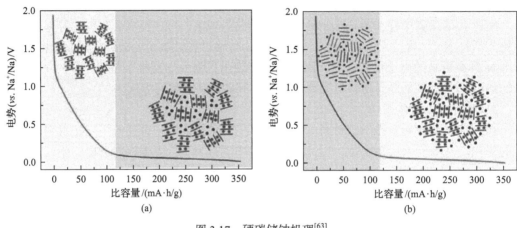

图 3.17　硬碳储钠机理[63]

(a) "嵌入-吸附"机理; (b) "吸附-嵌入"机理

2) "吸附-嵌入"机理

然而,依然有许多硬碳储钠过程中的实验现象无法用"纸牌屋"模型解释,说明硬碳负极的储钠机理还需进一步完善。随后便出现了"吸附-嵌入"机理。硬碳的"吸附-嵌入"机理认为:在高电势斜坡区的储钠比容量,主要来源于 Na^+ 在碳表面及边缘缺陷上的吸附;而低压平台区容量主要体现为 Na^+ 在类石墨层间的嵌入[63]。通过实验发现斜坡容量与缺陷值 $[I_D/(I_D+I_G)$,其中,I_D 与 I_G 是拉曼光谱中碳的两个特征吸收峰的强度值,I_D 对应于碳材料的无序结构;I_G 对应于碳材料的有序/石墨化结构;$I_D/(I_D+I_G)$ 的值越大,表明碳材料的结构无序度越高,缺陷越多;反之,则表示碳材料的结构有序度高,缺陷较少]呈较好的线性关系,说明斜坡容量与硬碳的缺陷程度有关,这与"吸附-嵌入"机理观点一致。此外,比较假设金属钠完全填满微孔的理论比容量和实际测得的平台容量,发现实测的平台容量远远高于微孔储钠的理论比容量,这与"纸牌屋"模型对应的"嵌入-吸附"机理不符。而如果假设平台容量对应于 Na^+ 在石墨层中的嵌入,形成 NaC_6 或 NaC_8 化合物,其理论比容量高于实测的平台容量,因此"吸附-嵌入"机理可能更符合实际情况。由此可知,低缺陷的微观结构、合适的硬碳层间距有利于提高硬碳负极的平台区容量,而较低的孔隙率有利于提高硬碳的首次库仑效率。

尽管硬碳的微观储钠机理还有争议,但研究者们普遍认为碳材料中钠的储存方式主要分为两种:扩散控制过程和表面电容过程。扩散控制过程一般是指 Na^+ 在大于 0.37nm 的石墨层间嵌入或脱出,而表面电容过程是指 Na^+ 在纳米孔、表面缺陷或表面官能团等位置的吸附,通常表现为快速的离子传输[64]。根据不同扫描速率下的循环伏安测试结果,扫描速率与反应电流的关系可用下式表示:

$$i = av^b \tag{3.7}$$

式中，当 b 值为 0.5 时，电流 (i) 与 v 的平方根成正比，此时储钠过程为扩散控制过程。如果 b 值为 1，i 与 v 成正比，说明此时为表面电容控制过程。当 $0.5<b<1$ 时，此时发生的是扩散控制和表面电容共存的混合储钠过程，并且表面电容型储钠容量占总容量的比例随着 b 值的增大而增大。在某一电压 (V) 时，这两种容量贡献的比率可以量化：

$$i(V) = k_1v + k_2v^{1/2} \tag{3.8}$$

如上所述，电流的变化取决于储钠反应是扩散控制过程还是表面电容过程。对于受扩散控制的储钠反应，电流是随 $v^{1/2}$ 的变化而变化，而对于表面电容过程，电流直接随 v 的变化而变化。所以，k_1v 和 $k_2v^{1/2}$ 分别代表表面电容型储钠容量和扩散控制型储钠容量。k_1 和 k_2 的值可通过拟合 $i(V)/v^{1/2}$ 与 $v^{1/2}$ 的关系图得到，进而确定表面电容型储钠容量和扩散控制型储钠容量的比例。不同扫描速率的循环伏安测试结果表明，大部分碳材料的储钠过程中同时存在着扩散控制储钠过程和表面电容储钠过程。

由于较大的离子半径，Na^+ 缓慢的动力学特征阻碍了其在碳结构中的快速扩散，因此扩散控制过程对于碳材料倍率性能的改善效果较小。相比之下，表面电容过程具有反应速率快的特点，被认为是提高碳材料倍率性能和功率密度的有效方法。理想的碳材料改性工艺应综合利用扩散控制和表面电容过程，通过二者的协同作用综合提高其能量密度和功率密度。如利用杂原子掺杂增加碳材料的层间距来改善其扩散控制行为，在碳材料表面构建官能团以改善其表面电容行为。研究发现，表面电容型容量比例随杂原子掺杂量和表面氧官能团含量的增加而增大，这说明较大的层间距和丰富的表面官能团不仅有利于 Na^+ 的嵌入/脱出，而且可促进碳材料的表面电容过程，进而获得优异的综合电化学性能[65]。

3.4　合 金 负 极

合金储钠负极是指在电化学反应过程中，能与钠形成二元金属化合物 (Na-M) 的金属或合金，因其较高的理论比容量和较低的反应电势而受到关注。目前，合金负极主要包括 ⅣA 族 (Si、Ge、Sn、Pb) 和 ⅤA 族 (As、Sb、Bi) 元素。表 3.2 显示了不同金属的全合金化相、理论比容量、体积膨胀率和平均工作电压等信息[66]。这些金属的储钠过程主要通过合金化反应实现，每个金属原子能与一个或多个钠离子反应，因此其整体理论比容量较高。此外，较低的储钠电势能进一步提高合金负极的能量密度。合金化反应过程的通式如下：

$$xNa^+ + xe^- + M \rightleftharpoons Na_xM \tag{3.8}$$

合金化反应是通过一系列形成或破坏化学键的结构演变进行的，因此其反应过程非常复杂，在达到最终状态之前存在着许多种可能的中间产物。虽然合金相图可辅助预测 Na^+ 嵌入/脱出过程中可能形成的中间产物的种类，但有时实验结果与理论预测并不完全匹配。这是因为 Na^+ 发生合金化/去合金化过程中微观电化学过程还未被探明。最终的合金化产物决定材料的理论比容量和合金化反应的体积变化大小，而最重要的是准确地知道反应是如何进行的。虽然合金负极的发展前景较好，但目前存在的诸多问题导致其无法大规模应用：①循环过程中嵌入的大量 Na^+ 会引发较大的体积变化，进而导致电极粉化并与集流体失去接触及持续的容量衰减；②Na^+ 半径较大，其合金化反应的动力学迟缓，导致较低的倍率性能和功率密度；③低库仑效率。合金负极的储钠电势一般低于 1.0V，电极材料与有机电解液之间易发生副反应并形成 SEI 膜。循环过程中巨大的体积效应会破坏 SEI 膜的完整性并暴露出新的电极表面，SEI 膜的不断重构会持续消耗电解液，这是合金负极库仑效率低的主要原因。

表 3.2　各种钠离子电池合金负极的性能参数[67]

合金体系	全合金化相	理论比容量/$(mA \cdot h/g)$	体积膨胀率/%	平均工作电压/V
Sn	$Na_{15}Sn_4$	847	420	≈0.20
Sb	Na_3Sb	660	390	≈0.60
Si	$NaSi/Na_{0.75}Si$	954/725	114	≈0.50
Ge	$NaGe$	576	205	≈0.30
Bi	Na_3Bi	385	250	≈0.55

为了解决合金负极中钠离子扩散缓慢、体积效应严重等问题，人们提出了多种有效的改性策略，如使用柔性导电基底、构建纳米结构、优化电解液、使用特殊的黏合剂等。而实现这些改性策略所需的材料制备方法也各不相同，常见的主要有高能球磨法、水热/溶剂热法、电沉积法、高温热处理还原法等。

1. 高能球磨法

高能球磨法又被称为机械力化学(mechanochemistry)，是将物理法和化学法结合，其基本原理是在高能球磨过程中，其对物质局部机械力的作用可以启动其化学活性，使通常在高温下才能发生的反应在较低的温度下发生。因此，高能球磨法有时可以合成一般化学方法所不能得到的具有特殊成分或结构的超细粉体。

通过球磨机的转动或振动使硬球对原料进行强烈的撞击、研磨和搅拌，能明显降低反应活化能、细化晶粒、增强粉体活性、提高烧结能力、诱发低温化学反应，最终将金属或合金粉末粉碎为纳米级微粒，是一种能量利用率非常高的合成方法。高能球磨工艺中主要会经历晶粒细化、局部碰撞点升温、晶格松弛与结构裂解三个阶段。

与其他化学方法相比，高能球磨法是一种合成合金负极材料的有效方法，不仅工艺简单、生产规模大，而且产物杂质较少，避免了杂质含量高导致的可逆比容量低的问题。此外，高能球磨法通过对颗粒的重复压扁、焊接、断裂和重新焊接，甚至可以将其从微米级降低至纳米级，进而在碳基质中生成分布良好的纳米合金颗粒。用高能球磨法制备纳米合金复合材料，应使用延性-脆性或脆性-脆性组分，以防止延性组分间发生颗粒团聚。此外，为了获得较为均匀的合金相，韧性组分应至少占复合材料总量的 15%。

2. 水热/溶剂热法

作为一种经济、环保的液相制备方法，水热/溶剂热法已成为合成高结晶度、高相纯度和窄粒径分布纳米材料最常用的方法之一。一般来说，在前驱体和溶剂种类、比例等参数确定后，反应压力、温度和时间等就成为影响水热/溶剂热反应效果的重要工艺参数。通过水热/溶剂热法可以制备出粒径均匀、分散性好的合金纳米颗粒或纳米线，也可以制备许多具有独特形貌、微观结构的合金复合材料，包括 Sn/RGO 复合物、Sb@C 微球等。

3. 电沉积法

作为一种重要的制备技术，电沉积法主要应用于各种纳米结构合金负极材料的制备。电沉积过程中，通过调节电解液中的溶质种类或含量等工艺参数，可以制备出各种金属/合金纳米薄膜、纳米阵列等，也可以制备金属/金属氧化物复合物。例如，使用电沉积法可以制备高纵横比 Sb 纳米线（直径 30nm 左右，长度可达几十微米），这种纳米线在铜、玻璃碳等不同的基体上生长紧密。此外，使用电沉积法还可以制备具有分级结构的金属纳米颗粒。

3.4.1　锡

理论计算表明，一个 Sn 最多可以和 3.32 个 Na 形成合金，即形成 $Na_{15}Sn_4$，所以 Sn 的理论比容量为 $847mA \cdot h/g$。平衡的 Na-Sn 二元体系包括低钠态阶段（$NaSn_3$、$NaSn_2$、Na_3Sn_5 或 $NaSn_5$）、非晶态的 NaSn 阶段，富钠态阶段（Na_9Sn_4、Na_3Sn 或 Na_5Sn_2）及全钠化阶段（$Na_{15}Sn_4$）。其中，$Na_{15}Sn_4$ 是整个过程中唯一稳定性较高的结晶相。如图 3.18 所示，Sn 在与钠合金化的过程中经历了两步连续变化，第一步两相反应阶段的体积膨胀率约 56%，第二步单相反应的体积膨胀率约 420%。利用原位同步辐射 X 射线图谱技术能够清晰地观察到 Sn 电极在电化学过程中的结构演变过程[68]。

$$Sn \rightarrow NaSn_5 \rightarrow NaSn \rightarrow Na_9Sn_4 \rightarrow Na_{15}Sn_4 \tag{3.10}$$

Sn 的合金化过程中的体积效应较大，导致 Sn 颗粒不断粉碎，进而逐渐与集流体脱离并导致容量衰减。此外，缓慢电化学反应动力学及 SEI 膜的重构问题也是其应用过程中面临的挑战。解决这些问题的方案主要有纳米化、合金化及碳复合等策略。

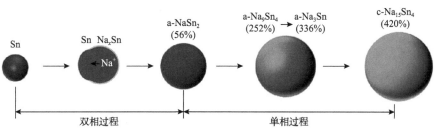

图 3.18　储钠过程中 Sn 负极的结构变化[69]

a 表示无定形或非晶态；c 表示晶态

1. 纳米化改性

纳米化是提高 Sn 负极循环稳定性的重要改性方法。纳米颗粒能显著地降低颗粒的绝对体积变化，其体积变化率为颗粒直径的三次方。因此，纳米化可以有效地降低绝对应变，大大提高材料的结构稳定性。同时，纳米粒子缩短了离子和电子的电荷扩散路径，并提供了丰富的电化学活性位点。活性电极材料中的离子扩散时间可表示为 $\tau = L^2/D$，其中 L 为离子扩散距离，D 为离子扩散系数。扩散时间 (τ) 随扩散距离的平方 (L^2) 减小而减小，因此通过减小粒径可以有效地提高倍率性能。除此之外，纳米颗粒间的空隙可以促进电解质的渗透，并为颗粒的体积膨胀提供预留的缓冲空间。

1) 纯 Sn 纳米化

对比 30~1200nm 范围内的单分散 Sn 颗粒的电化学性能，结果显示 Sn 的纳米颗粒（30nm 和 45nm）的电化学性能优于其微米颗粒。微观形貌表征表明，Sn 电极的微观结构演变与粒径大小有关。纳米尺度的 Sn 颗粒在循环后发生聚集。而微米级的颗粒在循环后变粗并从基体中分离出来，导致容量的迅速下降。也就是说，纳米级 Sn 颗粒电极的容量下降主要是由于粒子聚集引起的动力学限制。相比之下，微米级 Sn 颗粒中有效活性材料的损失是导致其不可逆的容量衰减的主要原因。虽然纳米结构 Sn 能促进单个颗粒中均匀的合金化/去合金化反应，减轻体积失配，从而避免裂纹扩展，提高结构稳定性。然而，由于 Sn 的熔点低、易凝聚等特点，即使在 30nm 的 Sn 颗粒中，也不可避免地会发生颗粒聚集。因此，如何用简单的方法控制其颗粒团聚仍然是一个巨大的挑战。

另外，研究发现 Sn 在钠化过程中产生的中间产物为晶态物质，因此会在不同晶相之间产生应变积累。即使在 10nm 的 Sn 晶体中，仍会发生显著的机械损伤，这表明仅通过粒径控制不足以消除颗粒粉化问题。此外，纳米化策略也存在一些负面问题，如高成本、复杂的制备方法、纳米晶粒间的大界面接触电阻、高表面积和副反应引起的低库仑效率、纳米材料的低压实密度与纳米金属材料的易燃易爆特性等。因此，仅依靠纳米化很难实现 Sn 负极的大规模应用。

2) 碳基质复合纳米 Sn

为了充分利用纳米颗粒尺寸小的优点，同时减轻其负面影响，可以通过引入碳复合策略对其进一步改性。稳定、柔韧的碳基体能有效抑制制备过程中晶粒的聚集和生长趋势，从而以相对简单的工艺和较低的成本控制 Sn 的粒径。此外，碳基体防止了 Sn 和电解质的直接接触，大大避免了不良的副反应，从而提高了库仑效率。碳基质还可以作为一种高效的导电介质，提高电极材料的倍率性能。

人们利用各种碳的前驱体来产生碳基质，包括小分子有机物、聚合物、糖、树脂、石墨烯等。其中，氮掺杂碳是一种较为常见的抑制 Sn 颗粒生长和聚集的有效基体。以氮掺杂碳为基体时，通常会得到超小的 Sn 纳米颗粒（甚至是 Sn 量子点）。掺杂会在碳中增加缺陷，这有利于提高 Sn 的分布密度。Sn 和氮掺杂碳之间可能会形成 Sn—N—C 或 Sn—O—C 化学键合，这些化学键合能有效地将活性 Sn 颗粒固定在碳基质上，从而抑制颗粒的生长和聚集。因此，在基质与 Sn 颗粒间制造一些共价键将有利于提升其电化学性能。此外，氮掺杂还能进一步提高碳基质的导电性。以上这些因素都可以显著改善 Sn 负极的储钠性能，特别是循环稳定性和倍率性能。

2. 合金化改性

根据 Sn 的物理和化学性质，引入其他金属与 Sn 形成金属间化合物被认为是克服纯 Sn 电极粉化和聚集问题的另一种有效的方法。引入的金属能通过金属键与 Sn 均匀紧密结合，提供软缓冲骨架和导电网络，从而提高其电化学性能。

1) Sn-惰性金属合金化

电化学惰性金属是指不能与钠离子发生合金化的金属。例如，$FeSn_2$ 电极在钠离子电池中的电化学反应按照式 (3.10) 进行。Fe 在电化学过程中不与钠发生合金化反应。

$$2FeSn_2 + 15Na^+ + 15e^- \longrightarrow Na_{15}Sn_4 + 2Fe \tag{3.11}$$

因此，惰性金属是活性 Sn 体积膨胀的理想缓冲剂。同时，引入的金属能提高导电性，提高倍率能力。这种策略在锂离子合金负极中早已得到推广和应用。2005 年，索尼公司将无定形 Sn-Co-C 复合材料用作新型锂离子电池的负极，并将其命名为 "Nexelion"。目前，引入钠离子电池中的 Sn-惰性金属合金体系有 Sn-Cu、Sn-Mn、Sn-Fe 三种。惰性金属的引入可以减轻内应力、促进动力学，但也会降低电极的总容量。因此，在改善 Sn 负极性能的同时要尽可能减少惰性金属的含量。

2) Sn-活性金属合金化

与电化学惰性金属不同，电化学活性金属可促进电极的总容量。此外，合金元素与 Sn 的放电电势总是不一致的。暂时分离的放电过程保证了 Sn 和活性金属可以作为体积缓冲剂交替工作。由于这些协同效应，Sn-活性金属体系通常表现出高比容量和长循环寿命的优点。目前，被用于钠离子电池负极研究的 Sn-活性金属体系主要集中于 Sn-Sb 合金和 Sn-Ge 合金体系。Sn-Sb 合金在储钠过程中的电化学反应按照式 (3.11)、式 (3.12) 进行。在连续电化学反应过程中形成的富 Sn 和富 Sb 相可以彼此自支撑，从而使多组分合金反应材料可以发挥出较好的电化学性能。

$$SnSb + 3Na^+ + 3e^- \rightleftharpoons Na_3Sb + Sn \tag{3.12}$$

$$Na_3Sb + Sn + 3.32Na^+ + 3.32e^- \rightleftharpoons Na_3Sb + Na_{3.32}Sn \tag{3.13}$$

除了二元合金外，三元合金也可以有效提高 Sn 基负极材料性能。例如，Sn-Ge-Sb 三元合金表现出优异的倍率性能。其中 Sn 的存在使钠含量高的 Na_xGe_y 相更容易形核。因此，与纯锗和纯 Sn 相比，Sn-Ge-Sb 三元合金体系具有更优异的储钠性能。

3.4.2　锑

金属锑 (Sb) 为六角形层状晶体结构，空间群为 $R\bar{3}m$。根据合金化反应终产物 Na_3Sb

推算，Sb 负极的理论比容量约为 $660mA \cdot h/g$。Sb 的合金化/去合金化反应分为两步[70]：

放电：
$$Sb + Na^+ + e^- \longrightarrow NaSb \tag{3.14}$$

$$NaSb + 2Na^+ + 2e^- \longrightarrow Na_3Sb \tag{3.15}$$

充电：
$$Na_3Sb \longrightarrow Sb \tag{3.16}$$

在嵌钠过程中，Sb 晶体首先转变成非晶相 Na_xSb 中间产物，当所有的 Sb 几乎全部参与反应时，非晶相的 Na_xSb 开始转变成为立方 Na_3Sb 相和六方 Na_3Sb 相的混合物，直至最后全部形成六方 Na_3Sb 相。脱钠过程中，Na_3Sb 晶体逐渐转变成非晶相 Sb。整体储钠过程中，Sb 的低皱褶层结构和合适的工作电压有利于 Na^+ 的扩散和结构应变的释放，使 Sb 成为高性能钠离子电池电极材料的潜在候选材料。

1. 合金化改性

与 Sn 负极类似，合金化也是改善 Sb 负极储钠性能的有效方法。其中，Sb-活性合金体系中引入的金属元素主要有 Sn、Bi 和 Ge 等，Sb-惰性合金体系中引入的金属元素主要有镍、铜、钴、铝、铁、钼等。活性-活性的 Sb 基金属间化合物通常表现出更高的比容量，因为这两种元素都对总容量有贡献。此外，两种金属元素都可以作为缓冲材料，以减轻体积膨胀。SnSb 合金是一种典型的活性-活性类型。根据 Na_3Sb 和 $Na_{3.32}Sn$ 的全合金化产物，SnSb 合金的理论储钠比容量为 $752mA \cdot h/g$。放电时 0.45V、充电时 0.58V 的平台分别对应于 Na-SnSb 的合金化、去合金化过程，从而分别形成 Na_3Sb 和金属 Sn。此外，放电 0.05V 和充电 0.17V 时的平台主要对应于 Sn 的合金化、去合金化过程（低电压放电平台还包括钠离子与炭黑的电化学反应）。在 Sb-惰性合金体系中，金属间化合物通常在初始循环后转变为 Sb 和惰性金属的复合物。电化学惰性金属起到了机械缓冲的作用，减轻了循环过程中的体积变化，提高了电极片的导电性。例如，NiSb 合金在初始合金化后转变成 $Na_{3.32}Sb$ 和 Ni，Ni 可以同时发挥缓冲材料和导电剂的作用。然而，当惰性金属的含量较高时，Sb-惰性合金体系通常表现出较低的理论比容量。

2. 碳复合改性

Sb 负极在充放电过程中会引起巨大的体积变化（约 390%）[71]，这会导致 Sb 粒子的粉化，并与集流体失去接触。此外，当新形成的 Sb 表面暴露在电解液中时，会导致新 SEI 膜的形成，进一步导致 Sb 负极的不可逆比容量损失。因此，为了缓解 Sb 的体积变化和提高合金化反应的动力学，可以将 Sb 与导电碳基体进行复合，或者构建具有纳米结构的活性 Sb/C 复合物。Sb/C 复合物中的碳组分可以减轻重复充放电过程中体积变化引起的机械应力，并通过缩短电子传输距离、离子扩散路径等方式增强反应动力学，从而提高 Sb 负极的电化学性能。

3.4.3　其他合金负极

除了以上介绍的合金负极外，其他合金负极的研究也取得了很大的进展，如 Si、Ge 和 Bi。然而，由于容量较低或成本过高，这些合金的产业化前景并不乐观。此外，这些合金负极同样面临充放电过程中体积效应严重等问题，目前常用的方法是将其与碳材料复合，在缓解体积变化的同时提高复合材料的导电性。但是，这类方法也有缺点：①形成较大的电解质/电极界面，可能导致电极与电解质发生更多的副反应。例如，典型合金/碳复合物首次循环时，碳表面生成大量 SEI 膜会造成不可逆比容量损失增多，显著降低首次库仑效率；②与不含碳合金负极相比，虽然含碳复合物的循环寿命明显提升，但其较低的振实密度会降低电极片活性物质载量，从而限制了电池的总体能量密度。所以，为了在改善合金负极电化学性能的同时兼顾较高的能量密度，必须反复地对比衡量合金/碳复合物中导电碳的添加量。

3.5　金属氧族化合物

近年来，储钠负极领域的研究主要集中于碳材料和合金类材料，但大部分碳材料存在比容量低的问题，而合金类材料则存在体积效应严重、颗粒粉化失活等问题。因此，研究者们一直致力于开发其他类型的储钠负极材料。金属氧族化合物是一类常见的化合物，其化学通式可用 M_xN_y 表示（其中 M 代表 Ti、Fe、Sn 等金属元素，N 代表 O、S、Se 等 VA 族非金属元素，x 和 y 的比值取决于 M 和 N 的化合价），由于 O、S、Se 等都属于 VA 族，因此这一类材料被统称为金属氧族化合物。

与碳材料（石墨、硬碳等）相比，单位质量的金属氧族化合物理论上能够与更多钠离子反应，因此具有更高的理论比容量。另外，与 Si、Sn、Ge 等合金类负极相比，充放电过程中金属氧族化合物的体积效应较低，因此其循环稳定性优于合金类负极。此外，地壳中 Fe、Co、Ni 等矿产资源储量丰富、开采工艺简单、对环境污染较小，因此该类材料还具有原材料来源广泛、成本低、安全环保等优点。实际上，关于锂离子电池开创性的研究就起始于金属氧族化合物的电化学嵌锂行为，早在 1974 年，科学家们就已经发现了 TiS_2 等层状金属硫化物中的碱金属离子嵌入现象。随后，研究者们以 TiS_2 为正极、金属钠为负极，组装出室温钠离子半电池，并初步表征了电化学性能。结果表明，TiS_2 的储钠过程主要分两步进行（即从 TiS_2 转变为 $Na_{0.4}TiS_2$，随后 $Na_{0.4}TiS_2$ 转变为 $Na_{0.8}TiS_2$），每个 TiS_2 分子共计可储存约 0.8 个 Na^+。然而，随着性能优异的锂离子电池的强势崛起，关于金属氧族化合物储钠负极的研究逐渐淡出人们的视野。

3.5.1　储钠机理

在储钠机理方面，由于金属氧族化合物种类繁多、物理及化学性质差异较大，作为负极材料时，其储钠机理也存在较大差异。根据储钠机理的不同，可以将金属氧族化合物分为转换反应型、嵌入反应型、嵌入反应+转换反应型、转换反应+合金化反应型等几种主要类型。必须指出的是，目前对金属氧族化合物储钠机理的研究尚处于初始阶段。随着表征技术的进步及研究的不断深入，与其储钠机理相关的知识体系会不断完善。

1. 转换反应型

转换反应型储钠机理是金属氧族化合物类材料最为常见的储钠机理之一。这种类型的金属氧族化合物的电化学储钠过程以转换反应为主，其反应产物一般为金属单质和钠-氧族元素化合物。此外，这类化合物储钠过程中一般伴随着频繁的相转变过程，因此其体积效应比较明显。转换反应型金属氧族化合物的储钠过程可用如下反应通式表示：

$$yz\mathrm{Na^+} + \mathrm{M}_x\mathrm{N}_y + yze^- \xrightarrow{\text{转换反应}} y\mathrm{Na}_z\mathrm{N} + x\mathrm{M} \tag{3.17}$$

以上反应通式的微观电化学过程如下：电化学储钠时，钠离子进入金属氧族化合物材料内部，与氧族元素 N 反应生成 $\mathrm{Na}_z\mathrm{N}$，同时电子从对电极经外电路进入电极材料内部，将化合物中的金属离子还原为金属单质 M；电化学脱钠时，金属单质 M 与 $\mathrm{Na}_z\mathrm{N}$ 发生转换反应生成 $\mathrm{M}_x\mathrm{N}_y$ 和 $\mathrm{Na^+}$，同时电子从材料内部迁移至表面，并经外电路迁移至对电极。

转换反应型金属氧族化合物能够与较多数量的钠离子反应，因此该类材料具有理论比容量高的优点。然而，体相材料中大量钠离子的嵌入，会导致电极材料的组分及微观结构的剧烈变化，进而导致颗粒粉化、库仑效率低及容量衰减严重等问题。此外，大部分金属氧族化合物的本征电子电导率都比较低，钠离子在其体相中的迁移速率较慢，无法满足转换反应的快速成分、结构演变需求，制约了这类化合物快速充放电性能的提升。

2. 嵌入反应型

层状 MoS_2、WS_2 等金属氧族化合物具有晶体结构稳定、片层间距较大等特征，这类材料的电化学储钠机理以嵌入反应为主，其反应过程可用如下通式表示：

$$a\mathrm{Na^+} + \mathrm{M}_x\mathrm{N}_y + ae^- \xrightarrow{\text{嵌入反应}} \mathrm{Na}_a\mathrm{M}_x\mathrm{N}_y \tag{3.18}$$

以上反应通式的微观电化学过程如下：电化学储钠时，$\mathrm{Na^+}$ 嵌入金属氧族化合物的片层间，此时材料维持片层状结构不变，只是晶体结构内部 $\mathrm{Na^+}$ 浓度逐渐增加，导致晶胞参数、片层间距等略有变化。与此同时，电子从对电极出发，经外电路运动至电极材料体相中，还原 $\mathrm{M}_x\mathrm{N}_y$ 中的金属离子，使其化合价降低，最终产物为嵌入化合物 $\mathrm{Na}_a\mathrm{M}_x\mathrm{N}_y$。电化学脱钠过程则正好相反，$\mathrm{Na^+}$ 从 $\mathrm{Na}_a\mathrm{M}_x\mathrm{N}_y$ 的片层间不断地脱出，片层中的 $\mathrm{Na^+}$ 浓度逐渐降低。与此同时，电子从电极材料中脱离，经外电路传输至对电极，$\mathrm{Na}_a\mathrm{M}_x\mathrm{N}_y$ 中金属离子的化合价不断升高，最终产物为金属氧族化合物 $\mathrm{M}_x\mathrm{N}_y$。

以嵌入反应储钠机理为主的层状金属氧族化合物，钠离子嵌入和脱出过程中材料的晶体结构变化较小，对原始电极结构的破坏程度较低，因此这类材料的循环稳定性通常优于其他金属氧族化合物。此外，这类金属氧族化合物的片层间距通常都比较大，钠离子在层间扩散时迁移率较高，因此这类材料表现出较好的倍率性能。然而，以嵌入反应机理为主的金属氧族化合物也存在一定的局限性。首先，为了维持其结构稳定性，嵌钠过程中材料的片层间隙只能提供有限的储钠位点，这必然会导致其较低的比容量。此外，层状金属氧族化合物中钠离子嵌入/脱出电势较高(通常在 1V 以上)，其作为负极材料使用时，会降低全电池工作电压，进而影响全电池整体能量密度。

3. 嵌入反应+转换反应型

除了上述单一型储钠机理外，某些金属氧族化合物的储钠过程更为复杂，在不同的电化学储钠阶段会发生不同类型的反应，即存在两种甚至多种储钠反应相结合的组合型储钠机理。例如，有些金属氧族化合物(FeS_2 等)在储钠过程的初始阶段首先发生嵌入反应，嵌入反应结束后继续通过转换反应储钠，这一类金属氧族化合物的储钠机理为嵌入反应+转换反应型，可用如下通式表示：

$$aNa^+ + M_xN_y + ae^- \xrightarrow{\text{嵌入反应}} Na_aM_xN_y \tag{3.19}$$

$$(yz-a)Na^+ + Na_aM_xN_y + (yz-a)e^- \xrightarrow{\text{转换反应}} yNa_zN + xM \tag{3.20}$$

以上反应的微观电化学过程如下：电化学储钠时，钠离子首先通过嵌入反应进入电极材料晶体结构中，在此过程中材料的晶体结构变化较小，中间产物为嵌入化合物 $Na_aM_xN_y$；当体相中的钠离子浓度达到嵌入化合物的极限后，钠离子的继续嵌入会导致转换反应的发生，最终 $Na_aM_xN_y$ 全部转变为金属单质 M 和 Na_zN。电化学脱钠过程中，随着钠离子的不断脱出，首先发生转换反应生成中间产物 $Na_aM_xN_y$，随后进一步发生脱出反应生成 M_xN_y。

以嵌入反应+转换反应型储钠机理为主的金属氧族化合物，储钠过程发生了两种不同的电化学反应，因此参与反应的钠离子数量较多，这类材料的理论比容量也非常高。此外，这类材料以地壳中含量丰富的过渡金属硫化物为主，因此具有原料来源丰富、成本低、安全环保等优点。然而，这类材料发生转换反应过程时伴随着明显的成分及晶体结构演变过程，严重破坏了电极材料的初始结构。此外，较低的电子电导率及离子迁移速率也限制了其快速充放电能力。因此，这类材料一般表现出较差的循环寿命和倍率性能。

4. 转换反应+合金化反应型

SnO_2、SnS_2 等化合物通过转换反应生成金属单质和钠氧/钠硫化合物后，其金属单质依然具有电化学活性，能与钠离子进一步发生合金化反应，因此该类金属氧族化合物的储钠机理为转换反应+合金化反应型，其反应通式可概括如下：

$$yzNa^+ + M_xN_y + yze^- \xrightarrow{\text{转换反应}} yNa_zN + xM \tag{3.21}$$

$$bNa^+ + M + be^- \xrightarrow{\text{合金化反应}} Na_bM \tag{3.22}$$

以上反应的微观电化学过程如下：电化学储钠时，电极材料内部首先发生转换反应，

生成 Na_2N 和活性金属单质 M。随后，金属单质 M 与钠离子进一步发生合金化反应，生成 Na_bM。与此同时，大量的电子从对电极出发，经外电路进入金属氧族化合物电极内部，使金属元素被还原，化合价不断降低。电化学脱钠的过程则与嵌钠过程正好相反，电极材料内部首先发生去合金化反应生成活性金属单质 M，随后发生转换反应生成 M_xN_y。

以转换反应+合金化反应储钠机理为主的金属氧族化合物类负极材料，充放电过程中发生了两种不同的储钠过程，因此其理论比容量非常高(以 SnO_2 为例，其理论比容量高达 $1378mA \cdot h/g$)。然而，充放电过程中大量钠离子的嵌入和脱出，必然会导致晶体结构的剧烈演变，进而引发严重的体积效应及颗粒粉化现象，导致电极结构坍塌及快速的容量衰减。

除了以上四种主要的储钠机理外，金属氧族化合物还存在其他类型的组合型储钠机理，在这里不再一一列举。受本征电子电导率低、体相钠离子迁移速率慢等因素制约，金属氧族化合物的电极反应动力学过程较为缓慢，且储钠反应的可逆性较差。此外，充放电深度、充放电速度、电解液种类等因素均会干扰电极实际电化学过程，增加了金属氧族化合物微观储钠机理的研究难度。然而，电化学储钠机理是对金属氧族化合物微观电化学过程的深入认知，对于电极材料实际储钠性能的优化具有非常重要的指导意义，因此需要本领域研究人员继续深入挖掘。

3.5.2 金属氧化物

金属氧族化合物的种类繁多、物理化学性质各异，可以从组成元素、储钠机理等不同方面对其进行分类。从组成元素方面，根据非金属元素种类的不同，金属氧族化合物可以分为金属氧化物(TiO_2、V_2O_5、MnO_2、Fe_3O_4、SnO_2 等)、金属硫化物(TiS_2、FeS_2、NiS_2、MoS_2、SnS_2 等)、金属硒化物等(Fe_9Se_8、$CoSe_2$、$MoSe_2$、$SnSe_2$ 等)；根据金属元素种类的不同，金属氧族化合物可以分为钛基氧族化合物(TiO_2、TiS_2、$TiSe_2$ 等)、铁基氧族化合物(Fe_3O_4、FeS_2、Fe_9Se_8 等)、钼基氧族化合物(MoO_3、MoS_2、$MoSe_2$ 等)、锡基氧族化合物(SnO_2、SnS_2、$SnSe_2$ 等)等。

在金属氧族化合物类负极材料中，最常见的是金属氧化物。根据金属元素种类不同，金属氧化物可以分为钛基氧化物、锡基氧化物、铁基氧化物等。根据储钠机理的不同，金属氧化物可分为嵌入反应型(TiO_2、$Na_2Ti_3O_7$ 等)、转换反应型(Fe_3O_4)、转化反应+合金化反应型等(SnO_2、Sb_2O_3 等)。下面将根据金属元素种类的不同，列举几类常见的金属氧化物，并从晶体结构、储钠性能、制备方法及性能优化等几个方面进行探讨。

1. 钛基氧化物

TiO_2 是典型的嵌入反应型金属氧化物。根据晶体结构的差异，TiO_2 可分为无定形 TiO_2、锐钛矿型 TiO_2、金红石型 TiO_2 及板钛矿型 TiO_2 等(图 3.19)。在高分辨电子显微镜下，无定形 TiO_2 内部的晶胞排布呈现长程无序状态，是一种非晶化的 TiO_2，其物理化学性质也呈现出各向同性。锐钛矿型 TiO_2 是一种研究较多的钛基氧化物，其晶体结构属于四方晶系，晶胞参数 $a=b=0.3776nm$，$c=0.9486nm$。锐钛矿型 TiO_2 晶胞中，1 个 Ti 与周围 6 个 O 形成 TiO_6 八面体，每个 TiO_6 八面体与周围 8 个 TiO_6 八面体相连接(4 个共边，4 个共顶角），每 4 个 TiO_2 组成一个晶胞。在物理性质方面，虽然常温下锐钛矿型 TiO_2 比较稳定，但当热处理温度达到 600℃以上后，其晶体结构会逐渐向金红石型 TiO_2 转变，一般超过 900℃后完全转变为金红石型 TiO_2。

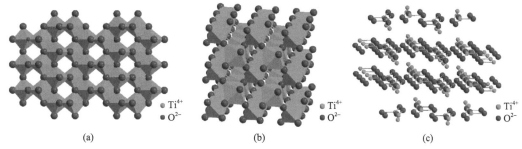

图 3.19　不同类型 TiO_2 晶体结构图(扫封底二维码见彩图)
(a)锐钛矿型 TiO_2；(b)金红石型 TiO_2；(c)板钛矿型 TiO_2

几种类型的 TiO_2 中，金红石型 TiO_2 的热稳定性最好，其在较高的温度下也不会发生晶型转变和分解。金红石型 TiO_2 的晶胞属于四方晶系，其晶胞参数为 $a=b=0.4584nm$，$c=0.2953nm$。金红石型 TiO_2 的晶格中心原子为 Ti，其与周围的 6 个 O 形成 TiO_6 八面体，每个 TiO_6 八面体与周围的 10 个八面体相连接(其中 8 个为共顶角连接，2 个为共边连接)，平均每个晶胞由两个 TiO_2 组成。板钛矿型 TiO_2 的晶体结构则与锐钛矿型和金红石型差异较大，其晶胞属于单斜晶系，晶胞参数为 $a=1.216nm$，$b=0.374nm$，$c=0.651nm$，$\beta=107.2°$。板钛矿型 TiO_2 的晶体结构是由 TiO_6 八面体通过共边和共顶角的方式连接，并且在轴向氧原子间形成了一个平行于 b 坐标轴的开放通道。

在储钠机理方面，不同晶型的 TiO_2 在电化学储钠过程中以嵌入反应为主。在储钠性能方面，由于 TiO_2 的电子电导率达到了半导体的水平，再加上其晶体结构内部具有稳定的离子传输通道，保证了其电子/离子快速传输的能力。因此，不同晶型的 TiO_2 总体上呈现出比容量适中、循环寿命长、倍率性能好的特征。当然，受微观晶体结构影响，不同晶型 TiO_2 的电化学储钠性能存在一定差异。

通过电化学腐蚀法可以制备无定形 TiO_2 纳米管阵列，其短程有序、长程无序的晶体结构能够缓解钠离子嵌入过程中对晶体结构的破坏，电极材料的循环稳定性能够得到较大提升[72]。对于锐钛矿型 TiO_2 的研究表明，锐钛矿型 TiO_2 的晶体结构能够在钠离子嵌入/脱出过程中保持不变，从而表现出良好的循环稳定性[73]。通过原位 XRD 和 X 射线光电子能谱(XPS)技术，对锐钛矿型 TiO_2 的储钠过程进行的深入研究表明，当钠离子嵌入锐钛矿型 TiO_2 体相后，材料的晶体结构保持不变，只是衍射峰位置向低角度移动，说明 TiO_2 的晶格参数变大；当放电至 0.3V 时，TiO_2 的衍射峰逐渐变弱甚至消失，在此过程中也没有新物相的衍射峰出现，说明在此过程中 TiO_2 逐渐由锐钛矿转变为无定形结构；当放电至 0V 时，能够检测到少量 Ti 单质的生成，说明在此过程中发生了轻微的转换反应，这可能是造成材料容量衰减的重要原因；充电过程中，材料中的钠离子浓度不断降低，无定形 TiO_2 重新转变为锐钛矿结构[74]。

系统对比不同晶型 TiO_2 材料的储钠性能发现，无定形 TiO_2 的首次可逆比容量约

196mA·h/g，充放电 50 次后比容量衰减至 70mA·h/g；锐钛矿型 TiO₂ 表现出最高的可逆比容量（295mA·h/g），充放电 200 次后比容量衰减至 210mA·h/g；金红石型 TiO₂ 则表现出较好的循环性能。基于密度泛函理论的计算表明，锐钛矿型 TiO₂ 的嵌钠势垒较低，且拥有二维扩散通道，而金红石型 TiO₂ 只有沿 c 轴方向的一维通道。因此，锐钛矿结构的整体储钠性能优于金红石结构[75]。此外，当板钛矿型 TiO₂ 与石墨烯杂化形成稳定的异质结界面后，将会为钠离子提供能垒更低的扩散通道，使复合材料中的电容型容量贡献占比增加，进而增强材料的倍率性能及延长循环寿命（图 3.20）。改性后的 TiO₂/石墨烯复合物在 12000mA/g 时的比容量超过 90mA·h/g，循环寿命超过 4000 次[76]。

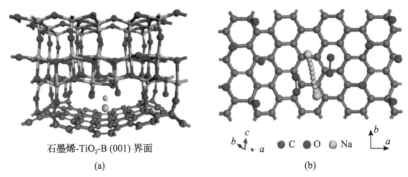

石墨烯-TiO₂-B (001) 界面
(a)

c　b　a　● C　● O　● Na　b　a
(b)

图 3.20　部分键合的石墨烯-TiO₂-B 结构示意图（a）及钠离子在部分键合的石墨烯-TiO₂-B 结构中的扩散路径[76]（b）（扫封底二维码见彩图）

钛酸盐是另一类常见的嵌入型钛基氧化物。在已报道的钛酸盐负极材料中，关于 Na₂Ti₃O₇ 储钠性能的研究较多。Na₂Ti₃O₇ 的晶体结构属于单斜晶系，外观为白色针状晶体。Na₂Ti₃O₇ 的熔点约 1128℃，可溶于硫酸和热盐酸，不溶于水。Na₂Ti₃O₇ 作为负极材料时，钠离子嵌入/脱出电势一般在 0.5V（$vs.$ Na⁺/Na）以下，可逆比容量约 180mA·h/g[77]。电化学储钠过程中对 Na₂Ti₃O₇ 晶体结构的监测发现，钠离子嵌入 Na₂Ti₃O₇ 后，材料化学式逐渐变为 Na₄Ti₃O₇，其结构从原始的九配位及七配位状态转变为六配位状态。与此同时，高浓度钠离子的屏蔽效应导致晶体结构中 c 轴方向的晶胞参数减小。此外，中间产物 Na₄Ti₃O₇ 的结构稳定性很差，钠离子在材料中的嵌入/脱出的电极电势也非常低[78]。研究表明，Na₂Ti₃O₇ 表面形成的 SEI 膜稳定性很差，在随后的脱钠过程中会重新分解，并且这一现象在随后的充放电过程中会重复出现，电极表面 SEI 膜的重复形成/分解过程会导致材料的循环稳定性变差。此外，当 Na₂Ti₃O₇ 进行深度嵌钠时，接近 0V（$vs.$ Na⁺/Na）的低电压区域存在不可逆的相变过程，这是导致材料循环性能变差的另一个原因。针对以上问题，当控制放电深度后，Na₂Ti₃O₇ 的循环和倍率性能可以获得较大改善[79]。

钛酸锂钾（K₀.₈Ti₁.₇₃Li₀.₂₇O₄）是另一种钛酸盐负极材料，其具有纤铁矿型层状结构，片层由共棱连接的 TiO₆ 八面体堆叠而成，碱金属离子位于片层之间，从而维持化合物的整体电荷平衡。K₀.₈Ti₁.₇₃Li₀.₂₇O₄ 的片层间距最大可达 0.77nm，较大的片层间距非常有利于钠离子的可逆嵌入/脱出。然而，层间距较大时，片层间的作用力较弱，大量离子的重复嵌入/脱出容易导致片层的剥离[80]。在以往的研究工作中，利用 K₀.₈Ti₁.₇₃Li₀.₂₇O₄ 片层间距较大、片层易剥离的特点，可以使用无机酸或有机分子将材料中的碱金属离子置换出来，从而制备薄片状 TiO_2 纳米片。电化学性能测试表明，层状 $K_{0.8}Ti_{1.73}Li_{0.27}O_4$ 的初始比容量约 140mA·h/g，但钠离子的重复嵌入/脱出导致片层剥离，破坏了电极结构的稳定性，从而导致其储钠比容量的迅速衰减[81]。此外，较低的本征电子电导率也不利于材料倍率性能的发挥。针对以上问题，通过表面碳包覆等方法提高材料的结构稳定性和电子电导率，能够有效提升层状 $K_{0.8}Ti_{1.73}Li_{0.27}O_4$ 的电化学储钠性能[82]。此外，以另一种层状钛酸锂钾（$K_2Li_2Ti_5O_{12}$）为前驱体，通过离子交换法能够制备出新的钛酸锂钠（$Na_2Li_2Ti_5O_{12}$）负极材料，其层状结构由 TiO_6 六面体层和层间的钠离子组成（图 3.21）。第一性原理计算表明这种层状钛酸盐中钠离子扩散能垒低于其他层状钛酸盐，钠离子扩散系数可达 $3.0×10^{-10}cm^2/s$[83]。

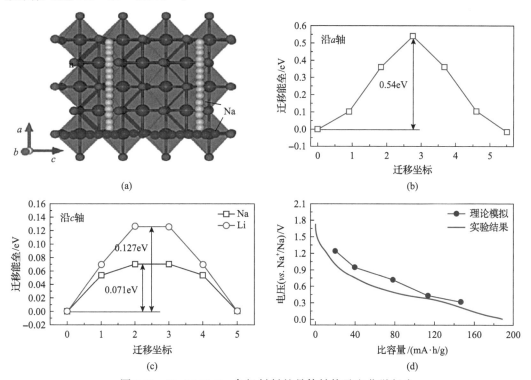

图 3.21　$Na_2Li_2Ti_5O_{12}$ 负极材料的晶体结构及电化学行为

(a) b 轴方向俯视图（两种典型 Na^+/Li^+ 扩散路径图）；(b) 沿 a 轴方向扩散的 Na^+ 离子迁移能垒；(c) Na^+ 和 Li^+ 离子沿 c 轴方向扩散的迁移能垒比较；(d) 不同比容量-电压曲线[83]

2. 锡基氧化物

Ge、Sn、Sb、Bi 等ⅣA 和ⅤA 族金属能够与钠形成稳定的合金[84]，因此这些金属的氧化物（GeO_2、SnO_2、Sb_2O_3、Bi_2O_3）作为钠离子电池负极材料时，其储钠过程以转换反应+合金化反应机理为主，锡基氧化物（SnO_2、SnO）就是其中的典型代表。SnO_2 的原料以自然界中的锡石矿为主，具有开采方便、来源广泛等优点。高纯度 SnO_2 外观为白色无毒粉末，晶体结构为四方晶系（部分为六方或正交晶系），晶胞参数为 $a=b=$ 0.4738nm，$c=0.3187$nm，$α=β=γ=90°$。SnO_2 具有较高的化学稳定性，在空气中和加热状态下都不容易变质,且不溶于水,常温下也难溶于酸或碱溶液。此外,SnO₂的禁带宽度为$3.5\sim4.0\mathrm{eV}$,是一种 n 型宽能隙半导体材料,可见光及红外透射率为80%,因此很早已经应用于透明导电材料领域。

近年来,因原料成本低、比容量高、毒性低等优点,SnO₂作为钠离子电池负极材料的可行性也被广泛研究,其电化学储钠过程如下所示:

$$4\mathrm{Na}^+ + \mathrm{SnO}_2 + 4\mathrm{e}^- \xrightarrow{\text{转换反应}} 2\mathrm{Na}_2\mathrm{O} + \mathrm{Sn} \qquad (3.23)$$

$$15\mathrm{Na}^+ + 4\mathrm{Sn} + 15\mathrm{e}^- \xrightarrow{\text{合金化反应}} \mathrm{Na}_{15}\mathrm{Sn}_4 \qquad (3.24)$$

从以上反应式可以看出,$1\mathrm{mol}\ \mathrm{SnO}_2$理论上最多可以与$19\mathrm{mol}$钠离子反应,因此 SnO₂ 的理论比容量高达 $1378\mathrm{mA\cdot h/g}$,非常适用于高比能钠离子电池[84]。然而,在实际电化学测试中,SnO₂储钠负极表现出比容量低、循环稳定性差、倍率性能差、库仑效率低等问题。经理论分析及实验测试发现,影响 SnO₂ 材料电化学性能发挥的因素可归结为以下几方面:首先,转换反应和合金化反应过程中的体积效应非常明显,剧烈的晶体结构变化会造成严重的颗粒粉化和材料失活等问题,从而导致较差的循环稳定性;其次,反应过程中电极结构和成分变化剧烈,SnO₂体相中的部分钠离子很难实现可逆存储,这部分不可逆的容量损失会导致材料较低的库仑效率;最后,SnO₂ 的电子/离子电导率都比较低,相变过程中钠离子和电子在体相中的传输速率较低,因此 SnO₂ 表现出较差的倍率性能。

通过原位透射电子显微镜(TEM)可以实时监测 SnO₂ 纳米线的微观储钠过程(图 3.22)。高分辨晶格条纹的演变过程表明,SnO₂ 纳米线储钠初始阶段首先在体相内发生了转换反应,生成的中间产物以 Na₂O 母相和非晶态 Na$_x$Sn 纳米颗粒为主;随着 SnO₂ 的不断消耗和钠离子的进一步嵌入,合金化反应逐渐取代了转换反应,非晶态 Na$_x$Sn 逐步转变为结晶态 Na₁₅Sn₄。钠离子脱出时,Na₁₅Sn₄通过去合金化反应生成 Sn 纳米颗粒,同时其颗粒体积也会逐渐缩小,因此 Na₂O 母相内会出现大量的中空孔洞,这些中空孔洞的出现会导致材料的电子阻抗增加。此外,理论计算表明钠离子在 SnO₂ 体相内的扩散速率是锂离子的 1/30,这主要是其更大的离子半径和特殊的电子结构导致的[85]。

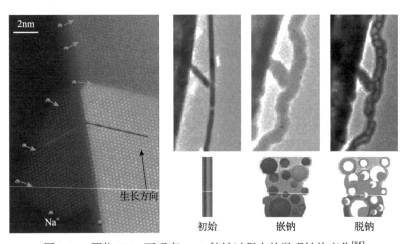

图 3.22　原位 TEM 下观察 SnO₂ 储钠过程中的微观结构变化[85]

针对 SnO_2 在储钠过程中存在的体积效应明显、电导率低等问题，可以通过常规的电极材料改性（复合、碳包覆、纳米化、非晶化）或电池工艺优化方案解决[84]。通过一步水热法能够在石墨烯纳米片表面均匀负载 SnO_2 八面体颗粒，这种三维 SnO_2@石墨烯结构能够有效抑制储钠过程中的颗粒粉化问题，从而获得较好的储钠性能。此外，碳纳米管和碳布等导电基体的引入对于 SnO_2 储钠性能的提升也有一定作用。总体来说，在 SnO_2 颗粒间引入交联碳基导电基体，能够为 SnO_2 构建三维导电网络，同时有效抑制循环过程中的体积效应。

对于以转换反应+合金化反应储钠机理为主的 SnO_2 来说，材料结晶度的差异对其储钠性能也存在一定影响。考察不同结晶度的纳米 SnO_2/石墨烯复合材料发现，与结晶态 SnO_2 相比，非晶态 SnO_2 能够有效抑制储钠过程中的体积效应，减轻储钠过程对电极结构的破坏，从而表现出更好的循环稳定性。通过静电纺丝技术可以构筑特殊核壳结构的非晶超细 SnO_x/碳纤维/碳纳米管复合电极。测试结果表明，嵌钠过程中 SnO_x 颗粒能够与碳基体保持良好接触，且循环过程中未出现颗粒长大现象，总体表现出良好的循环及倍率性能：在 500mA/g 的电流密度下，其可逆比容量约 $525mA \cdot h/g$，2A/g 电流密度下循环 300 次后比容量依然可达 $405mA \cdot h/g$。此外，在 10A/g 的大电流密度下，材料的可逆比容量约 $194mA \cdot h/g$[86]。

掺杂也是一种提高 SnO_2 电化学性能的有效方法（图 3.23）。在 SnO_2/石墨烯复合结构中引入氮原子进行掺杂，可以有效提高石墨烯导电网络中的电子传输效率和电子活性位点，从而提升 SnO_2/石墨烯复合材料的电化学性能。此外，氧空位等结构缺陷的引入，也有助于 SnO_2 储钠性能的提升，在非晶 SnO_2 纳米阵列中引入氧空位，能够有效增强材料的电荷转移/传输效率，从而有效提升材料的倍率性能[87]。

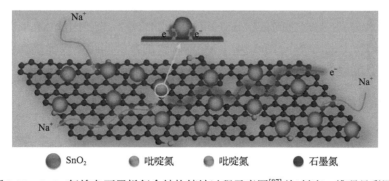

○ SnO_2　　○ 吡啶氮　　○ 吡咯氮　　● 石墨氮

图 3.23　SnO_2/氮掺杂石墨烯复合结构储钠过程示意图[87]（扫封底二维码见彩图）

3. 其他金属氧化物

除了以上几种金属氧化物外，研究较多的金属氧化物还包括 Fe_3O_4、Co_3O_4、MoO_3、Sb_2O_3 等，并且这些金属氧化物在储钠机理、性能等方面也存在较大差异。整体而言，以嵌入反应为主的金属氧化物整体呈现出循环寿命长、倍率性能高等优点，但其存在比容量较低、嵌入电势较高等问题。以转换反应为主的金属氧化物整体呈现出比容量高、嵌入电势低等优点，但其存在容量衰减严重、电导率低等问题。因此，针对容量衰减机理不同的金属氧化物，必须针对性地选取不同的策略，以有效优化其电化学储钠性能。

3.5.3 金属硫/硒化物

除了金属氧化物以外，金属氧族化合物还包括金属硫化物和金属硒化物（如 MoS_2/MoSe、SnS_2/SnSe、FeS_2/$FeSe_2$、MnS/MnSe）等。由于 S 和 Se 的原子量比 O 大，因此一般金属硫/硒化物的理论比容量略低于金属氧化物。但是，金属硫/硒化物也具备一些独特优点。例如，常见的金属硫/硒化物的结构稳定性优于金属氧化物，且电子电导率也有一定程度的提升。金属硫/硒化物的储钠机理与金属氧化物类似，以嵌入反应型、转换反应型、嵌入反应+转换反应型等单一或组合型储钠机理为主。在实际测试过程中，金属硫/硒化物面临诸多与金属氧化物类似的问题：①以嵌入反应机理为主的金属硫/硒化物的储钠平台较高[$>1V(vs. Na^+/Na)$]，作为负极材料使用时会降低全电池工作电压，进而影响电池整体能量密度的提升；②以转换反应或合金化反应机理为主的金属硫/硒化物，充放电过程中体积效应明显，结构稳定性较差，导致循环性能较差；③电化学反应过程中，钠离子在金属硫/硒化物体相中的迁移速率较慢，因此其倍率性能也有待提升；④以碳酸乙烯酯、碳酸丙烯酯等酯类作为电解液溶剂时，充放电过程中生成的硫化物会与溶剂发生副反应，造成电极材料的不可逆比容量损失，进而严重影响电池的库仑效率。近年来，针对金属硫/硒化物储钠负极材料体系的优点和亟待解决的问题，研究者开展了广泛且深入的研究。下面将按照金属种类的不同介绍几类代表性的金属硫/硒化物储钠负极。

1. 钼基硫/硒化物

硫化钼（MoS_2）是一种以嵌入反应为主的层状金属硫化物负极材料。在 MoS_2 的晶体结构中，Mo 占据中心位点，并与周围的 6 个 S 配位，以共价键方式结合形成二维 S-Mo-S 片层，相邻的 S-Mo-S 片层之间依靠分子间作用力结合在一起，因此 MoS_2 的片层间距较大，片层间的结合力也比较小（图 3.24）。MoS_2 较大的片层间距不仅能够提供较多的储钠活性位点，而且能够促进钠离子的快速传输，缓解储钠过程中的体积效应[88]。

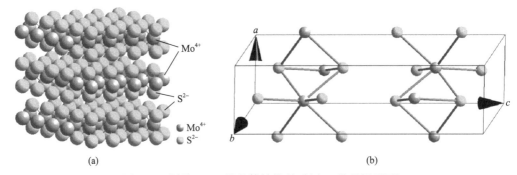

图 3.24 层状 MoS_2 的晶体结构（扫封底二维码见彩图）

MoS_2 作为钠离子电池负极时，微观储钠过程如下：钠离子通过片层间隙嵌入 MoS_2 层间，使材料的层间距变大，这一步储存的钠离子可以在 MoS_2 层间可逆地嵌入/脱出，嵌入反应储钠过程的理论比容量约 167mA·h/g。此外，如果在嵌入反应完成后继续嵌钠，

MoS_2 会与钠离子发生转换反应生成金属单质 Mo 和 Na_2S，此时 MoS_2 的整体理论比容量约 669mA·h/g。然而，嵌入反应过程中的片层剥离和转换反应过程中的相转变，会严重破坏电极材料的结构稳定性。因此，在 MoS_2 储钠负极性能测试时，一般会控制充放电电压，避免转换反应的发生。

$$xNa^+ + xe^- + MoS_2 \xrightarrow{\text{嵌入反应}} Na_xMoS_2 \tag{3.25}$$

$$(4-x)Na + (4-x)e^- + Na_xMoS_2 \xrightarrow{\text{转换反应}} 2Na_2S + Mo \tag{3.26}$$

针对 MoS_2 材料循环过程中片层结构易剥离、电子电导率低等缺点，研究者们尝试通过多种方法对其进行改性处理，以优化其电化学性能。首先，考虑到钠离子较大的离子半径，通过合理的工艺制备出片层间距较大的 MoS_2 纳米片，不仅能够增加钠离子嵌入量，同时也能提高钠离子迁移速率、降低钠离子嵌入过程中引起的体积效应。实践证明，水热法制备的 MoS_2 纳米花，具有比 MoS_2 粉体颗粒更大的片层间距，能够容纳更多钠离子的可逆嵌入/脱出。通过控制充放电电压范围 $[0.4 \sim 3V(vs.\ Na^+/Na)]$，水热法制备的 MoS_2 纳米花可逆比容量可达 350mA·h/g，1500 次循环后比容量依然可达 280mA·h/g。此外，大层间距的 MoS_2 纳米片也表现出更优异的倍率性能，在 10A/g 的大电流密度下材料的可逆比容量依然可达 195mA·h/g[89]。

碳复合改性工艺也是提升 MoS_2 电化学性能的有效方法。通过电纺丝法制备得到超细 MoS_2/C 复合纳米纤维，能够有效缓解充放电过程中的体积效应，同时提高 MoS_2 的电子电导率。在 1A/g 的电流密度下，MoS_2/碳纤维复合材料的首次比容量约 800mA·h/g，循环 100 次后比容量衰减至 500mA·h/g 左右[88]。

与 MoS_2 的晶体结构类似，二硒化钼（$MoSe_2$）是一种具有典型层状结构的窄带隙半导体材料，其晶体结构是由 Se-Mo-Se 夹层构成基本组成单元。针对 $MoSe_2$ 的能带结构分析表明，$MoSe_2$ 具有较好的抗光腐蚀稳定性，其禁带宽度约 1.4eV。因此，$MoSe_2$ 在光化学太阳能电池、污染物降解、裂解水制氢等光催化及相关领域被广泛研究。层状 $MoSe_2$ 的片层间距较大，容易实现钠离子的可逆存储。此外，与 MoS_2 相比，$MoSe_2$ 是一种电子电导率更高的半导体材料，在电化学嵌钠过程中更容易实现电子的快速传输，因此，$MoSe_2$ 被认为是一种潜在的钠离子电池电极材料。

研究表明，钠离子嵌入 $MoSe_2$ 层间时，会在 0.8V 左右出现一个较长的放电平台，表明该反应为一个两相反应过程。此外，钠离子的持续嵌入会导致材料片层间距的扩大，严重时可能会导致片层剥离。由于嵌钠过程中存储于 $MoSe_2$ 层间的钠离子，在脱钠过程中不能完全从 $MoSe_2$ 层间脱出，因此充放电后的电极材料中含有部分钠离子，这一现象会导致不可逆的容量损失问题。此外，为了提升 $MoSe_2$ 材料的结构稳定性，研究者们通常会控制低电势转换反应的发生。由此带来的劣势就是，$MoSe_2$ 作为负极材料时较高的嵌钠平台，将会影响全电池的工作电压及整体能量密度。

研究者们尝试通过结构设计、碳复合等方式改善 $MoSe_2$ 的储钠性能。通过热分解法制备了六方 $MoSe_2$ 纳米片，其作为钠离子电池负极材料时初始比容量约 440mA·h/g[90]。理论计算表明，充放电过程中 $MoSe_2$ 体相内存在一个由钠离子嵌入行为引发的从半导体向金属转变的过程，提高了电极材料的电子电导率，从而使 $MoSe_2$ 表现出较好的倍率性能。将 $MoSe_2$ 纳米片负载在碳布基底上，能够制备出具有良好储钠性能的柔性自支撑电极[90]。良好的碳导电网络的存在和 $MoSe_2$ 纳米片的均匀分布，有利于电子和离子的快速传输和电极结构的稳定性。$MoSe_2$/碳布复合电极的初始储钠比容量可达 453mA·h/g，充放电 100 次后容量保持率约 85.5%。此外，在 5A/g 较大的电流密度下，材料的比容量依然可达 162mA·h/g。

2. 铁基硫/硒化物

黄铁矿型 FeS_2 是一种以嵌入反应+转换反应为主的金属硫化物负极材料。FeS_2 在自然界中主要以黄铁矿和白铁矿这两种矿物形式存在。其中，黄铁矿是一种黄色晶体矿物，在自然界中的储量非常丰富，且具有无毒、环境友好等优点。此外，黄铁矿型 FeS_2 的带隙宽度为 0.95eV，同时具有较好的光吸收能力(吸收系数达到 $105cm^{-1}$)，因此是一种非常有潜力的新型光伏材料，目前也是工业中生产硫酸所用的主要原材料。在 FeS_2 的晶体结构中，Fe 组成面心立方点阵，S 位于点阵间隙位置。每个 Fe 与 6 个 S 配位，形成扭曲的八面体结构，而每个 S 与 3 个 Fe 和 1 个其他 S 配位。因 FeS_2 材料具有理论比容量高(894mA·h/g)、原材料丰富、成本低、环境友好等优点，其在钠离子电池负极中的应用研究较多。FeS_2 材料的电化学嵌钠过程如下：

$$x\text{Na}^+ + xe^- + \text{FeS}_2 \xrightarrow{\text{嵌入反应}} \text{Na}_x\text{FeS}_2 \tag{3.27}$$

$$(4-x)\text{Na} + (4-x)e^- + \text{Na}_x\text{FeS}_2 \xrightarrow{\text{转换反应}} 2\text{Na}_2\text{S} + \text{Fe} \tag{3.28}$$

从以上方程式可知，FeS_2 的储钠过程也主要由嵌入反应和随后的转换反应组成。电化学嵌钠过程中，电压高于 0.8V(*vs.* Na^+/Na)时以嵌入反应为主，而电压低于 0.8V(*vs.* Na^+/Na)时主要以转换反应为主。

早期关于 FeS_2 储钠性能的研究表明，FeS_2 的首次比容量可达 630mA·h/g，但充放电 30 次后其比容量快速衰减至 85mA·h/g[91]。使用原位 XRD、非原位扫描电子显微镜(SEM)等技术研究 FeS_2 材料的储钠过程发现，FeS_2 的结构稳定性非常差，反应过程中频繁发生晶体结构重构现象(图 3.25)。此外，经过数十次充放电后，FeS_2 颗粒会突然发生颗粒粉化，这是造成其比容量突然衰减的主要原因。此外，较低的本征电子电导率也会导致 FeS_2 较差的倍率性能[92]。因此，必须从多方面入手改善其电化学储钠性能。

针对 FeS_2 材料循环稳定性差、倍率性能差等缺点，可以通过纳米化、控制充放电电压范围、更换黏结剂及电解液等方法来改善材料的电化学性能。采用液相法可以制备出超细 FeS_2 纳米颗粒，将其与微米级 FeS_2 对比发现，纳米级 FeS_2 的循环性能、倍率性能等都远远优于微米级 FeS_2。深入分析其充放电过程发现，纳米级 FeS_2 中的钠离子扩散路径短、扩散速度较快，因此嵌入反应和转换反应的可逆性较好，反应速率也比较快。采用水热法可以制备 FeS_2 微米球，并通过控制充放电电压范围[0.8～3V(*vs.* Na^+/Na)]、使用醚类电解液($NaSO_3CF_3$/二乙二醇二甲醚)等方法对 FeS_2 材料的电化学性能进行优化。在 1A/g 的电流密度下，FeS_2 的首次比容量约 210mA·h/g，经过 20000 次充放电测试后，其容量

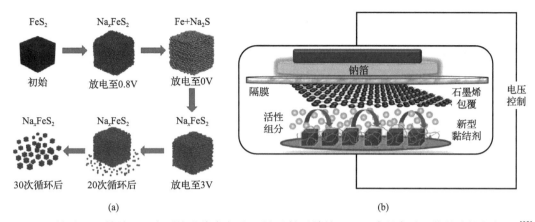

图 3.25　单晶 FeS_2 储钠过程中颗粒形貌演变过程(a)及针对单晶 FeS_2 比容量衰减可能的改性方案(b)[92]

保持率高达 90%。此外，在 20A/g 的大电流密度下，FeS_2 的比容量依然可达 170mA·h/g。机理研究表明，当充放电电压范围控制在 0.8～3V 时，FeS_2 中只会发生嵌入/脱出反应，不会发生转换反应，因此材料的结构稳定性较好。此外，碳酸酯电解液会与电极材料发生不可逆的副反应，影响电池性能，而醚类电解液在不发生副反应的同时，更有利于钠离子的快速传输[93]。

铁基硒化物中研究较多的是斜方晶系二硒化铁 ($FeSe_2$)，其晶格参数为 $a = 0.4844nm$，$b = 0.57360nm$，$c = 0.3595nm$。$FeSe_2$ 的晶体结构中，每一个 Fe 与 6 个 Se 相连形成八面体，每个 Se 与 3 个 Fe 和 Se 二聚体相连形成四面体。从整体来看，$FeSe_2$ 晶体结构中的 Fe 和 Se 的分布类似于 FeS_2，只是其晶格参数略有不同。此外，由于较高的电子电导率和合适的禁带宽度 (E_g=1.0eV)，$FeSe_2$ 早期在光电领域研究较多，在储能领域特别是钠离子电池领域的应用最近几年刚刚兴起，主要表现出比容量较高、倍率性能好、循环稳定性较好等特点。

关于 $FeSe_2$ 储钠负极的早期研究中，通过水热法可以制备出由纳米晶组装而成的 $FeSe_2$ 微米球，并将其作为钠离子电池负极材料。储钠过程中，$FeSe_2$ 的嵌钠电势主要集中于 1.6V、1.05V 和 0.65V 左右；脱钠过程中，$FeSe_2$ 的脱钠电势主要集中于 1.48V 和 1.84V。$FeSe_2$ 的储钠过程主要由高电势区域的嵌入反应过程和低电势区域的转换反应过程控制。与 FeS_2 类似，如果不通过控制充放电电压来控制转换反应深度，$FeSe_2$ 同样存在晶体结构重排及容量衰减等问题。

对于 $FeSe_2$ 储钠性能的改进与 FeS_2 类似，主要从以下几个方面入手：①优化电极材料结构设计，提升电极材料结构稳定性；②使用醚类电解液替换常规的酯类电解液，有效抑制副反应的发生；③控制充放电电压范围，抑制转换反应储钠过程深度，提升材料的结构稳定性。如图 3.26 所示，改性后的 $FeSe_2$ 储钠负极表现出非常优异的长循环稳定性和倍率性能，可逆比容量可达 400mA·h/g 以上，循环寿命可达 2000 次。此外，在 25A/g 的大电流密度下，$FeSe_2$ 的比容量依然高达 226mA·h/g[94]。

除了通过常规的铁盐、硒化剂反应获得 $FeSe_2$ 外，也可以以金属有机骨架化合物为前驱体，通过高温热解、硒化获得分级结构 $FeSe_2$@C(图 3.27)。这种 $FeSe_2$@C 外观呈现

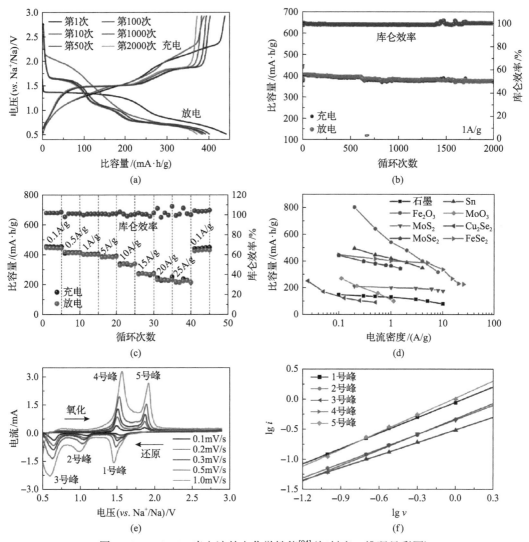

图 3.26　Na/FeSe$_2$半电池的电化学性能[94]（扫封底二维码见彩图）

（a）充放电曲线；（b）循环性能；（c），（d）倍率性能；（e）充放电 500 次后不同扫描速率（v）下的循环伏安曲线；（f）lg$i$-lg$v$ 图

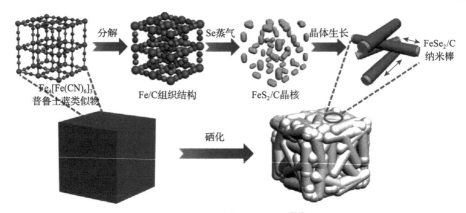

图 3.27　以普鲁士蓝类似物为前驱体制备 FeSe$_2$[95]（扫封底二维码见彩图）

为中空纳米方块，内部存在丰富的孔道结构，不仅有利于电解液的渗透及电子/离子传输，而且能够适应充放电过程中材料的体积效应[95]。

3. 其他硫/硒化物

金属硫/硒化物负极还包括钴基、镍基硫/硒化物等。作为负极材料时，钴、镍基硫/硒化物具有理论比容量高、原料来源广泛、安全环保等优点。然而，充放电过程中严重的体积效应会导致极化问题的加剧，活性成分的流失也是导致其容量衰减的重要原因。与其他金属硫/硒化物类似，纳米化和碳复合是改善钴、镍硫/硒化物电化学性能的常用手段。此外，以含钴、镍的金属有机骨架化合物作为前驱体制备高性能金属硫/硒化物是最近几年兴起的热门研究领域，如可以将含钴的金属有机骨架化合物(ZIF-67)进行碳化及硫化处理，获得负载均匀的金属硫化物/多孔碳/碳纳米管复合结构。此外，石墨烯、碳纳米管、中空碳球等具有良好导电性和结构稳定性的材料都被广泛用于钴、镍硫/硒化物的改性。电化学测试结果表明，醚类电解液的引入对于钴/镍硫化物电化学性能的提升也有较大作用，然而对于其电化学过程中反应物的种类目前尚存在争议。

3.6　磷及磷化物

3.6.1　单质磷

磷是一种较为常见的非金属元素，在元素周期表中位于第三周期 V A 族。磷元素在自然环境和生物体内广泛分布，是构成生物骨骼的重要组分之一。单质磷有多种同素异形体，其中比较常见的为白磷、红磷和黑磷(图 3.28)。白磷分子结构为磷原子通过共价键形成的正四面体，外观表现为质地较软的白色或浅黄色固体。白磷的化学性质十分活泼，在黑暗的空气中白磷会产生绿色的磷光，在温度较高的湿润空气中易燃烧(40℃以上)。此外，硝酸、氢氧化钠、高锰酸钾、卤素等氧化性物质能够与白磷发生剧烈反应，因此白磷在运输和储藏的过程中危险性非常高，不适合在常规工业领域大规模推广使用。微观状态下的红磷为链状磷分子组成的无定形结构，其外观表现为紫红色粉末状固体，燃烧时会产生大量有毒的五氧化二磷(P_2O_5)，常用于生产火柴、有机磷农药等。此外，红磷微溶于无水乙醇，难溶于水、乙醚、二硫化碳等溶剂。在一定的温度和压力下，红磷经加热汽化再冷凝后可以制得白磷，而将白磷隔绝空气后加热也能够获得无定形红磷，因此这两种同素异形体可以实现相互转化。磷的多种同素异形体中，黑磷是反应活性

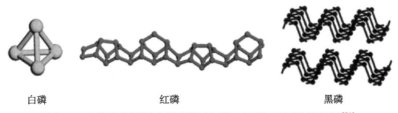

白磷　　　　　　　　红磷　　　　　　　　黑磷

图 3.28　单质磷的同素异形体(白磷、红磷、黑磷)结构图[71]

最低的，常温常压下为热力学稳定状态。制备黑磷所需的工艺条件虽然非常苛刻，但其在光学、电学、电化学方面能够表现出独特的物理、化学性质。

1. 储钠机理

由于较高的理论比容量(2596mA·h/g)及合适的工作电势[0.1~0.5V(vs. Na⁺/Na)]，单质磷作为储钠负极时既能够防止金属钠枝晶的形成，又能够维持全电池的高能量密度。从安全性和能量密度的角度来看，单质磷是一种非常有前途的钠离子电池负极材料。理论研究表明，单质磷的电化学储钠机理与其储锂机理相似。在高电势区域，单质磷的储钠过程以嵌入反应为主。当嵌入的钠离子浓度饱和后(生成 $Na_{0.25}P$)，其储钠过程就转变为合金化反应，该反应过程的终产物为 Na_3P[96]。综上所述，钠离子电池中，单质磷的储钠机理可概括如下：

$$P + xNa^+ + xe^- \rightleftharpoons Na_xP \qquad (3.29)$$

$$Na_xP + (3-x)Na^+ + (3-x)e^- \rightleftharpoons Na_3P \qquad (3.30)$$

2. 红磷

早期的负极材料开发过程中，研究人员将红磷作为钠离子电池负极材料，结果表明1个磷原子能够与3个钠原子发生合金化反应生成 Na_3P，其储钠电势主要集中在 0.4V 附近，再加上较小的摩尔质量(32g/mol)，红磷的理论比容量远高于其他合金类负极材料，这些优点表明红磷是一种潜力巨大的高比能负极材料。然而，由于合金化过程伴随的严重体积效应和结构演变，红磷材料在充放电过程中的结构稳定性较差，比容量衰减的现象较为严重。此外，红磷的本征电子电导率较低，不利于充放电过程中电子的快速传输，因此实际测试中红磷还表现出较差的倍率性能。

针对红磷的改性主要集中于提升材料的结构稳定性和电导率。通过简单的高能球磨法可以制备得到无定形红磷/碳复合材料，其作为钠离子电池负极材料时，可逆比容量达 1890mA·h/g，30 次充放电测试后比容量损失较小(图 3.29)。非原位 XRD 测试结果表明，放电产物中有 Na_3P 生成，这表明红磷储钠以合金化反应机理为主[97]。

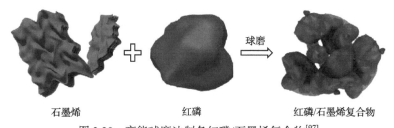

石墨烯　　　　　　红磷　　　　　　红磷/石墨烯复合物

图 3.29　高能球磨法制备红磷/石墨烯复合物[97]

将红磷与碳纳米管混合研磨制备红磷/碳纳米管复合材料，其比容量约 1675mA·h/g，充放电 10 次后容量保持率约 76.6%[98]。实验研究发现，高比容量的红磷负极的容量衰减主要来源于以下几个方面：①红磷储钠以合金化反应为主，嵌钠过程中红磷逐步转变为

Na_3P，脱钠过程中又从 Na_3P 转变为红磷，充放电过程中材料的晶体结构变化较大；②红磷嵌钠形成的 Na_3P 反应活性较高，易与电解液发生副反应，从而影响电极材料的充放电效率和循环寿命；③红磷材料的本征电子电导率较低，阻碍了材料中电子的快速传输。

　　固相法制备红磷/导电碳复合材料虽然操作简便、成本低廉，但存在产物粒径差异大、活性物质分布不均等问题。此外，很多特殊的微纳米结构(多孔结构、核壳结构、分级结构)也很难通过固相法获得。为了避免以上问题的出现，气相制备技术被引入红磷复合材料的制备过程中。在密闭容器中，加热红磷粉末能够获得高温磷蒸气，磷蒸气可以通过多孔碳材料中相互连通的孔道渗透进入碳材料内部，进而在内部孔洞中不断沉积(图 3.30)。由于磷蒸气良好的渗透性和可控性，通过气相沉积技术制备的红磷/多孔碳复合材料一般具有尺寸均一、成分可控、可获得特殊微纳结构等优点[99]。

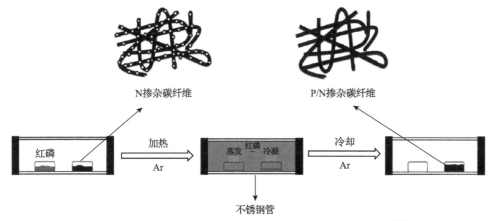

图 3.30　气相沉积法制备红磷/多孔碳负极材料工艺流程图[99]

　　以红磷为磷源，以氮掺杂多孔碳纳米纤维为载体，通过气相沉积技术可以获得负载均匀的红磷/碳纳米纤维复合材料。多孔碳纳米纤维不仅能够为红磷提供丰富的负载位点，而且能够提供三维交联的电子导电网络，从而有效提升红磷负极的储钠性能[99]。使用柔性石墨烯纸作为载体时，可以通过气相沉积技术获得电化学性能优异的柔性自支撑非晶磷/石墨烯复合电极。在 800mA/g 的电流密度下，非晶磷/石墨烯柔性电极比容量可达 1000mA·h/g 以上，接近于商业化石墨的理论储锂比容量(370mA·h/g)的 3 倍，充放电 350 次以后容量保持率可达 85%以上。此外，在 1800mA/g 的大电流密度下，非晶磷/石墨烯复合电极的比容量依然可达 809mA·h/g。非晶磷/石墨烯复合结构的优点可归纳如下：①非晶磷/石墨烯复合电极的结构稳定性优于结晶磷/石墨烯复合电极；②磷与碳间存在化学键合，能够有效提升非晶磷与石墨烯载体间的结合力，从而进一步提升其结构稳定性；③石墨烯夹层结构能够有效缓解充放电过程中磷颗粒的体积效应，缓解结构坍塌和活性物质流失问题；④具有多孔特征的石墨烯载体不仅提高了红磷的电子电导率，而且促进了电解液的渗透和钠离子的快速传输，从而有效改善红磷的倍率性能[100]。

　　3. 黑磷

　　与红磷和白磷相比，黑磷的微观晶体结构非常独特。黑磷晶体中，磷原子之间通过共价键连接，每个磷原子与其他 3 个磷原子相连，形成类似于石墨片层的六元环结构。然而，与石墨片层中以平面方式连接的碳原子不同，黑磷片层中磷原子相互连接形成的原子链较为曲折，最终形成双原子层的层状结构。随后，大量双原子层的层状结构堆叠形成具有正交结构的黑磷晶体。黑磷的外观表现为黑色片状固体，且呈现出半导体的特征，这是其独特的微观晶体结构导致的。

除了晶体结构方面的差异以外，黑磷的物理化学性质及制备方法也与红磷和白磷差异较大。实验测试结果表明，由于黑磷独特的层状结构，电子、光子、声子等在片层状黑磷晶体中的传输呈现出高度的各向异性，因此黑磷晶体在太阳能电池、光伏器件、电催化等领域都具有广阔的应用前景。在化学性质方面，在磷单质的所有同素异形体中，黑磷的反应活性最弱，呈现出良好的化学稳定性。以白磷或红磷为原料，在高温高压、高能球磨等苛刻条件下才能制备黑磷，因此早期关于黑磷储钠性能研究较少。然而，随着研究的不断深入，研究人员发现红磷较低的电子电导率，以及合金化反应储钠过程中伴随的体积效应严重影响了该材料在钠离子电池体系中的应用。而黑磷具有片层状结构、半导体特性（电导率为 300S/m）及电子传输各向异性等优点，可能是一种比红磷更为优异的储钠负极材料。关于黑磷储钠机理的初步研究结果（图 3.31）如下：①黑磷嵌钠初期，钠离子逐步嵌入到晶面间距较大的片层间，每个 Na^+ 倾向于和 4 个 P 结合，这一过程会导致黑磷片层间距的增大和片层间的滑移现象；②当 Na/P 比例超过 1∶4 时，Na^+ 浓度的增加将会导致 P—P 共价键的逐步断裂，且非同平面的 P—P 的断裂过程早于同平面 P—P 的断裂过程。随着储钠过程的不断进行，黑磷的片层结构将逐渐被破坏，最终形成非晶的 Na_3P 产物。以上研究结果表明，黑磷的电化学储钠电势主要集中于 0.1～0.5V（vs. Na^+/Na），

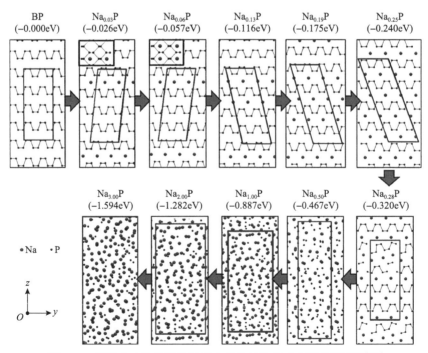

图 3.31　黑磷在电化学储钠过程中晶体结构及成分演变示意图[101]

但其储钠机理与红磷的存在一定差异，主要由初期的层间嵌入反应机理(Na/P 比例小于 1：4)和后期的合金化反应机理组成，最终形成的产物为 Na_3P[101]。

由于黑磷的层状结构和良好的电子导电性，对于其电化学性能的改善主要集中于充放电过程中片层结构稳定性的提升。通过物理剥离、化学剥离等方法可以获得薄层黑磷纳米片，这种薄层纳米片的结构稳定性较块状黑磷更为优异，与电导率较高的碳基材料形成复合结构后，能够有效提升黑磷的整体电化学性能。基于石墨烯和黑磷非常相似的片层状结构，通过简单的液相抽滤法能够制备出具有一定机械强度和柔韧性的薄层黑磷/石墨烯复合电极。三明治型黑磷/石墨烯复合电极表现出优异的电化学性能，其比容量高达 $2440mA \cdot h/g$，充放电 100 次后容量保持率依然可达 83%。此外，在 26A/g 的电流密度下，黑磷/石墨烯复合电极的比容量依然可达 $645mA \cdot h/g$。非原位 XRD 和 TEM 结果也验证了黑磷嵌入机理和合金化机理相结合的储钠机理。在钠离子嵌入/脱出过程中，黑磷的层状结构总体保持不变；在合金化过程中，P—P 断裂并与钠发生反应[102]。

除了构筑特定结构的复合电极来提升黑磷的电化学性能外，不同的电解液组分对于 SEI 膜的化学组分和结构稳定性的影响也比较大。氟代碳酸乙烯酯(FEC)、碳酸亚乙烯酯(VC)等电解液添加剂的引入有助于在黑磷负极的表面形成稳定致密的薄层 SEI 膜，从而提升黑磷材料电化学储钠过程的可逆性[103]。

总体而言，黑磷作为钠离子电池负极材料时，具有比容量高、储钠电势平台低、导电性好等优点，是一种应用潜力巨大的高比能钠离子电池负极材料。然而，受目前的工艺水平限制，黑磷材料依然存在制备条件苛刻、工艺复杂等问题，导致其实际生产成本较高，不利于大规模推广使用。相信随着科技水平的不断提升，未来黑磷原料的生产成本将会逐步下降，其在钠离子电池体系中的应用规模也将逐步扩大。

3.6.2 磷化物

鉴于磷单质比容量高、电子电导率低、循环稳定性差等特点，研究者们开始尝试将磷与其他导电性较好的金属元素相结合形成磷化物，以改善其整体电化学性能。常见的金属磷化物种类较多，但目前已尝试用于钠离子电池负极材料体系的主要有磷化锡、磷化铜、磷化铁、磷化钴等。

1. 磷化锡

由于单质磷和单质锡都是理论比容量较高的钠离子电池负极材料，因此研究者们很早就开始关注磷化锡作为钠离子电池负极材料的可能性。常见的磷化锡负极以 Sn_4P_3 为主，它是一种六方晶系的金属间化合物，其晶胞参数为 $a=b=0.3994nm$，$c=3.5463nm$，属于 $R\bar{3}m$ 点群。作为一种密度较大的钠离子电池电极材料，Sn_4P_3 的理论体积比容量可达 $6650mA \cdot h/cm^3$，高于磷单质($5710mA \cdot h/cm^3$)和磷碳复合物，更远高于常见的合金类、非金属类、金属氧族化合物类负极材料。此外，Sn_4P_3 的本征电子电导率可达 30.7S/cm，也比常规的磷碳复合物(3.5×10^{-5}S/cm)高。作为负极材料时，Sn_4P_3 的另外一个突出优点是其较低的储钠电势[<0.5V(vs. Na^+/Na)]，这一特点对于钠离子全电池工作电压和整体能量密度的提升具有重要意义。Sn_4P_3 的储钠机理如下：

$$24\text{Na}^+ + 24\text{e}^- + \text{Sn}_4\text{P}_3 \xrightarrow{\text{合金化反应}} 3\text{Na}_3\text{P} + \text{Na}_{15}\text{Sn}_4 \tag{3.31}$$

钠离子嵌入 Sn_4P_3 材料时发生复杂的相变过程。嵌钠初期生成的 Na_xP、Na_ySn 等中间产物因其颗粒小、结晶度差等问题，很难通过 XRD、TEM 等测试技术证实，这一阶段主要集中于 0.1V 以上；嵌入钠后期，Na_3P、$\text{Na}_{15}\text{Sn}_4$ 等终产物不断生成，颗粒结晶度也进一步提升，可以通过非原位测试技术证实。关于钠离子从 Sn_4P_3 材料中的脱出过程，目前的主流观点以去合金化反应为主，即 $\text{Na}_{15}\text{Sn}_4$ 通过去合金化反应生成单质 Sn 和 Na^+，Na_3P 反应生成单质 P 和 Na^+，并且这一反应过程在随后的充放电过程中可逆进行（图 3.32）。充放电过程中，初始的 Sn_4P_3 大颗粒会不断细化，生成的超细 Sn 颗粒会分散于无定形磷组织中，这有利于材料整体电化学稳定性的提升[104]。

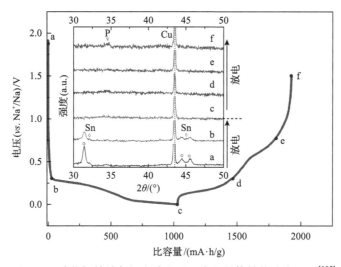

图 3.32　磷化锡储钠负极充放电过程中的晶体结构演变过程[105]

通过高能球磨法可以制备 Sn_4P_3 负极材料，制备得到的 Sn_4P_3 具有形貌各异、颗粒尺寸不均匀、分散性差等特点。在实际电化学测试中，Sn_4P_3 的储钠电势主要集中于 0.3V（$vs.$ Na^+/Na）以下，初始比容量可达 700mA·h/g 以上，有利于高能量密度钠离子全电池的构筑。然而，早期关于 Sn_4P_3 储钠行为的研究表明，Sn_4P_3 在充放电过程中伴随着明显的体积效应和晶体结构演变现象，导致了其较差的循环稳定性[106]。

在随后的研究中，为了提升 Sn_4P_3 电极的结构稳定性，可以对 Sn_4P_3 材料进行针对性的结构设计及碳复合改性。此外，材料的制备方法也从单一的高能球磨法发展到水热法、喷雾热解法等多种方法。例如，通过多步水热法可制备得到蛋黄结构 Sn_4P_3@C 纳米球，其薄层碳膜内的空腔能够适应充放电过程中 Sn_4P_3 材料的体积膨胀，保持电极结构稳定性。测试表明，在 1.5C 倍率下循环 400 次后，蛋黄结构 Sn_4P_3@C 纳米球的比容量依然可达 360mA·h/g 以上[107]。三维多孔石墨烯也是一种理想的导电载体，其对于 Sn_4P_3 的电导率及结构稳定性有明显的改善作用[108]。

对电解液组分的优化也是一种提升 Sn_4P_3 负极材料结构稳定性的有效方法。多项研究结果证实，在碳酸酯基电解液中添加少量的氟代碳酸乙烯酯后，初始循环过程中就能

在 Sn_4P_3 负极材料表面构筑坚固稳定的薄层 SEI 膜，抑制随后循环过程中的界面膜重构及颗粒粉化现象，有效延长 Sn_4P_3 的循环寿命和提高库仑效率[106]。此外，部分磷锡化合物在充放电过程中还存在自修复现象。TEM、XPS 等测试证实，嵌钠过程中 SnP_3 首先会与钠离子反应，生成 Na_3P 和单质 Sn，随后进一步反应生成 $Na_{15}Sn_4$。在此过程中，Sn 和 P 之间存在强键合作用，能够有效抑制极化问题及单质 Sn、P 颗粒的团聚，从而在一定程度上修复 SnP_3/C 复合结构，抑制电极的失活脱落问题[109]。

2. 磷化铜

Cu 是一种导电性好、延展性高的金属元素，目前已被广泛应用于电缆、电子器件等行业。此外，Cu 还具有优良的电化学稳定性，在充放电过程中不与负极材料和碳酸酯基电解质反应，是目前钠离子电池体系中使用最多的负极集流体材料。考虑单质磷负极较低的电子电导率及结构稳定性，如果在磷材料中引入 Cu 元素形成磷化铜，可能有效改善磷负极的循环寿命和倍率性能。

一方面，在磷化铜体系中，组分比例是影响其电化学储钠性能的重要因素。在已报道的磷化铜负极材料中，其储钠比容量取决于材料中活性 P 的组分比例，即磷化铜中 P 的比例越高，其理论比容量也越高；另一方面，磷化铜的结构稳定性和导电性主要取决于 Cu 的组分比例，较高的 Cu 含量有利于提升磷化铜的循环寿命和倍率性能。碳复合是最常见磷化铜负极改性策略，能够有效改善材料的导电性及稳定性。此外，如果磷化铜与碳之间能够形成 P—O—C 等强化学键及稳定的纳米导电网络，则能够进一步改善材料的电化学储钠性能[110]。此外，向磷化铜体系中引入 Sn 元素也能够提升磷化铜负极材料的结构稳定性。通过与碳纳米管（CNT）的有效复合，Cu_4SnP_{10}/CNT 负极充放电 100 次后比容量约 $512mA \cdot h/g$，$1A/g$ 电流密度下比容量约 $412mA \cdot h/g$[111]。

除了对成分和比例的调控外，合理的结构设计也能够提升磷化铜负极的综合电化学性能。以铜箔为基底和前驱体，通过表面化学反应，能够在铜箔表面原位构筑自支撑 Cu_3P 纳米线，其初始比容量约 $349mA \cdot h/g$，$1A/g$ 电流密度下充放电 260 次后容量保持率约 70%。以 $Na_3V_2(PO_4)_3$ 为正极、自支撑 Cu_3P 为负极构筑的钠离子全电池初始比容量约 $200mA \cdot h/g$，循环寿命超过 200 次（图 3.33）[112]。

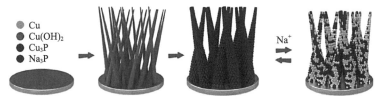

图 3.33　自支撑 Cu_3P 纳米线负极储钠过程中的微观结构演变[112]

3. 其他磷化物

除了磷化锡、磷化铜以外，单质 P 还可以与其他过渡金属形成磷化铁、磷化钴、磷化钼等金属磷化物。虽然这些金属磷化物的元素组成、分子式、晶体结构等存在较大差异，但其电化学储钠过程具有较高的相似性。充放电过程中，磷化物中的活性组分 P 与 Na 反应，非活性金属组分则起到提高材料的电子电导率、结构稳定性的作用。在循环过程中，这些磷化物材料会发生频繁的晶相转变过程。因此，较小的颗粒尺寸有助于提升其电极结构稳定性[113]。目前关于这些磷化物负极材料的报道较少，在此不再作详细介绍。

3.7　有机负极材料

研究发现，部分有机材料也具有电化学储钠活性，其电化学反应过程及氧化还原电势主要由有机分子的活性官能团（又称氧化还原中心）决定，当有机材料的结构确定后，其氧化还原电势就已基本确定。因大部分有机电极材料中不含钠元素，因此考察其适合作为正极还是负极主要参考其储钠电势。当储钠电势高于 2.0V（vs. Na+/Na）时，该有机材料适合作正极，当储钠电势低于 1.0V（vs. Na+/Na）时则适合作负极。因此，本节主要讨论适用于负极材料的有机电极材料，即羧酸盐类化合物、席夫碱基化合物等。

3.7.1　羧酸盐类化合物

在锂离子电池中，对苯二甲酸二锂作为一种典型的羧酸盐类化合物，已经被报道是一类极具前景的负极材料。与对苯二甲酸二锂类似，对苯二甲酸二钠（$Na_2C_8H_4O_4$, Na_2TP）是首次被应用于钠离子电池有机电极的羧酸盐类化合物[114]。Na_2TP 具有 2 个羰基官能团，能够同时可逆结合 2 个 Na+，理论比容量为 255mA·h/g（图 3.34）。Na_2TP 的放电电压平台约为 0.3V（vs. Na+/Na），但其首次效率和循环稳定性（材料溶解）均较差。

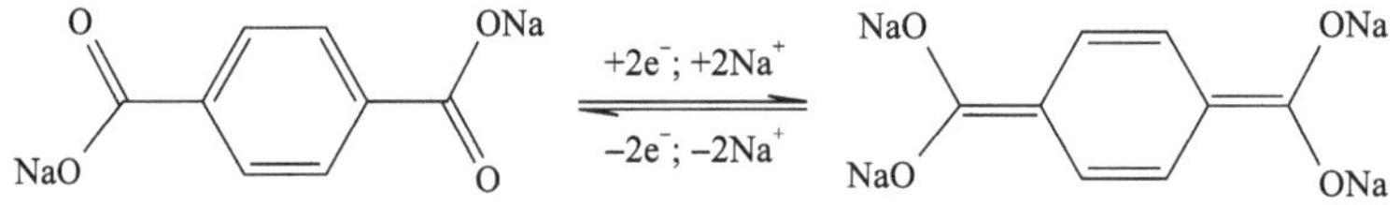

图 3.34　羧酸盐类化合物的储钠机理[114]

在羧酸盐类化合物中，其储钠电势受取代基的影响很大。不同取代基团的供电子或吸电子能力不一，会直接影响羧酸盐分子中的电子云密度，从而影响 C=O 氧化还原的电势。例如，使用不同取代基产生的诱导和共振效应就能对 Na_2TP 氧化还原电势产生不同的影响[114]。这是由于具有强/弱电负性的取代基可以从/到共轭碳骨架中提取/贡献电子密度，导致更高/更低的放电电压［NO_2-Na_2TP（0.6V）>Br-Na_2TP（0.5V）>NH_2-Na_2TP（0.2V）］。类似地，F-Na_2TP 和 COONa-Na_2TP 的放电电压平台分别为 0.6V 和 0.5V[114]。需要注意的是，F-Na_2TP 在首次放电过程中会生成 NaF，导致循环性能变差，而 NO_2-Na_2TP 中的 NO_2 官能团会不可逆地结合 2 个 Na+，导致首次库仑效率降低。

在羧酸盐类化合物中，延长共轭体系可以增加化合物的化学稳定性、增强分子间的相互作用、降低化合物的溶解度并提高材料的电荷传输性能，促进钠的嵌入/脱出[115]。通过分子设计将对苯二甲酸二钠 Na_2TP 的 π-共轭体系由一个苯环扩展到二苯乙烯结构，制备了 4,4′-二苯乙烯二羧酸钠（sodium 4,4′-stilbene-dicarboxylate, SSDC）。SSDC 显示出优秀的倍率性能和循环稳定性，在 1A/g 的高电流密度下，循环 400 次后，比容量仍高于

112mA·h/g, 保持率高于 70%, 即使在 10A/g 的电流密度下, 比容量也达到了 72mA·h/g。

由于电子供体—ONa 连接到羰基上, 小的芳香族羧酸盐的钠化反应通常在低电势下进行[<0.8V(*vs.* Na/Na⁺)], 这使羧酸盐类化合物成为一种很有前景的负极材料, 并有助于实现高能量密度的全电池。以 Na₂TP 为负极, Na₀.₇₅Mn₀.₇Ni₀.₂₃O₂ 作为正极的全电池输出电压高达 3.6V, 并且经过 50 次循环后容量保持率仍可达 96%[116]。芳香族核的取代基对羧酸酯的氧化还原行为有极大的影响, 这也为直观调控羧酸酯的电化学性能提供了可行方法。此外, 如果苯环上有另一个官能团, 双官能团功能化也是有可能的。2,5-二羟基对苯二甲酸(Na₄DHTPA)的四氢化萘盐同时拥有羧酸和 Na-烯醇醌结构, 既可作为负极(放电电压 0.3V), 又可作为正极(放电电压 2.3V)。正极和负极均使用 Na₄DHTPA 的全有机电池, 平均工作电压为 1.8V, 在 100 次循环后比容量仍保持在 150mA·h/g[117]。

虽然羧酸盐类化合物在比容量和工作电压方面具有一定的优势, 但其较差的倍率性能和循环稳定性仍有待解决。针对这些问题, 研究人员提出了母体结构的分子调控、表面包覆和聚合等策略对其进行改善, 在后文中会详细叙述。

3.7.2　C=N 基化合物

C=N 基化合物主要包含两类: 席夫碱基化合物和蝶啶衍生物, 其中蝶啶衍生物是典型的正极材料, 在第 2 章中已详细讨论。席夫碱基化合物作为一类典型的负极材料, 将在本节中着重讨论。

席夫碱基化合物(R₁HC=NR₂)是一类新兴的有机电极材料[118]。其中 N=CH—Ar—CH=N—(Ar=芳基)可以作为钠储存的氧化还原中心, 聚合的席夫碱具有低于 1V 的放电电压, 并且在 26mA/g 的电流密度下能贡献约 350mA·h/g 的比容量。氧化还原电势也可以在保证材料共轭结构和平面性的情况下, 通过在苯环上增加合适的取代基团来调节。低聚席夫碱基有机材料也得到了研究, 在 1.2V 及 21mA/g 的电流密度下可贡献超过 340mA·h/g 的比容量。典型的席夫碱基有机材料的分子结构如图 3.35 所示。

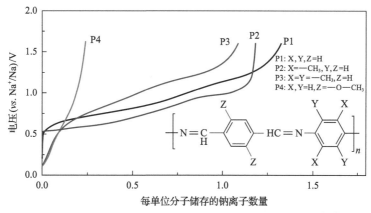

图 3.35　典型的席夫碱基化合物的分子结构及充电曲线[118]

通过调整芳基上的取代基团, 可以调节席夫碱基化合物的电化学性质。通过在对酞醛单体单元之间使用芳香族和非芳香族的二胺, 并在苯基环和苄基环上添加供体取代基，可以调节电化学活性。共轭席夫碱比非共轭席夫碱在 1V 以下表现出更稳定的活性和更高的容量保持率[119]。DFT 计算证实活性的休克尔(Hükel)共平面单元(—OOC—φ—C≡N 和—N≡C—φ—C≡N—，φ=苯基)负责钠离子的嵌入，而—OOC—φ—N≡C 和—C≡N—φ—N≡C—则不具有活性，但两者均有稳定作用，有利于 π-π 相互作用或避免 N—N 排斥和平面度损失。若缺乏稳定效果会导致电池放电电压降低。低聚席夫碱具有低放电电压(<1.2V)、高比容量(高达 340mA·h/g)和高库仑效率(经历几次循环后库仑效率>98%)的特点。在席夫碱基化合物中，芳香环并不具有电化学活性，其主要起着稳定分子结构的作用。若要提高席夫碱的电化学活性，可通过调整共轭和平面结构来实现。

3.7.3　有机负极材料改性方法

1. 抑制材料溶解性

在有机材料的应用中，有机分子在电解液中的溶解是最具挑战性的难题。已报道的抑制材料溶解的方法多种多样。这些方法有的与分子本身有关，如形成大的 π 共轭体系、有机盐或聚合物，有的与电极结构有关，如增加包覆层和将有机材料固定在导电基底上。与这些策略同样重要的是电解液和隔膜相关的策略，但受到的关注较少。

小分子醌类材料虽然表现出较高的理论比容量，但是由于这类化合物易溶于有机电解液，使其用作电极材料时容量急剧衰减。更为严重的是，溶解后的有机物在正负电极之间往返迁移，造成穿梭效应，加剧了电池容量的衰减，最终导致电池失效。因此，将小分子聚合是解决其溶解性的方法之一，聚合后所得产物即为醌类聚合物[120]。醌类聚合物包括共轭聚合物、烷基偶合聚合物和硫氮偶合聚合物。这些聚合物都是很重要的有机电极材料，并且在大规模应用上展现了很大的潜力。相比于小分子醌类化合物，醌类聚合物抑制了活性材料的溶解，循环性能得到了很大的提升。因此，抑制电极材料在电解液中的溶解是提高小分子有机电极材料电化学性能的有效途径。

通过与无机离子反应生成盐也是降低电极材料溶解度的有效方法。例如，可以在小分子结构上修饰—COOH、—SO₃、—OH 等官能团，生成—COONa、—SO₃Na、—ONa 等强亲水性的基团，显著降低材料在电解液中的溶解性[121]。

电解液在有机电极的溶解过程中起着重要的作用，因此调控电解液成分也是解决有机电极溶解问题的可行思路。常用的电解液包括高浓盐电解液、离子液体电解液、(准)固态电解质等[122,123]。

通过隔膜功能化也可以缓解有机材料的溶解引发的穿梭效应等问题。隔膜的功能化通常是在隔膜上涂覆上一层导电的多孔材料，这些材料可以是导电的碳材料，也可以是导电聚合物[123]。这种隔膜一般只允许钠离子通过，功能化的导电涂层不仅可以阻断溶解的有机分子穿透隔膜进入对电极而发生自放电，还能支持吸附在导电涂层上的有机分子进一步参与电化学反应，从而避免活性材料的损失。虽然使用这种功能化隔膜时，初始阶段有机材料的溶解还是不可避免，但这种简单、有效和通用的策略有助于保证有机电极长期的循环稳定性。

要想有效抑制有机材料在电解液中的溶解问题，开发固态有机电池可能是较为彻底的解决方案。固态电解质可以阻止材料的溶解和穿梭效应，从根本上阻止活性物质的损失。但固态电解质目前也存在一系列问题，包括室温下离子电导率低、固/固界面阻抗高、界面接触不良等。

2. 提高材料电导率

除了电化学过程中电极材料的溶解问题外，有机电极需要考虑的另一个重要问题是电导率。绝大多数的有机材料是本征绝缘的，这一特性不利于电化学性能的实现。因此，在制备有机电极时，需要加入更多的导电剂来提高其导电性，但较高的导电剂比例势必会导致电极能量密度的损失。因此，可以考虑向有机电极材料中引入导电组分并制备复合物，这种复合结构可以提高材料导电性，有效缓冲电极材料的体积变化，并且通过吸附来抑制电极材料的溶解。

表面碳包覆、引入导电碳基底是改善有机材料导电性的有效方法。引入的碳组分不仅能提高有机材料的导电性，还能依靠其高比表面积和强吸附能力抑制有机材料氧化还原过程中的溶解问题。到目前为止，常用的碳组分包括碳纳米纤维、碳纳米管、石墨烯、氧化石墨烯和介孔碳等[123]。有机材料与碳复合过程中，如何实现二者的均匀混合至关重要。其次，当有机材料与碳之间存在强相互作用时，可以显著抑制有机材料在电解液中的溶解，从而提高活性物质的利用率。此外，有些导电碳基底（碳布、碳纤维纸等）可以直接替代导电剂和集流体，并且无需使用黏结剂即可获得柔性自支撑电极，表现出较高的能量密度和功率密度。

另外，引入吸电子基团或杂原子(N、S)也可以解决有机材料电导率低的问题。例如，为解决芘-4,5,9,10-四酮(PT)电导率低的问题，可以控制 2,7-二溴-4,5,9,10-芘四氢二酮(PT-2Br)与硫化钠(Na_2S)发生亲核取代反应聚合形成线性聚合物——聚芘四氟烷硫醚(PPTS)，其反应过程如图 3.36 所示[124]。由于 S 的引入和聚合链的形成，PPTS 显示出比 PT 更高的电导率和优异的电化学性能。使用密度泛函理论计算二者的禁带宽度发现，PPTS 的禁带宽度(2.91eV)小于 PT(3.50eV)，表明 S 的引入可以有效缩小其禁带宽度，从而提高有机材料的电导率。

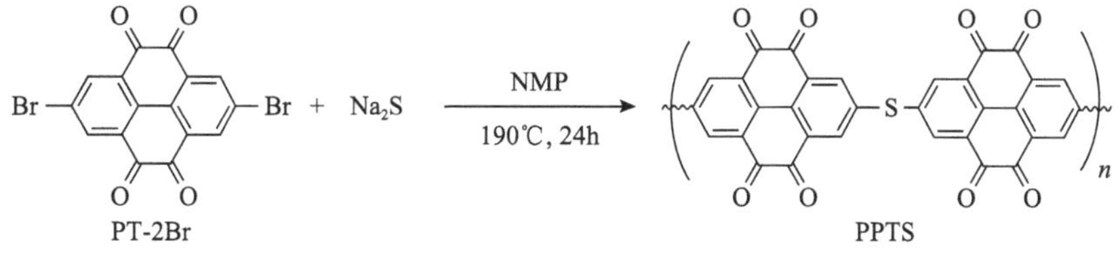

图 3.36　PPTS 的合成路线[124]

3. 纳米化

研究表明，纳米化是改善有机电极材料电化学性能的有效方法。一方面，纳米结构可以抑制粉体的应力/应变，提升材料的颗粒完整度，改善其循环性能。另一方面，纳米结构可以增大活性物质比表面积，促进活性材料与导电剂充分接触，缩短电子传输及离子扩散路径，改善材料的倍率性能。此外，有些有机材料在纳米尺寸效应下还可以表现出新的电化学反应机制。例如，如图3.37所示，含两个C=O的块状苯二甲酸二钠 Na_2TP（B-Na_2TP）的储钠过程通常分两步进行，每步对应一个C=O上的烯醇化反应过程。但是，纳米片状的 Na_2TP（NS-Na_2TP）的储钠过程是两电子转移的一步储钠过程，这种新的储钠机理主要来源于纳米结构对电子传输和离子扩散动力学的促进作用。与块状 Na_2TP 相比，纳米片状 Na_2TP 具有更高的比容量、更优异的倍率性能和更长的循环寿命[125]。

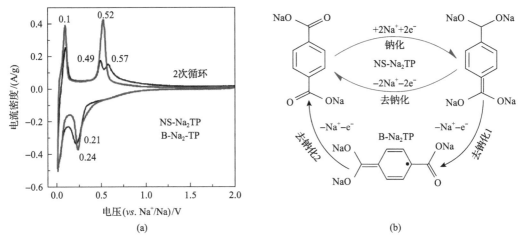

图3.37　NS-Na_2TP 与 B-Na_2TP 的储钠电势及储钠机理对比[125]

(a)循环伏安曲线；(b)储钠反应机理

3.7.4　有机负极材料展望

　　尽管具有电压可调控、比容量高等突出优势，但有机负极材料也存在一些亟待解决的问题，其发展主要面临三大挑战：①本征电子电导率低，限制了电极反应动力学过程，导致较高的极化电势和较差的倍率性能；②电化学过程中有机材料易溶于电解液，导致活性物质损失及容量衰减；③相转变时体积效应导致颗粒粉化及容量衰减。因此，在开发新型有机负极材料的同时，合理的电极结构设计也值得特别关注。

　　虽然关于有机负极材料的研究仍处于起步阶段，但其结构多样性和可设计性使其具有非常大的发展空间。有机负极材料未来发展方向主要集中于以下两方面：①通过合理的分子结构设计调控材料的电化学性能。不同类型的有机材料具有不同的优势，如羧酸盐类材料具有较低的氧化还原电势，聚酰亚胺类材料具有非常好的循环稳定性，自由基类聚合物电化学反应速率较快。针对不同类型有机材料的特点，可以将其应用于不同领域，也可以将不同类型的有机材料复合，得到综合性能优异的复合电极。例如，在比容量高、电导率低的有机电极表面涂覆导电聚合物，可有效改善其倍率性能。②电极轻薄、柔性可穿戴化。柔性、便携式电子设备对轻量化、柔性可穿戴电池的需求增加，在这些方面有机负极材料明显优于刚性无机材料。在此基础上，有机电极的成型方式多种多样，通过简单的工艺控制即可制备出柔性自支撑电极。总体来说，基于成本低、结构可调控、环保可再生的有机材料及广泛分布的钠资源，使用有机电极的钠离子电池在大规模储能方面显示出广阔的应用前景。

参 考 文 献

[1] Zheng X, Bommier C, Luo W, et al. Sodium metal anodes for room-temperature sodium-ion batteries: Applications, challenges and solutions[J]. Energy Storage Materials, 2019, 16: 6-23.

[2] Iermakova D I, Dugas R, Palacín M R, et al. On the comparative stability of Li and Na metal anode interfaces in conventional alkyl carbonate electrolytes[J]. Journal of the Electrochemical Society, 2015, 162(13): A7060-A7066.

[3] Dubois M, Ghanbaja J, Billaud D. Electrochemical intercalation of sodium ions into poly(para-phenylene) in carbonate-based electrolytes[J]. Synthetic Metals, 1997, 90(2): 127-134.

[4] Seh Z W, Sun J, Sun Y, et al. A highly reversible room-temperature sodium metal anode[J]. ACS Central Science, 2015, 1(8): 449-455.

[5] Lee D J, Park J W, Hasa I, et al. Alternative materials for sodium ion-sulphur batteries[J]. Journal of Materials Chemistry A, 2013, 1(17): 5256.

[6] Lutz L, Alves Dalla Corte D, Tang M, et al. Role of electrolyte anions in the Na-O_2 battery: implications for NaO_2 solvation and the stability of the sodium solid electrolyte interphase in glyme ethers[J]. Chemistry of Materials, 2017, 29(14): 6066-6075.

[7] Zheng X, Gu Z, Liu X, et al. Bridging the immiscibility of an all-fluoride fire extinguishant with highly-fluorinated electrolytes toward safe sodium metal batteries[J]. Energy Environmental Science, 2020, 13(6): 1788-1798.

[8] Zheng X, Gu Z, Fu J, et al. Knocking down the kinetic barriers towards fast-charging and low-temperature sodium metal batteries[J]. Energy Environmental Science, 2021, 14(9): 4936-4947.

[9] Zheng X, Weng S, Luo W, et al. Deciphering the role of fluoroethylene carbonate towards highly reversible sodium metal anodes[J]. Research, 2022, 2: 253-263.

[10] 沈馨, 张睿, 程新兵, 等. 锂枝晶的原位观测及生长机制研究进展[J]. 储能科学与技术, 2017, 6(3): 418.

[11] Brissot C, Rosso M, Chazalviel N J, et al. Dendritic growth mechanisms in lithium/polymer cells[J]. Journal of Power Sources, 1999, 81-82: 925-929.

[12] Forsyth M, Yoon H, Chen F, et al. Novel Na^+ ion diffusion mechanism in mixed organic-inorganic ionic liquid electrolyte leading to high Na^+ transference number and stable, high rate electrochemical cycling of sodium cells[J]. Journal of Physical Chemistry C, 2016, 120(8): 4276-4286.

[13] Cao R, Mishra K, Li X, et al. Enabling room temperature sodium metal batteries[J]. Nano Energy, 2016, 30: 825-830.

[14] Lee J, Lee Y, Lee J, et al. Ultraconcentrated sodium bis(fluorosulfonyl)imide-based electrolytes for high-performance sodium metal batteries[J]. ACS Applied Materials & Interfaces, 2017, 9(4): 3723-3732.

[15] Zheng J, Chen S, Zhao W, et al. Extremely stable sodium metal batteries enabled by localized high-concentration electrolytes[J]. ACS Energy Letters, 2018, 3(2): 315-321.

[16] Shkrob I A, Marin T W, Zhu Y, et al. Why bis(fluorosulfonyl)imide is a "magic anion" for electrochemistry?[J]. Journal of Physical Chemistry C, 2014, 118(34): 19661-19671.

[17] Hosokawa T, Matsumoto K, Nohira T, et al. Stability of ionic liquids against sodium metal: A comparative study of 1-ethyl-3-methylimidazolium ionic liquids with bis(fluorosulfonyl)amide and bis(trifluoromethylsulfonyl)amide[J]. Journal of Physical Chemistry C, 2016, 120(18): 9628-9636.

[18] Chen C Y, Kiko T, Hosokawa T, et al. Ionic liquid electrolytes with high sodium ion fraction for high-rate and long-life sodium secondary batteries[J]. Journal of Power Sources, 2016, 332: 51-59.

[19] Basile A, Yoon H, MacFarlane D, et al. Investigating non-fluorinated anions for sodium battery electrolytes based on ionic liquids[J]. Electrochemistry Communications, 2016, 71: 48-51.

[20] Luo W, Lin C F, Zhao O, et al. Ultrathin surface coating enables the stable sodium metal anode[J]. Advanced Energy Materials, 2017, 7(2): 1601526.

[21] Zhao Y, Goncharova L V, Zhang Q, et al. Inorganic-organic coating via molecular layer deposition enables long life sodium metal anode[J]. Nano Letters, 2017, 17(9): 5653-5659.

[22] Kim Y J, Lee H, Noh H, et al. Enhancing the cycling stability of sodium metal electrodes by building an inorganic-organic composite protective layer[J]. ACS Applied Materials & Interfaces, 2017, 9(7): 6000-6006.

[23] Choudhury S, Wei S, Ozhabes Y, et al. Designing solid-liquid interphases for sodium batteries[J]. Nature Communications, 2017, 8(1): 898.

[24] Zheng X, Fu H, Hu C, et al. Toward a stable sodium metal anode in carbonate electrolyte: A compact, inorganic alloy interface[J]. Journal of Physical Chemistry Letters, 2019, 10(4): 707-714.

[25] Wei S, Choudhury S, Xu J, et al. Highly stable sodium batteries enabled by functional ionic polymer membranes[J]. Advanced Materials, 2017, 29(12): 1605512.

[26] Gu Y, Wang W W, Li Y J, et al. Designable ultra-smooth ultra-thin solid-electrolyte interphases of three alkali metal anodes[J]. Nature Communications, 2018, 9(1): 1-9.

[27] Wang A, Hu X, Tang H, et al. Processable and moldable sodium-metal anodes[J]. Angewandte Chemie International Edition, 2017, 56(39): 11921-11926.

[28] Luo W, Zhang Y, Xu S, et al. Encapsulation of metallic Na in an electrically conductive host with porous channels as a highly stable Na metal anode[J]. Nano Letters, 2017, 17(6): 3792-3797.

[29] Chi S S, Qi X G, Hu Y S, et al. 3D flexible carbon felt host for highly stable sodium metal anodes[J]. Advanced Energy Materials, 2018, 8(15): 1702764.

[30] Wang C, Wang H, Matios E, et al. A chemically engineered porous copper matrix with cylindrical core-shell skeleton as a stable host for metallic sodium anodes[J]. Advanced Functional Materials, 2018, 28(30): 1802282.

[31] Zheng X, Yang W, Wang Z, et al. Embedding a percolated dual-conductive skeleton with high sodiophilicity toward stable sodium metal anodes[J]. Nano Energy, 2020, 69: 104387.

[32] Liu S, Tang S, Zhang X, et al. Porous Al current collector for dendrite-free Na metal anodes[J]. Nano Letters, 2017, 17(9): 5862-5868.

[33] Xu Y, Menon A S, Harks P P R, et al. Honeycomb-like porous 3D nickel electrodeposition for stable Li and Na metal anodes[J]. Energy Storage Materials, 2018, 12: 69-78.

[34] Zheng X, Li P, Cao Z, et al. Boosting the reversibility of sodium metal anode via heteroatom-doped hollow carbon fibers[J], Small, 2019, 15(41): 1902688.

[35] Hu X, Joo P H, Wang H, et al. Nip the sodium dendrites in the bud on planar doped graphene in liquid/gel electrolytes[J]. Advanced Functional Materials, 2019, 29(9): 1807974.

[36] Tang S, Qiu Z, Wang X Y, et al. A room-temperature sodium metal anode enabled by a sodiophilic layer[J]. Nano Energy, 2018, 48: 101-106.

[37] Tang S, Zhang Y Y, Zhang X G, et al. Stable Na plating and stripping electrochemistry promoted by *in situ* construction of an alloy-based sodiophilic interphase[J]. Advanced materials, 2019, 31(16): 1807495.

[38] Wang H, Matios E, Wang C, et al. Tin nanoparticles embedded in a carbon buffer layer as preferential nucleation sites for stable sodium metal anodes[J]. Journal of Materials Chemistry A, 2019, 7(41): 23747-23755.

[39] Zhou W, Li Y, Xin S, et al. Rechargeable sodium all-solid-state battery[J]. ACS Central Science, 2017, 3(1): 52-57.

[40] Fu H, Yin Q, Huang Y, et al. Reducing interfacial resistance by Na-SiO$_2$ composite anode for NASICON-based solid-state sodium battery[J]. ACS Materials Letters, 2019, 2(2): 127-132.

[41] 杜奥冰, 柴敬超, 张建军, 等. 锂电池用全固态聚合物电解质的研究进展[J]. 储能科学与技术, 2016, 5(5): 627-648.

[42] Zhang Z, Zhang Q, Ren C, et al. A ceramic/polymer composite solid electrolyte for sodium batteries[J]. Journal of Materials Chemistry A, 2016, 4(41): 15823-15828.

[43] Song S, Kotobuki M, Zheng F, et al. A hybrid polymer/oxide/ionic-liquid solid electrolyte for Na-metal batteries[J]. Journal of Materials Chemistry A, 2017, 5(14): 6424-6431.

[44] 邱坤, 吴先勇, 卢海燕, 等. 碳基负极材料储钠反应的研究进展[J]. 储能科学与技术, 2016, 5(3): 258-267.

[45] Yamamoto H, Muratsubaki S, Kubota K, et al. Synthesizing higher-capacity hard-carbons from cellulose for Na- and K-ion batteries[J]. Journal of Materials Chemistry A, 2018, 6(35): 16844-16848.

[46] Wang Z, Selbach S M, Grande T. Van der Waals density functional study of the energetics of alkali metal intercalation in graphite[J]. RSC Advances, 2014, 4(8): 3973-3983.

[47] Wang Y X, Chou S L, Liu H K, et al. Reduced graphene oxide with superior cycling stability and rate capability for sodium storage[J]. Carbon, 2013, 57: 202-208.

[48] Luo X F, Yang C H, Chang J K. Correlations between electrochemical Na$^+$ storage properties and physiochemical characteristics of holey graphene nanosheets[J]. Journal of Materials Chemistry A, 2015, 3(33): 17282-17289.

[49] David L, Singh G. Reduced graphene oxide paper electrode: opposing effect of thermal annealing on Li and Na cyclability[J]. Journal of Physical Chemistry C, 2014, 118(49): 28401-28408.

[50] Doeff M M, Ma Y P, Visco S J, et al. Electrochemical insertion of sodium into carbon[J]. Journal of the Electrochemical Society, 1993, 140(12): L169-L170.

[51] Chen W, Wan M, Liu Q, et al. Heteroatom-doped carbon materials: Synthesis, mechanism, and application for sodium-ion batteries[J]. Small Methods, 2019, 3(4): 1800323.

[52] Stadie N P, Billeter E, Piveteau L, et al. Direct synthesis of bulk boron-doped graphitic carbon[J]. Chemistry of Materials, 2017, 29(7): 3211-3218.

[53] Ling C, Mizuno F. Boron-doped graphene as a promising anode for Na-ion batteries[J]. Physical Chemistry Chemical Physics, 2014, 16(22): 10419-10424.

[54] Wang Z, Qie L, Yuan L, et al. Functionalized N-doped interconnected carbon nanofibers as an anode material for sodium-ion storage with excellent performance[J]. Carbon, 2013, 55: 328-334.

[55] Kiciński W, Szala M, Bystrzejewski M. Sulfur-doped porous carbons: synthesis and applications[J]. Carbon, 2014, 68: 1-32.

[56] Qie L, Chen W, Xiong X, et al. Sulfur-doped carbon with enlarged interlayer distance as a high-performance anode material for sodium-ion batteries[J]. Advanced Science, 2015, 2(12): 1500195.

[57] Hou H, Shao L, Zhang Y, et al. Large-area carbon nanosheets doped with phosphorus: A high-performance anode material for sodium-ion batteries[J]. Advanced Science, 2017, 4(1): 1600243.

[58] Wang M, Yang Y, Yang Z, et al. Sodium-ion batteries: improving the rate capability of 3D interconnected carbon nanofibers thin film by boron, nitrogen dual-doping[J]. Advanced Science, 2017, 4(4): 1600468.

[59] Wang M, Yang Z, Li W, et al. Superior sodium storage in 3D interconnected nitrogen and oxygen dual-doped carbon network[J]. Small, 2016, 12(19): 2559-2566.

[60] Xu D, Chen C, Xie J, et al. A hierarchical N/S-codoped carbon anode fabricated facilely from cellulose/polyaniline microspheres for high-performance sodium-ion batteries[J]. Advanced Energy Materials, 2016, 6(6): 1501929.

[61] Zou G, Hou H, Foster C W, et al. Advanced hierarchical vesicular carbon Co-doped with S, P, N for high-rate sodium storage[J]. Advanced Science, 2018, 5(7): 1800241.

[62] Komaba S, Murata W, Ishikawa T, et al. Electrochemical Na insertion and solid electrolyte interphase for hard-carbon electrodes and application to Na-ion batteries[J]. Advanced Functional Materials, 2011, 21(20): 3859-3867.

[63] Qiu S, Xiao L, Sushko M L, et al. Manipulating adsorption-insertion mechanisms in nanostructured carbon materials for high-efficiency sodium ion storage[J]. Advanced Energy Materials, 2017, 7(17): 1700403.

[64] Li S, Qiu J, Lai C, et al. Surface capacitive contributions: towards high rate anode materials for sodium ion batteries[J]. Nano Energy, 2015, 12: 224-230.

[65] Zou G, Wang C, Hou H, et al. Controllable interlayer spacing of sulfur-doped graphitic carbon nanosheets for fast sodium-ion batteries[J]. Small, 2017, 13(31): 1700762.

[66] Kim H, Kim H, Ding Z, et al. Recent progress in electrode materials for sodium-ion batteries[J]. Advanced Energy Materials, 2016, 6(19): 1600943.

[67] Tan H, Chen D, Rui X, et al. Peering into alloy anodes for sodium-ion batteries: current trends, challenges, and opportunities[J]. Advanced Functional Materials, 2019, 29(14): 1808745.

[68] Wang J, Eng C, Chen-Wiegart Y C K, et al. Probing three-dimensional sodiation-desodiation equilibrium in sodium-ion batteries by *in situ* hard X-ray nanotomography[J]. Nature Communications, 2015, 6: 7496.

[69] Wang J, Liu X, Mao S X, et al. Microstructural evolution of tin nanoparticles during in situ sodium insertion and extraction[J]. Nano Letters, 2012, 12(11): 5897-5902.

[70] Qian J, Chen Y, Wu L, et al. High capacity Na-storage and superior cyclability of nanocomposite Sb/C anode for Na-ion batteries[J]. Chemical Communications, 2012, 48(56): 7070-7072.

[71] Hwang J Y, Myung S T, Sun Y K. Sodium-ion batteries: present and future[J]. Chemical Society Reviews, 2017, 46(12): 3529-3614.

[72] Xiong H, Slater M D, Balasubramanian M, et al. Amorphous TiO_2 nanotube anode for rechargeable sodium ion batteries[J]. Journal of Physical Chemistry Letters, 2011, 2(20): 2560-2565.

[73] Kim K T, Ali G, Chung K Y, et al. Anatase titania nanorods as an intercalation anode material for rechargeable sodium batteries[J]. Nano Letters, 2014, 14(2): 416-422.

[74] Wu L M, Buchholz D, Bresser D, et al. Anatase TiO_2 nanoparticles for high power sodium-ion anodes[J]. Journal of Power Sources, 2014, 251(4): 379-385.

[75] Su D, Dou S, Wang G. Anatase TiO_2: better anode material than amorphous and rutile phases of TiO_2 for Na-ion batteries[J]. Chemistry of Materials, 2015, 27(17): 6022-6029.

[76] Chen C, Wen Y, Hu X, et al. Na^+ intercalation pseudocapacitance in graphene-coupled titanium oxide enabling ultra-fast sodium storage and long-term cycling[J]. Nature Communications, 2015, 6(1): 6929.

[77] Senguttuvan P, Rousse G, Seznec V, et al. $Na_2Ti_3O_7$: lowest voltage ever reported oxide insertion electrode for sodium ion batteries[J]. Chemistry of Materials, 2011, 23(18): 4109-4111.

[78] Xu J, Ma C, Balasubramanian M, et al. Understanding $Na_2Ti_3O_7$ as an ultra-low voltage anode material for Na-ion battery[J]. Chemical Communications, 2014, 50(83): 12564-12567.

[79] Rudola A, Sharma N, Balaya P. Introducing a 0.2V sodium-ion battery anode: the $Na_2Ti_3O_7$ to $Na_{3-x}Ti_3O_7$ pathway[J]. Electrochemistry Communications, 2015, 61: 10-13.

[80] 陈孔耀. 金属化合物类负极材料的储钠机理及性能研究[D]. 武汉: 华中科技大学, 2017.

[81] Shirpour M, Cabana J, Doeff M. Lepidocrocite-type layered titanate structures: New lithium and sodium ion intercalation anode materials[J]. Chemistry of Materials, 2014, 26(8): 2502-2512.

[82] Chen K, Zhang W, Liu Y, et al. Carbon coated $K_{0.8}Ti_{1.73}Li_{0.27}O_4$: a novel anode material for sodium-ion batteries with a long cycle life[J]. Chemical Communications, 2015, 51(9): 1608-1611.

[83] Huang Y, Wang J, Miao L, et al. A new layered titanate $Na_2Li_2Ti_5O_{12}$ as a high-performance intercalation anode for sodium-ion batteries[J]. Journal of Materials Chemistry A, 2017, 5(42): 22208-22215.

[84] Su D, Ahn H J, Wang G. SnO_2@graphene nanocomposites as anode materials for Na-ion batteries with superior electrochemical performance[J]. Chemical Communications, 2013, 49(30): 3131-3133.

[85] Gu M, Kushima A, Shao Y, et al. Probing the failure mechanism of SnO_2 nanowires for sodium-ion batteries[J]. Nano Letters, 2013, 13(11): 5203-5211.

[86] Zhang B, Huang J, Kim J K. Ultrafine amorphous SnO_x embedded in carbon nanofiber/carbon nanotube composites for Li-ion and Na-ion batteries[J]. Advanced Functional Materials, 2015, 25(32): 5222-5228.

[87] Xie X, Su D, Zhang J, et al. A comparative investigation on the effects of nitrogen-doping into graphene on enhancing the electrochemical performance of SnO_2/graphene for sodium-ion batteries[J]. Nanoscale, 2015, 7(9): 3164-3172.

[88] Zhu C, Mu X, van Aken P A, et al. Single-layered ultrasmall nanoplates of MoS_2 embedded in carbon nanofibers with excellent electrochemical performance for lithium and sodium storage[J]. Angewandte Chemie International Edition, 2014, 53(8): 2152-2156.

[89] Hu Z, Wang L, Zhang K, et al. MoS$_2$ nanoflowers with expanded interlayers as high-performance anodes for sodium-ion batteries[J]. Angewandte Chemie International Edition, 2014, 53(47): 12794-12798.

[90] Wang H, Lan X, Jiang D, et al. Sodium storage and transport properties in pyrolysis synthesized MoSe$_2$ nanoplates for high performance sodium-ion batteries[J]. Journal of Power Sources, 2015, 283(0): 187-194.

[91] Shadike Z, Zhou Y, Ding F, et al. The new electrochemical reaction mechanism of Na/FeS$_2$ cell at ambient temperature[J]. Journal of Power Sources, 2014, 260(16): 72-76.

[92] Chen K, Zhang W, Xue L, et al. Mechanism of capacity fade in sodium storage and the strategies of improvement for FeS$_2$ anode[J]. ACS Applied Materials & Interfaces, 2017, 9(2): 1536-1541.

[93] Hu Z, Zhu Z, Cheng F, et al. Pyrite FeS$_2$ for high-rate and long-life rechargeable sodium batteries[J]. Energy & Environmental Science, 2015, 8(4): 1309-1316.

[94] Zhang K, Hu Z, Liu X, et al. FeSe$_2$ microspheres as a high-performance anode material for Na-ion batteries[J]. Advanced Materials, 2015, 27(21): 3305-3309.

[95] Fan H, Yu H, Zhang Y, et al. 1D to 3D hierarchical iron selenide hollow nanocubes assembled from FeSe$_2$@C core-shell nanorods for advanced sodium ion batteries[J]. Energy Storage Materials, 2018, 10: 48-55.

[96] Fu Y, Wei Q, Zhang G, et al. Batteries: advanced phosphorus-based materials for lithium/sodium-ion batteries: recent developments and future perspectives[J]. Advanced Energy Materials, 2018, 8(13): 1702849-1870057.

[97] Song J, Yu Z, Gordin M L, et al. Chemically bonded phosphorus/graphene hybrid as a high performance anode for sodium-ion batteries[J]. Nano Letters, 2014, 14(11): 6329-6335.

[98] Li W, Chou S, Wang J, et al. Simply mixed commercial red phosphorus and carbon nanotube composite with exceptionally reversible sodium-ion storage[J]. Nano Letters, 2013, 13(11): 5480-5484.

[99] Ruan B, Wang J, Shi D, et al. A phosphorus/N-doped carbon nanofiber composite as an anode material for sodium-ion batteries[J]. Journal of Materials Chemistry A, 2015, 3(37): 19011-19017.

[100] Zhang C, Wang X, Liang Q, et al. Amorphous phosphorus/nitrogen-doped graphene paper for ultrastable sodium-ion batteries[J]. Nano Letters, 2016, 16(3): 2054-2060.

[101] Hembram K P S S, Jung H, Yeo B C, et al. Unraveling the atomistic sodiation mechanism of black phosphorus for sodium ion batteries by first-principles calculations[J]. Journal of Physical Chemistry C, 2015, 119(27): 15041-15046.

[102] Sun J, Lee H, Pasta M, et al. A phosphorene-graphene hybrid material as a high-capacity anode for sodium-ion batteries[J]. Nature Nanotechnology, 2015, 10(11): 980-985.

[103] Dahbi M, Yabuuchi N, Fukunishi M, et al. Black phosphorus as a high-capacity, high-capability negative electrode for sodium-ion batteries: Investigation of the electrode/electrolyte interface[J]. Chemistry of Materials, 2016, 28(6): 1625-1635.

[104] Jung S C, Choi J, Han Y K. Origin of excellent rate and cycle performance of Sn$_4$P$_3$ binary electrode for sodium-ion battery[J]. Journal of Materials Chemistry A, 2017, 6(4): 1772-1779.

[105] Li M, Muralidharan N, Moyer K, et al. Solvent mediated hybrid 2D materials: Black phosphorus-graphene heterostructured building blocks assembled for sodium ion batteries[J]. Nanoscale, 2018, 10(22): 10443-10449.

[106] Li W, Chou S, Wang J, et al. Sn$_{4+x}$P$_3$ @ amorphous Sn-P composites as anodes for sodium-ion batteries with low cost, high capacity, long life, and superior rate capability[J]. Advanced Materials, 2014, 26(24): 4037-4042.

[107] Liu J, Kopold P, Wu C, et al. Uniform yolk-shell Sn$_4$P$_3$@C nanospheres as high-capacity and cycle-stable anode materials for sodium-ion batteries[J]. Energy & Environmental Science, 2015, 8(12): 3531-3538.

[108] Li Q, Li Z, Zhang Z, et al. Low-temperature solution-based phosphorization reaction route to Sn$_4$P$_3$/reduced graphene oxide nanohybrids as anodes for sodium ion batteries[J]. Advanced Energy Materials, 2016, 6(15): 1600376.

[109] Fan X, Mao J, Zhu Y, et al. Superior stable self-healing SnP$_3$ anode for sodium-ion batteries[J]. Advanced Energy Materials, 2015, 5(18): 1500174.

[110] Kim S O, Manthiram A. The facile synthesis and enhanced sodium-storage performance of a chemically bonded CuP$_2$/C hybrid anode[J]. Chemical Communications, 2016, 52(23): 4337-4340.

[111] Lan D, Wang W, Li Q. Cu4SnP10 as a promising anode material for sodium ion batteries[J]. Nano Energy, 2017, 39: 506-512.

[112] Fan M, Chen Y, Xie Y, et al. Half-cell and full-cell applications of highly stable and binder-free sodium ion batteries based on Cu3P nanowire anodes[J]. Advanced Functional Materials, 2016, 26(28): 5019-5027.

[113] Zhang W, Dahbi M, Amagasa S, et al. Iron phosphide as negative electrode material for Na-ion batteries[J]. Electrochemistry Communications, 2016, 69: 11-14.

[114] Park Y, Shin D S, Woo S H, et al. Sodium terephthalate as an organic anode material for sodium ion batteries[J]. Advanced Materials, 2012, 24(26): 3562-3567.

[115] Wang C, Xu Y, Fang Y, et al. Extended π-conjugated system for fast-charge and -discharge sodium-ion batteries[J]. Journal of the American Chemical Society, 2015, 137(8): 3124-3130.

[116] Abouimrane A, Weng W, Eltayeb H, et al. Sodium insertion in carboxylate based materials and their application in 3.6V full sodium cells[J]. Energy & Environmental Science, 2012, 5(11): 9632-9638.

[117] Wang S, Wang L, Zhu Z, et al. All organic sodium-ion batteries with Na4C8H2O6[J]. Angewandte Chemie International Edition, 2014, 53(23): 5892-5896.

[118] Castillo-Martínez E, Carretero-González J, Armand M. Polymeric Schiff bases as low-voltage redox centers for sodium-ion batteries[J]. Angewandte Chemie International Edition, 2014, 53(21): 5341-5345.

[119] López-Herraiz M, Castillo-Martínez E, Carretero-González J, et al. Oligomeric-Schiff bases as negative electrodes for sodium ion batteries: Unveiling the nature of their active redox centers[J]. Energy & Environmental Science, 2015, 8(11): 3233-3241.

[120] Wu Y, Zeng R, Nan J, et al. Quinone electrode materials for rechargeable lithium/sodium ion batteries[J]. Advanced Energy Materials, 2017, 7(24): 1700278.

[121] Zhu L, Liu J, Liu Z, et al. Anthraquinones with ionizable sodium sulfonate groups as renewable cathode materials for sodium-ion batteries[J]. ChemElectroChem, 2019, 6(3): 787-792.

[122] Wang X, Shang Z, Yang A, et al. Combining quinone cathode and ionic liquid electrolyte for organic sodium-ion batteries[J]. Chem, 2019, 5(2): 364-375.

[123] Xu Y, Zhou M, Lei Y. Organic materials for rechargeable sodium-ion batteries[J]. Materials Today, 2018, 21(1): 60-78.

[124] Li K, Xu S, Han D, et al. Carbonyl-rich poly(pyrene-4,5,9,10-tetraone sulfide) as anode materials for high-performance Li and Na-ion batteries[J]. Chemistry: An Asian Journal, 2021, 16(14): 1973-1978.

[125] Wan F, Wu X L, Guo J Z, et al. Nanoeffects promote the electrochemical properties of organic Na2C8H4O4 as anode material for sodium-ion batteries[J]. Nano Energy, 2015, 13: 450-457.

第4章 电解质(液)

电解质作为电池的重要组成部分,在电池内部正负电极之间承担着传输离子的作用,它对电池的容量、工作电压窗口、循环性能及安全性能等有重要影响。根据电解质的形态特征和溶剂类型,可以将钠离子电池中的电解质分为有机电解液、离子液体、(准)固态电解质和水系电解液四种。本章节主要讨论液态的电解质,包括有机电解液及离子液体电解液的种类和性质,分别在第5章和第6章对固态电解质和水系电解液进行详细阐述。

一般而言,用于钠离子电池的电解液一般应该满足以下基本要求。

(1)高的离子电导率和低的电子电导率:高离子导电性可以赋予电池大电流充放电的能力,降低工作条件下的欧姆极化;低的电子电导率则是(电化学因素引起的)低自放电速度、高荷电保持能力的保证。

(2)较宽的电化学窗口,氧化电压尽量高,还原电压尽量低。

(3)良好的兼容性,与电池中其他组分不发生反应。

(4)热稳定性高,熔点低于电池标准使用温度,沸点高于电池标准使用温度。这主要是针对溶剂而言,在所有电池组分中,决定电池使用温度的主要因素是电解液。一般来讲,溶剂的极性越强,挥发性就越弱,熔沸点越高,溶解钠盐的能力越强。对采用有机溶剂的电解液而言,其液态温度范围的上限和下限通常都是同步变化的,高沸点溶剂呈现高极性、高黏度、高冰点,而低冰点溶剂则具有高挥发、低沸点的特点,宽的液态温度范围可以通过各种溶剂的混溶实现。

(5)钠离子迁移数大,有利于降低电池充放电中的浓差极化。

(6)安全、低毒。

4.1 电解质的基本概念

对电解质来讲,通常用电导(电阻的倒数)和电导率来表示电解质的导电能力,电解质电阻服从欧姆定律[1],那么有

$$\kappa = \frac{l}{A} L = 1/\rho \tag{4.1}$$

式中,l 为两个电极间距离;L 为面积为 A 的电解质的电导;ρ 为电解质电阻率;κ 为电解质电导率,单位为 S/cm 或 $\Omega^{-1} \cdot cm^{-1}$。

根据电解质导电机理,即电解质中离子的定向运动,当离子在电场作用下迁移的路程及通过的溶液截面积 A 一定时,溶液的导电能力与载流子(阳离子和阴离子)的运动速度有关[1],即

$$\kappa = n e_0 \mu \tag{4.2}$$

式中，n 为电解液中承担电荷传输的离子数；μ 为离子迁移速率；e_0 为元电荷电量。第一，离子运动速度越大，传递电量就越快，则电解质的导电能力越强；第二，溶液的导电能力正比于离子浓度。因此，凡是影响离子运动速度和离子浓度的因素，都会影响电解质的导电能力。就电解质来讲，影响离子浓度的因素主要是电解质的浓度和电离度，同一种电解质，浓度越大，其电离后离子的浓度越大；在电解质浓度相同时，电解质盐的电离程度越大，电解质电离所产生的离子浓度越大。而离子运动速度则受多个因素影响，在电场强度 (E) 和溶液环境介质的摩擦阻力的作用下，电荷为 ze_0 的离子的运动速度 $v_{\max}$ 如下[1]：

$$v_{\max} = \frac{ze_0 |E|}{6\pi \eta r} \tag{4.3}$$

式中，η 为所处环境电解质的黏度；r 为离子的半径；z 为电解质中电荷数。影响离子运动速度的因素包括以下几种。

(1) 离子的特性：首先是溶剂化后离子的半径。半径越大，在溶液中运动时受到的阻力越大，因此运动速度越小。其次是离子的价态，价态越高，受外电场作用越大，离子的运动速度越大。所以，不同离子在同一电场作用下的运动速度不同。

(2) 溶液浓度：电解质溶液中，离子间存在着相互作用，浓度增大后，离子间距离减小，相互作用加强，使离子运动的阻力增大。

(3) 温度：温度升高，离子运动速度增大。

(4) 溶剂黏度：溶剂黏度越大，离子运动的阻力越大，故运动速度减小。

因此，电解质中盐和溶剂的种类、温度和电解质浓度等因素对电导率 κ 均有较大的影响。

离子迁移率指单位场强 (V/cm) 下离子的迁移速度，分别用 u_-、u_+ 表示电解质中阴阳离子的迁移率，单位为 $cm^2/(V \cdot s)$。在实际应用中，离子的迁移数更为重要。前文已经提到，电解质的离子导电能力是基于电解质溶液中荷电溶剂化离子在电场的作用下于两电极间发生的定向电迁移，包括阴(–)、阳(+)离子，那么在电路中，单位时间内垂直流过电路的面积为 A 的电路中电流 i 可表示为[1]

$$i = i_+ + i_- = \frac{dQ_+}{dt} + \frac{dQ_-}{dt} = Ae_0(n_+ z_+ v_{+,\max} + n_- z_- v_{-,\max}) \tag{4.4}$$

定义阳离子的迁移数 (t_+) 为阳离子输送的电流与总电流之比[1]：

$$t_+ = \frac{i_+}{i_+ + i_-} \tag{4.5}$$

类似地，阴离子 (t_-) 的迁移数定义为阴离子输送的电流与总电流之比[1]：

$$t_- = \frac{i_-}{i_+ + i_-} \tag{4.6}$$

从离子迁移数的定义可知，$t_+ + t_- = 1$，且阳离子和阴离子的迁移数和浓度相关，离子的迁移数越大，对总电导的贡献越大。在钠离子电池电解质中，一般是钠离子迁移数越高越好。

通常，在非质子性溶剂中阴离子的溶剂化很困难。在电解质中，为了使钠盐在有机溶剂中有足够大的溶解度，钠离子的溶剂化显得更为重要。离子的溶剂化自由能变化（ΔG_S）[2]说明了相对介电常数的大小对选择电解液溶剂的重要性。

$$\Delta G_S = -\frac{N_A(ze_0)^2}{8\pi\varepsilon_0 r}\left(1 - \frac{1}{\varepsilon_r}\right) \tag{4.7}$$

式中，N_A 为阿伏伽德罗常数；ze_0 为离子的电荷量；ε_0、ε_r 分别是真空介电常数和溶剂的相对介电常数。从式(4.7)可以看到，ε_r 对钠盐的解离有重要的影响，ε_r 大则钠盐容易解离，一般 $\varepsilon_r < 20$ 时，钠盐解离就很少。ε_r 小时，溶剂的黏度小，溶剂的黏度对离子在溶剂中移动阻碍小，离子的移动速度快。溶剂的黏度直接影响离子的移动速率，假设离子在稀薄溶液中是刚性球体，离子迁移速率（μ）和溶剂的黏度的定量关系表示成式(4.8)[1]（斯托克斯公式）：

$$\mu = \frac{\lambda}{|z|N_A e_0} = \frac{|z|e_0}{6\pi\eta r} \tag{4.8}$$

式中，λ 为离子的极限摩尔电导率。

综上可知，溶剂的相对介电常数和黏度是决定电解质的离子电导率的两个重要参数。

Gutmann 定义给体数（DN）和受体数（AN）两个参数作为考虑离子溶剂化的重要指标。DN 值是指溶剂 D 在 1,2-二氯乙烷中按照下式反应的反应焓$[-\Delta H(\text{kJ/mol})]$[3]。

$$D + SbCl_5 \longrightarrow DSbCl_5 \tag{4.9}$$

AN 值是指 Et_3PO 在溶剂中的 $^{31}P\,NMR$ 的化学位移值[4]。一般规定在己烷中的值为 0，在 1,2-二氯乙烷中的值为 100，其他溶剂用相对值表示。DN 和 AN 分别是溶剂与阳离子和溶剂与阴离子之间相互作用的量度，DN 表示溶剂的亲核性(碱性)大小，AN 表示亲电性(酸性)大小，DN 值越大，钠盐越易在其中溶解。

理想的电解质通常需要高离子电导率和高沸点，然而，从上述可知，这些要求很难同时满足。如沸点越高，黏度就越大。因此在实际应用中，通常采用混合溶剂来弥补各组分的缺点。以性能较好且常用的烷基碳酸酯为例，烷基碳酸酯有两种：环状酯和链状酯。由于烷基链段可以自由旋转，链状酯极性小，黏度低，介电常数大，如碳酸二甲酯、碳酸二乙酯；而环状酯极性高，介电常数大，分子间作用力强导致黏度高，如碳酸丙烯酯、碳酸乙烯酯。因此，将两者混合起来，可以在一定程度上取长补短，使电解质的综合性能得到提升。

4.2 有机电解液

4.2.1 电解液溶剂

虽然水系电解液和固态电解质更安全，但从性能、成本、兼容性和制造设备的角度来看，有机电解液在钠离子电池中更有优势。有机电解液采用有机液体作为溶剂溶解钠盐，其性能与溶剂的性质息息相关，如溶剂的黏度、介电常数、熔点、沸点、闪点及氧化还原电势等特性对电解液的使用温度范围、工作电压区间、安全性能和钠盐的溶解度等都有重要影响。有机电解液的溶剂需满足如下要求：首先，溶剂需要具有较高的介电常数、较大的极性，这样可以保证钠盐在其中具有较高的溶解度，使钠盐解离为钠离子和相应的阴离子。其次，溶剂的黏度应尽量低，以保证高电导率。此外，溶剂要具有高的闪点和良好的热稳定性。最后，溶剂还要具有较宽的液态温度范围，以保证较高的热稳定性和低温性能。目前用于钠离子电池的有机溶剂主要有碳酸酯类、羧酸酯类和醚类。表 4.1 列举了钠离子电池电解液中常用的溶剂结构和物理性质。

表 4.1　钠离子电池常用的电解液溶剂结构和物理性质[5-8]

种类	结构	摩尔质量 (M) /(g/mol)	熔点 (T_m) /℃	沸点 (T_b) /℃	闪点 (T_f) /℃	黏度 $(\eta,$ 25℃$)$ /(mPa·s)	介电常数 $(\varepsilon,$ 25℃$)$	偶极矩 (μ) /D	密度 $(\rho,$ 25℃$)$ /(g/cm³)	AN(DN)
1,3-二氧环戊烷(DOL)		74	−95	78	1	0.59	7.1	1.25	1.06	
四氢呋喃(THF)		72	−109	66	−17	0.46	7.4	1.7	0.88	
二甲氧基甲烷(DMM)		76	−105	41	−17	0.33	2.7	2.41	0.86	
乙二醇二甲醚(DME)		90	−58	84	0	0.46	7.18	1.15	0.86	10.9(18.6)
二乙二醇二甲醚(DEGDME)		134.17	−64	162	57	1.06	7.4		0.944	9.9(19.2)
三乙二醇二甲醚(TEGDME)		178.23	−46	216	111	3.39	7.53			10.5(14)
碳酸乙烯酯(EC)		88	36.4	248	160	1.9(40℃)	89.78	4.61	1.321	(16.4)
碳酸丙烯酯(PC)		102	−48.8	242	132	2.53	64.92	4.81	1.200	18.3(15.1)
碳酸二甲酯(DMC)		90	4.6	91	18	0.59(20℃)	3.107	0.76	1.063	(17.2)

续表

种类	结构	摩尔质量(M)/(g/mol)	熔点(T_m)/℃	沸点(T_b)/℃	闪点(T_f)/℃	黏度(η,25℃)/(mPa·s)	介电常数(ε,25℃)	偶极矩(μ)/D	密度(ρ,25℃)/(g/cm³)	AN(DN)
碳酸二乙酯(DEC)		118	−74.3	126	31	0.75	2.805	0.96	0.969	(16.0)
碳酸甲基乙基酯(EMC)		104	−53	110		0.65	2.958	0.89	1.006	

1. 碳酸酯类电解液

碳酸酯类电解液的溶剂主要包括环状碳酸酯和链状碳酸酯两类。碳酸酯类溶剂具有良好的化学和电化学稳定性。常见的环状碳酸酯有碳酸乙烯酯(EC,$C_3H_4O_3$)、碳酸丙烯酯(PC,$C_4H_6O_3$),链状碳酸酯有碳酸二甲酯(DMC,$C_3H_6O_3$)、碳酸二乙酯(DEC,$C_5H_{10}O_3$)和碳酸甲乙酯(EMC,$C_4H_8O_3$)等。通常,环状的 EC 和 PC 比链状的 DMC 和 DEC 具有更好的溶剂化效果[9]。常见的用于钠离子电池的碳酸酯类溶剂的具体结构和性质如表 4.1 所示。

EC 是电解液中最常见的一种溶剂,具有较高的熔点(36℃)和较大的黏度,作为单一溶剂时的电解液低温性能差,故一般不单独作为钠离子电池电解液的溶剂进行使用。但 EC 的高离子电导率、高热稳定性、宽电化学窗口及良好的成膜性,使其成为碳酸酯类电解液中良好的助溶剂。但是,EC 的高还原电势和低开环势垒也被认为是导致界面副反应持续发生的主要原因[10]。PC 具有低熔点(−49.2℃)、高沸点(241.7℃)和闪点(132℃),可以与 $NaClO_4$ 结合使用形成单一溶剂的钠离子电池电解液。$NaClO_4$-PC 电解液具有最宽的电化学窗口[0~5V($vs.$ Na$^+$/Na)]和最佳的热稳定性[11]。理论计算表明,在单一溶剂中,EC 最易与 Na$^+$发生溶剂化,其余溶剂参与溶剂化的能力顺序为 EC>DMC(DEC)>EMC(PC)。在碳酸酯类二元溶剂中,EC 和 PC 溶剂组合最有利于 Na$^+$溶剂化[12]。为了提高电解液的离子电导率、改善钠离子电池的电化学性能,电解液的溶剂常采用一种或多种具有高介电常数的溶剂(如 EC、PC)和一种或多种低黏度的溶剂(如 DMC、DEC 和 EMC)的混合物。

电极材料与电解液之间的相容性对电池的电化学性能有重要影响。然而电极材料在不同溶剂的电解液中的性能有较大差别,主要是由于不同溶剂电解液与电极材料的相容性不同。有较好相容性的电解液循环性能较好[11]。因此,通过对电解液的溶剂进行优化,可以改善电池的电化学性能。

2. 醚类电解液

醚类电解液由于较低的黏度和熔点被广泛应用于钠离子电池,然而其较高的蒸气压和较窄的电压窗口限制了醚类电解液的实际应用。醚类溶剂主要包括环状醚和链状醚两类。环状醚有四氢呋喃(THF)、1,3-二氧戊环(DOL)等,链状醚主要包括乙二醇二甲醚

（DME）、二甘醇二甲醚（DEDM）和三乙二醇二甲醚（TEDM）等。虽然在酯类电解液中，Na⁺无法在石墨负极中实现嵌入/脱出，但在醚类电解液中，Na⁺可以与溶剂共嵌，通过形成 Na-溶剂-石墨的三元插层化合物实现可逆的嵌入/脱出[13]。

对链状醚而言，Na⁺嵌入/脱出的电压和醚链的长度有关。醚类电解液中溶剂分子的链长度越长，氧化还原电势越高。因此，在实际应用中，可以通过筛选/混合合适的醚类溶剂调整电极材料的氧化还原电势。此外，链状醚类溶剂分子链的长度导致电极材料的储钠容量有轻微差异。

有机电解液往往由一些高度易燃的溶剂组成，因此其对电池的安全性能有重要影响。对单一溶剂来讲，醚类溶剂的热稳定性普遍低于酯类溶剂，热稳定性见表 4.1[6]。

3. 溶剂的电化学稳定性

理想的钠离子电池的电解液应该具有高的氧化电势和低的还原电势，即宽的电化学窗口。在热力学上，高的氧化电势意味着溶剂必须具有比正极电势更低的 HOMO 能级，低的还原电势意味着溶剂必须具有比负极电势更高的 LUMO 能级[5,14]。HOMO 能级越高，该物质越易失去电子。对电解液而言，HOMO 能级可以用来判断各组分在充电过程中的氧化顺序，HOMO 能级越低的组分，意味着其具有更高的氧化电势。LUMO 能级越低，该物质越易得到电子。LUMO 能级可以用来判断各组分在放电过程中的还原顺序，LUMO 能级越高的组分，意味着其具有更低的还原电势。

表 4.2 是常用溶剂的 HOMO 和 LUMO 能级的值[15-18]。可以看出碳酸酯类溶剂的 HOMO 能级低于醚类溶剂，因此氧化稳定性更高，而醚类溶剂的还原稳定性相对更高。这意味着碳酸酯类溶剂在正极更稳定，而醚类溶剂在负极更稳定。

表 4.2 电解液溶剂的 HOMO 和 LUMO 能级的值[15-18]

溶剂	E_{HOMO}/eV	E_{LUMO}/eV
碳酸乙烯酯（EC）	−8.2800	0.6700
碳酸亚乙烯酯（VC）	−7.2100	−0.2500
碳酸二乙酯（DEC）	−8.044	0.0656
氟代碳酸乙烯酯（FEC）	−9.0500	−0.1900
碳酸甲乙酯（EMC）	−8.1320	0.0664
碳酸二甲酯（DMC）	−8.1803	
二乙二醇二甲醚（DEGDME）	−6.8910	−2.1740

表 4.3 是常用溶剂碳酸酯、四氢呋喃、醚类电解液在锂离子电池电解液中的氧化或还原电势[19]。在钠离子电池中可将其换算成相应的对金属钠的电势。从表中可以看出，碳酸酯或其他酯类物质氧化稳定性较高（正极稳定），而醚类的还原稳定性相对较高（负极稳定），这与表 4.2 中 HOMO、LUMO 能级值是相匹配的。

表 4.3　电解液溶剂的氧化或还原电势[19]

溶剂	盐/浓度/(mol/L)	工作电极	E_a/V	E_c/V
碳酸丙烯酯(PC)	LiClO$_4$/0.1	Au, Pt		1.0~1.2
	LiClO$_4$/0.5	纯 Pt	4.0	
	LiClO$_4$	Pt	4.7	
	LiClO$_4$	Au	5.5	
碳酸乙烯酯(EC)	LiClO$_4$/0.1	Au, Pt		1.36
碳酸二甲酯(DMC)	LiClO$_4$/0.1	Au, Pt		1.32
	LiPF$_6$/1.0	GC	6.3	
碳酸二乙酯(DEC)	LiClO$_4$/0.1	Au, Pt		1.32
碳酸甲乙酯(EMC)	LiPF$_6$/1.0	GC	6.7	
四氢呋喃(THF)	LiClO$_4$	Pt	4.2	
乙二醇二甲醚(DME)	LiClO$_4$	Pt	4.5	

注：E_a 表示氧化电势(vs. Li$^+$/Li)，E_c 表示还原电势(vs. Li$^+$/Li)；GC 表示玻碳电极。

4.2.2　钠盐

钠盐不仅是电解液中钠离子的提供者，其阴离子也是决定电解液物理和化学性能的主要因素。理想的钠盐通常需要满足以下条件：易溶于有机溶剂、易解离、高离子迁移率。其阴离子还要求无毒环保、成本低、水解稳定性高，并具有高的氧化/还原稳定性和热稳定性，与钠离子电池内部的所有组件/相都能形成稳定的界面。钠盐的通式为 NaX，离解反应为 NaX $\rightleftharpoons$ Na$^+$ + X$^-$。离解反应的驱动力是钠离子和阴离子的溶剂化。由于体积大小和溶剂化能的原因，Na$^+$ 的迁移数普遍低于 X$^-$，但钠离子电解液的离子电导率仍然受阴离子的种类影响。

通常，钠离子电池的有机电解液一般由一种或几种盐、添加剂溶解在一种或多种有机溶剂中。常见的盐包括六氟磷酸钠(NaPF$_6$)、双(三氟甲基磺酰)亚胺钠(NaTFSI)、高氯酸钠(NaClO$_4$)和双(氟磺酰)亚胺钠(NaFSI)。如图 4.1 所示，这些钠盐的热稳定性排序为 NaFSI<NaFTFSI[氟磺酰基(三氟甲烷磺酰)亚胺钠]<NaPF$_6$<NaTFSI<NaClO$_4$[20]。虽然 NaClO$_4$ 具有最高的热稳定性，但强氧化性的特点造成其在与有机溶剂接触后易爆炸，在高温、大电流下与有机溶剂的反应活性明显增大，限制了 NaClO$_4$ 在钠离子电池中的实际应用。NaTFSI 和 NaFSI 两种盐的阴离子在电解液中容易和 Al 金属发生反应，从而腐蚀集流体。NaPF$_6$ 基本能满足钠离子电池对电导率和电化学稳定性的要求，因此 NaPF$_6$ 被认为是最适合在钠离子电池大规模商业化中应用的盐。

如上文所述，电解液的电化学窗口、电化学性能跟电解液中阴离子的种类密不可分。几种不同盐在 PC 中的离子电导率顺序如下：NaPF$_6$(7.98mS/cm)>NaClO$_4$(6.4mS/cm)>NaTFSI(6.2mS/cm)，其溶液黏度基本相当[11]。相比于其他的钠盐，NaPF$_6$ 在正极材料上可以形成电阻率低、离子导电优良的稳定钝化层，有利于材料的循环可逆性[21]。表 4.4 列举了钠离子电池中常见钠盐的结构和物理性质，除此以外，双草酸硼酸钠(NaBOB)和

二氟草酸硼酸钠(NaDFOB)等硼酸酯盐也被应用于钠离子电池中。惰性气氛中，NaBOB
在温度达到350℃时才开始分解，具有良好的热稳定性，但 NaBOB 在碳酸酯类溶剂中溶
解度低，无法在钠离子电池中单独使用[22]。NaDFOB 溶解在 EC/DMC 二元溶剂的电解液
可以改善 $Na_{0.44}MnO_2$ 半电池的库仑效率和拓宽电压窗口[23]。

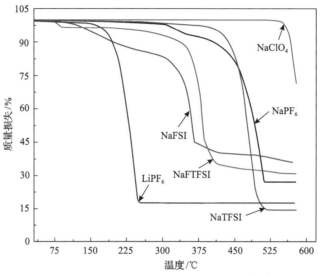

图 4.1　常见钠盐的热重分析(TGA)曲线[21]

表 4.4　钠离子电池的电解液中常见的钠盐的结构和物理性质[5,7]

钠盐种类	阴离子结构	摩尔质量/(g/mol)	熔点(T_m)/℃	电导率 σ/(mS/cm)(对应锂盐的离子电导率)
高氯酸钠(NaClO₄)		122.4	468	6.4(5.6)
四氟硼酸钠(NaBF₄)		109.8	384	(3.4)
六氟磷酸钠(NaPF₆)		167.9	300	7.98(5.8)
双(三氟甲基磺酰)亚胺钠(NaTFSI)		303.1	257	6.2(5.1)
三氟甲烷磺酸钠(NaOTf)		172.1	248	(1.7)

钠盐种类	阴离子结构	摩尔质量/(g/mol)	熔点(T_m)/℃	电导率 σ/(mS/cm) (对应锂盐的离子电导率)
双(氟磺酰)亚胺钠(NaFSI)		203.3	118	
氟磺酰基(三氟甲烷磺酰) 亚胺钠(NaFTFSI)		241.1	160	

注：电导率指电解液(钠盐)浓度为 1mol/L，溶剂为 PC 的电解液在温度为 25℃时所对应的电导率。

4.2.3　钠盐的浓度

钠离子电池电解液的标准钠盐浓度一般为 1mol/L，但是随着对电池的电压窗口、热稳定性、安全性、倍率性能和界面稳定性等提出更高的要求，电解液的浓度也相应进行了调节。电解液的浓度越高，阴离子进入第一溶剂壳层的数量越多，有利于阴离子参与电解液在界面的成膜反应，形成薄而致密的稳定界面膜。除此之外，在钠离子电池中，高浓电解液的作用包括降低副反应、抑制钠枝晶和正极集流体的腐蚀、拓宽电池的工作电压窗口、改善电解液的热稳定性等[24-27]。

为了获得高浓度电解液，在电解液中需要溶解大量的钠盐，对应的溶剂需要含有极性较强的官能团，一般以 C=O、C=N 和 S=O 和醚类官能团为主。高浓度电解液由于改变了 Na⁺的溶剂化结构，有利于提高电池的安全性，并改善 Na⁺嵌入/脱出的可逆性[26,27]。

尽管高浓电解液具有一系列优势，但其高黏度及与隔膜和电极之间的较差的润湿性限制了高浓电解液在钠离子电池中的实际应用。为了克服这些问题，可以在电解液中加入双(2,2,2-三氟乙基)醚和氢氟醚等电化学惰性及与钠盐溶剂化作用较弱的氟代醚，来对高浓电解液进行稀释，获得局部高浓的电解液[28]。

4.2.4　固态电解质界面膜

1. SEI 膜的形成

为了保证电池可以在充放电过程中稳定工作，原则上希望电池的电化学窗口小于电解液的电化学窗口，如果正极或者负极工作电势超出电解液的电化学窗口，电解液就要被氧化/被还原。电解液的电化学窗口由溶剂的 HOMO 能级和 LUMO 能级决定，其中 HOMO 轨道能级与氧化电势上限近似存在线性关系，如图 4.2 所示。

在钠离子电池中，理想的情况是正极的费米能级(μ_C)稍高于电解液的 HOMO 能级，负极的费米能级(μ_A)低于电解液的 LUMO 能级，即正极工作电压稍稍低于电解液电化学窗口上限，而负极的工作电压略微高于电化学窗口的下限[10]。而实际上，如图 4.3 所示，大多数负极材料的能级高于电解液的 LUMO 能级，从而导致电解液在负极材料表面被不可逆地还原，形成固态电解质界面(solid electrolyte interface，SEI)膜。同样，正极材料的能级往往低于电解液的 HOMO 能级，从而导致电解液中的某些成分在正极材料表面不可逆地被氧化，生成正极电解质界面(cathode electrolyte interface，CEI)膜[29-32]。与锂离子电池类似，钠离子电池的性能与电极–电解液界面有密切的关系，特别是负极材料的电化学性能受 SEI 膜的组分和性质的影响显著。SEI 膜和 CEI 膜可以阻隔电极和电解液之间的直接接触，阻止电极上的电子传递到电解液中，防止电解液发生连续的副反应，造成电池系统的不稳定。因此，SEI 膜不仅对电池的循环稳定性、库仑效率、倍率性能和安全性能有重要影响，与电池的热失控也有密切关系[33]。为了改善电池的电化学性能，可以在电解液中加入相应的成膜添加剂，形成稳定的 SEI 膜或 CEI 膜。

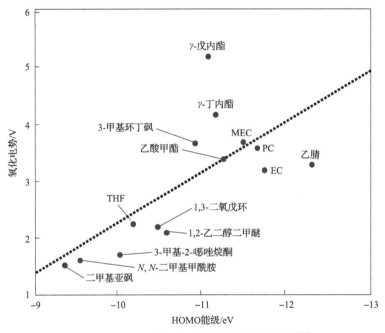

图 4.2　HOMO 能级与溶剂氧化电势的关系[23]

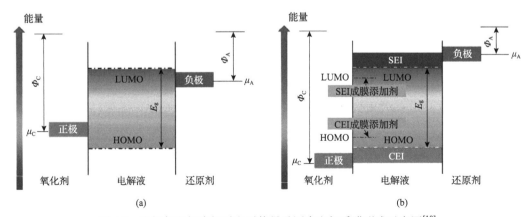

图 4.3　电极与电解液相对电子能量及固态电解质膜形成示意图[10]

Φ_A、Φ_C 分别为正极和负极的功函数；E_g 为电解液热力学稳定性窗口

SEI 膜的形成模型最早由 Peled 在 1979 年提出。该模型指出电解液在首次放电中发生分解，从而在负极表面形成 SEI 膜。碳酸酯类电解液在锂离子电池的电压窗口通常在 0~4.5V，而在钠离子电池中，电压达到 3.0V 以上就已经可以观察到一些副反应。在放电过程中，当电压降到 0.5V 时才会发生金属钠的电镀[21]。钠离子电池的充放电过程必然伴随着电解液的氧化或还原。电解液的氧化或还原会在电极表面生成致密的 CEI 膜或 SEI 膜，且在后续充放电中保持稳定时，才可以阻止电解液的进一步分解。因此，理想的 CEI 膜或 SEI 膜应该满足以下两个条件。

(1)作为电解液和电极之间的接触界面，SEI(CEI)膜是一层均匀的保护层，在电池中保持惰性并且在电解液中不可溶解；

(2)SEI(CEI)必须是优良的离子导体和电子绝缘体，以保证 SEI 形成后可以防止电极向电解液提供电子，从而阻止电解液的分解。

当 SEI 膜不稳定时，电极表面的连续钝化反应不仅消耗电解液，且随着电池工作时间的延长，SEI 膜不断增厚，导致电池的内阻不断变大。因此，如图 4.3 所示，为了保证电池可以正常工作，电解液的能量稳定范围(E_g)必须能够覆盖正极和负极的电势，或者电解液可在正极和负极界面分解形成稳定的界面膜。

相比于锂离子电池，电解液在钠离子电池的负极表面上的还原程度较弱，而在正极上发生氧化的趋势更强，因此负极 SEI 膜的稳定性更需要关注[34-36]。在电池中负极的金属枝晶现象往往导致电池短路，造成安全隐患。SEI 膜的稳定性不仅对电池中枝晶的形成及产气有显著的改善，还可以抑制电池中的副反应，延长电池的寿命。因此，SEI 膜的组分、结构和包括离子电导率、热稳定性、机械稳定性和电化学稳定性在内的性能对钠离子电池的安全问题及电化学性能起关键作用。

2. SEI 膜的组分和结构

SEI 膜的组分、结构与电解液溶剂、盐、添加剂及负极材料种类有关。在 SEI 膜形成的初始阶段，电解液的溶剂化结构会影响溶剂分子或者阴离子的消耗顺序，决定 SEI 层的初始形成的组分，进而影响 SEI 膜的组分、离子传输能力及在后续循环中的结构变化。通常，在低浓度电解液中，第一层溶剂化壳层主要由溶剂分子组成，SEI 膜主要由电解液中的溶剂分解形成的有机物组成，如烷基碳酸钠($ROCO_2Na$，R=烷基)；而在高浓度电解液中，阴离子进入溶剂化结构，参与 SEI 膜的形成，因此 SEI 膜主要由阴离子分解生成的无机物组成，包括 NaF、$NaCl$、Na_2CO_3 等产物。通常来讲，SEI 膜中有机物和无机物组分分别与其在电解液中的溶解度和离子电导率有关，具体会在 SEI 膜的性质中进行阐述。溶剂的种类也会影响 SEI 膜的成分，与 EC 相比，PC 分子上的甲基会影响反应产物的，聚集不利于电池形成稳定的 SEI 膜[37]。电极材料对 SEI 膜的影响主要表现为，电极材料的能级结构会影响电极与电解液界面钝化时的电势和反应能，而电极材料组成也会影响 SEI 膜的组成。如过渡金属氧化物的界面膜中往往包含金属氟化物的成分，这是由于电解液在高电压下发生氧化分解时，通常会伴随着电极材料中过渡金属离子的溶出，溶出的过渡金属离子与钠盐的分解产物氢氟酸(HF)发生反应，生成金属氟化物[38]。

　　SEI 膜的结构包括形貌和成分分布，对其稳定性、离子电导率和电子绝缘等性质有重要影响[10]。对于负极而言，一般在酯类电解液中形成的 SEI 膜的厚度大于在醚类中的厚度，增加了 Na$^+$ 的迁移难度[39]。虽然 SEI 膜中的有机物和无机物组分随机交织分布，但无机物和有机物的含量和分布可以通过调控电解液进行调整。如图 4.4 所示，在醚类电解液中，RGO 表面的 SEI 膜最靠近电解液的一侧是由有机物组成，而靠近电极的一侧是由多种无机物组成；而酯类电解液中的 SEI 膜由若干无机物和有机物混合组成类似马赛克结构的物质，无明显分层。

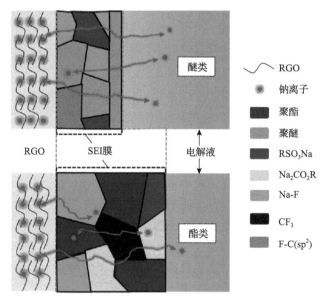

图 4.4　RGO 在酯类和醚类电解液中 SEI 膜的组分和结构示意图[41]

3. SEI 膜的离子传输性能

　　SEI 膜的性质主要取决于电解液的溶剂和电解质盐。离子传输是 SEI 膜最重要的作用之一，直接影响电池的倍率性能、能量效率及电化学反应的可逆性。影响钠离子在 SEI 膜中传输行为的因素包括：①离子的去溶剂化；②Na$^+$ 在 SEI 中的电导率；③界面层的结晶度和成分分布。由于 Na$^+$ 的路易斯酸性较弱，Na$^+$ 去溶剂化所需要的活化能比 Li$^+$ 更低。离子去溶剂化的能垒需要综合考虑离子与溶剂，以及离子与离子之间的相互作用强度、电极的种类、SEI 膜性质等因素。由于 Na$^+$ 在醚类电解液中的去溶剂化能更低，因此 Na$^+$ 在硬碳负极界面传输的速率更快[40]。

　　除了去溶剂化能之外，Na$^+$ 在 SEI 膜中的传输很大程度上取决于其组分的离子电导率，而其中无机物成分（如 NaF 和 Na$_2$CO$_3$）的结晶度对离子电导率有显著影响[41]。通常，钠离子的扩散基于空位扩散和间隙扩散机理[42]。如 NaF 的空位缺陷虽然有利于离子电导率，但其整体含有的空位缺陷数量过少，使离子在 SEI 中的扩散动力学较缓。因此，尽管靠近电极一侧的 SEI 膜中的 NaF 可以抑制界面膜的生长，但 Na$^+$ 在 NaF 中的传输能力可能会限制电池的倍率性能。另外，结晶态的无机成分，特别是含盐量较高的氟化物和碳酸盐晶体，可能会导致大量离子积累形成吸附层并抑制离子的运动[43]。因此，与无机晶体组成的 SEI 膜相比，分散了非晶聚合物颗粒的 SEI 薄膜具有更好的钠离子传输性能[44]。

4. SEI 膜的热稳定性

由于金属钠具有更高的活泼性，钠离子电池的热稳定性比锂离子电池更为重要。SEI 膜的热稳定性与电解质的钠盐、溶剂、添加剂和电极材料密切相关。一般来说，无机组分更加有利于热稳定性。负极表面的 SEI 膜分解被认为是引发电池热失控的关键原因[45]，在 $NaPF_6$-PC/EMC/FEC 电解液中，硬碳$\|Na_xNi_{1/3}Fe_{1/3}Mn_{1/3}O_2$ 电池的放热起始温度为 166.3℃，对应于该电池中 SEI 膜分解的放热反应，随后电池的放热加速直至热失控[46]。

添加电解液添加剂是改善电池热稳定性的一种有效方法，如氟代碳酸乙烯酯(FEC)和乙氧基五氟环三磷腈(EFPN)是常见的提高热稳定性的电解液添加剂[47,48]。FEC 优先于醚类和酯类溶剂分解，有助于促进 SEI 膜中热稳定性更强的无机物 NaF 的形成，而使热稳定性较差的有机物及碳酸盐的生成受到抑制。由于 SEI 膜的组分与电池的性能息息相关，降低高活性有机化合物有利于提高 SEI 的热稳定性，但 SEI 膜中固体无机物的含量和种类也会对离子迁移产生不利影响。例如，硬碳电极在含有大量 FEC 的电解液中生成的 SEI 膜会阻碍 Na^+ 嵌入硬碳结构，降低硬碳的储钠容量[49,50]。因此，在实际使用中，需要平衡电池的热稳定性和电化学性能[27]。

5. SEI 膜的机械稳定性

为了保证 SEI 膜的离子电导、电子绝缘的功能，SEI 膜必须完整并紧密地黏附在负极表面。如果在循环过程中电极的体积发生连续变化，那么 SEI 膜的破裂和再生不可避免。这个过程则会持续消耗可用的 Na^+ 和溶剂，增加电池内阻并最终导致电池容量衰减甚至失效。为了解决这些问题，对于在充放电过程中会发生较大体积变化的负极材料来说，SEI 膜的机械性能至关重要。在金属钠沉积/剥离的过程中，钠的高反应活性和体积膨胀对其 SEI 膜的机械稳定性有很高要求。影响 SEI 膜机械稳定性的因素有很多，包括电极表面性质、电解液成分、电解液的反应活性、电池的荷电状态及温度[51]。

通常用来提高 SEI 膜机械稳定性的方法包括改进电解液配方、添加电解液添加剂和提高电解液浓度。与酯类电解液相比，醚类电解液具有更高的 LUMO 能级以抵抗电解液的还原，在钠离子电池负极表面可以沉积薄而有序的 SEI 膜[39,52]。这种薄而有序的 SEI 膜具有良好的机械柔韧性，并且不可渗透电解液，有助于抑制金属钠枝晶的生长并缓解电极材料的体积变化。相比之下，钠离子电池负极在酯类电解液中形成的 SEI 膜为厚的无机-有机混合层，易渗透电解液，SEI 膜在后续过程中会出现破裂和再生。

电解液添加剂，如多硫化钠(Na_2S_6)，可以改善 SEI 膜的机械稳定性。金属钠在添加了多硫化钠的醚类电解液(如 $NaPF_6$-DEGDME)(1mol/L)中充放电循环后得到平滑的表面，说明多硫化钠的加入可抑制枝晶的生成，形成均匀致密的 SEI 膜。这种 SEI 膜的主要成分是 Na_2O、Na_2S 和 Na_2S_2 等无机化合物[25,53]。此外，成膜添加剂如 FEC 也可以在负极表面构筑机械性能良好的 SEI 膜。

相比于传统浓度为 1mol/L 的低浓度电解液,高浓度电解液也可以有效地降低电池中的副反应,有效增强 SEI 膜的机械稳定性。金属钠在 NaFSI-DME 的高浓电解液中具有优异的库仑效率和循环稳定性,证明了金属钠在高浓度电解液中的 SEI 膜的机械稳定性。不仅如此,在 NaFSI-DME 的高浓电解液中,金属钠的沉积/剥离过程中未产生枝晶,这也说明了高浓度电解液中的 SEI 膜具有更高的机械稳定性[24,25,54]。

6. SEI 膜的(电)化学稳定性

化学和电化学惰性的 SEI 膜可以抑制电池中的副反应,帮助电池实现稳定的长循环。影响 SEI 膜的(电)化学稳定性的重要因素是 SEI 膜在电解液中的溶解度[55]。SEI 膜的溶解使电极再次暴露迫使电极与电解液直接接触,加速界面副反应,恶化电池的自放电问题。硬碳表面的 SEI 膜成分中,$NaRCO_3$ 倾向于溶解在碳酸酯类电解液中[55,56]。SEI 膜的溶解度主要取决于电极的表面化学、电解液的成分和测试条件(电流密度、电压窗口及环境温度)。

相比于 Li^+,Na^+ 具有更低的路易斯酸性,因此,钠离子电池中的 SEI 膜组分比锂离子电池中的类似物质具有更高的溶解度[57,58]。另外,钠离子电池中形成的 SEI 膜中的有机物的交联或聚合程度较锂离子电池低,因此也更容易在电解液中溶解。这导致在锂离子电池中一些表现优异的成膜添加剂在钠离子电池中反而有负面作用,如在 PC 电解液中加入 VC,并不利于在硬碳电极上形成稳定的 SEI 膜[50]。在不同的溶剂中,SEI 膜的稳定性也存在显著差异,通常线性溶剂分子(如 DMC、DEC)参与钠离子溶剂化后形成的配位结构较不稳定,易与 SEI 膜的外界面发生反应。硬碳电极在几种线性碳酸酯溶剂中(DMC、EMC 和 DEC)存在严重的过充现象,而在 PC 和 EC 的电解液中则没有这种现象[59,60]。这是因为线性碳酸酯的还原机理与环状碳酸酯双电荷还原的机理不同。DMC 在还原过程中产生单电荷和小分子物质,而小分子物质一般具有较高的溶解度。目前,构建稳定的 SEI 膜主要依靠电极材料和电解液之间的协同作用。由于发展新的电解液体系周期漫长,所以在电解液中加入添加剂是最常用和有效的手段。

7. 正极电解质界面膜

如图 4.3 所示,当电压超过溶剂的 HOMO 能级时,电解液中的某些组分会在正极表面发生氧化,形成正极电解质界面(CEI)膜。若此时形成的 CEI 膜结构致密,电解液的分解反应则会停止。理想的 CEI 膜是一个良好的离子导体,但不能导电子,同时具有良好的化学/电化学/机械稳定性。$Na_{0.44}MnO_2$ 正极通过预处理形成良好的 CEI 膜后的比容量为 88mA·h/g,明显高于没有预处理的材料的比容量(27mA·h/g)[31],说明 CEI 膜对钠离子电池的性能有重要作用。Na/Na^+ 的标准电势高于 Li/Li^+,因此,CEI 膜在钠离子电池中的作用比锂离子电池更为明显。当电压达到 4V 及以上时,同类的正极材料在钠离子电池中的库仑效率普遍低于锂离子电池。目前关于 CEI 膜的研究主要集中在采用高电压电解液、电解液添加剂和表面涂层等方法构建稳定的 CEI 膜,缓解电解液的分解和过渡金属的溶出。常用的电解液添加剂有 FEC、己二腈(ADN)等[61]。表面涂层的方法是

通过将 Al_2O_3 构建在电极的表面,降低电极的副反应,从而改善电池的库仑效率和循环寿命[62]。

4.2.5　溶剂化结构

Na^+ 在电解液中是通过溶剂化的形式来实现电荷的传输,在离子嵌入电极材料之前还存在一个去溶剂化的过程,因此 Na^+ 溶剂化结构和去溶剂化过程会显著影响电池的性能。改变电解液成分会改变钠离子的溶剂化结构,从而影响电极表面的去溶剂化过程和 SEI 膜的组分。然而,电解液和电解液-电极界面的分子行为是抽象的、动态的,且难以定量的。尽管已经确定了电解液中溶剂化结构的影响,但电池性能究竟归因于具有特定组成的 SEI 膜的影响还是溶剂化结构的影响是不确定的。因此,建立电解液的分子相互作用与电极性能之间的直接科学关系,是目前解决相关问题的关键。

研究人员提出了一个简单模型,认为电解液与晶体材料一样,也含有与晶胞类似的"基本单元",即 Li^+ 溶剂化结构(图 4.5)[63]。Li^+ 溶剂化结构可以用 Li^+[溶剂]$_x$[添加剂]$_y$[阴离子]在微观上近似表示,其中 x 和 y 的值是基于电解液的宏观物质的量浓度计算。在 Li^+ 溶剂化结构中,1 个 Li^+ 可以与 4～6 个 PC 配位形成第一溶剂化层,其余 6～7 个 PC 位于第二溶剂化层中,而阴离子位于第一和第二个溶剂化层之间。电解液由这种 Li^+ 溶剂化结构的基本单元无限重复组成。这种结构模型是对电解液的定量描述,考虑了离子-离子和离子-溶剂的相互作用,促进电解液研究的发展。

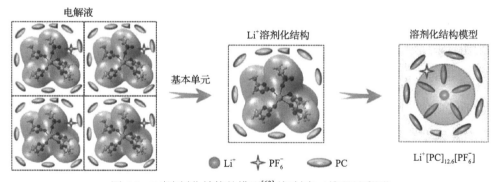

图 4.5　Li^+ 溶剂化结构的模型[63](扫封底二维码见彩图)

在钠离子电池电解液中同样具有与锂离子电池电解液类似的 Na^+ 溶剂化结构,即 Na^+[溶剂]$_x$[添加剂]$_y$[阴离子],由此可以确定溶剂、添加剂和阴离子的种类及其相互作用决定了 Na^+ 溶剂化结构。这也是硬碳负极在碳酸酯类与醚类电解液中具有不同电化学性能的重要原因之一。在钠离子电池中,碳酸酯类电解液得到了不断的完善和应用(如使用 FEC 添加剂等)。相比之下,醚类溶剂的易氧化性(醚类溶剂 HOMO 能级较高),与各种硬碳负极材料良好的兼容性,使醚类电解液通常只局限于负极材料半电池的研究,但其应用于正极材料方面是一个巨大的挑战。因此,开发抗氧化能力强的耐高电压醚类电解液,是该类电解液体系获得实用化的关键。通过选择合适的钠盐、改变盐/溶剂配位组成、加入添加剂、减少游离溶剂分子来调节溶剂化结构,是提高醚类电解液氧化稳定性的有效策略。在 1,3-二氧戊环(DOL)作为添加剂,钠盐与醚类溶剂按摩尔比 1:2 配制的醚类电解液中,溶剂分子与Na^+保持着紧密的配位模式(Na^+与溶剂分子中的氧原子形成六配位结构),极大地抑制了醚类溶剂的分解[64]。

另外,溶剂化结构还决定了界面膜成分,因为电解液的溶剂化环境会影响溶剂分子或者阴离子的消耗顺序,进而影响 CEI 膜和 SEI 膜的组分。盐浓度(或溶剂与盐的比例)是决定溶剂化结构的主要因素[65]。在常规浓度或更低的浓度(≤1mol/L)的电解液中,由于是含有大量自由溶剂的环境,产生的 SEI/CEI 膜富含来自溶剂分解的有机物的组分。随着盐浓度增加(通常>3mol/L),阴离子与阳离子产生强烈相互作用,并进入第一溶剂化壳层,形成由大量接触离子对(CIP)和聚集体(AGG)组成的阴离子诱导的溶剂化结构。与传统的低盐浓度电解液相比,高浓度电解液中阴离子诱导的溶剂化结构的 LUMO 的位置从溶剂向阴离子移动,导致阴离子优先分解,衍生出富含无机盐(如氟化物)的 SEI 膜组分。使用具有不同溶剂化阴离子的双盐或多种类型的钠盐可能是调控 Na^+ 溶剂化结构和界面化学的重要方法。

综上,通过对电解液的溶剂化结构进行调控,一方面,可调控溶剂与 Na^+ 之间的配位作用,改善 Na^+ 的去溶剂化动力学,且扩宽电解液的窗口;另一方面,还可实现对界面膜成分的优化,进而改善钠离子电池的电化学性能。

4.2.6　电解液功能添加剂

有机电解液中添加某些少量的物质,能显著改善电池的性能,如电解液的电导率、电池的循环效率和可逆比容量等,这些少量的物质被称为功能添加剂。从概念上讲,添加剂在电解液中的含量较少,它可以是一种有机分子,也可以是一种钠盐。根据它们的不同功能,添加剂主要分为以下几种。

1. 成膜添加剂

如前文所述,钠离子电池在首次充放电过程中,电解液溶剂和钠盐往往会在负极材料与电解液的界面发生还原反应,在电极表面形成一层 SEI 膜作为钝化膜或保护膜。均匀稳定的 SEI 膜不仅对电池的电化学性能至关重要,而且有利于电池的安全。实际上,钠离子电池在常规电解液中形成的 SEI 膜的均匀性和稳定性均不如锂离子电池[31,50]。因此,用于改善 SEI 膜性能的电解液添加剂对钠离子电池尤为重要,成膜添加剂对 SEI 膜的厚度、形貌及成分皆有重要影响。

氟代碳酸乙烯酯(FEC)是目前钠离子电池中最常用的成膜添加剂,被广泛用于改善金属钠、硬碳及 SnO_2、Sn、Sb 和红磷等电极材料的 SEI 的性能。FEC 的分解电势为 0.7V 左右,与溶剂 EC 相比,FEC 分子具有较低的开环能垒,会在含有 EC 溶剂的电解液中优先分解;不仅如此,FEC 还会提高 EC 的开环能垒[66],因此 FEC 在电极表面形成稳定的 SEI 膜,有效改善电池在充放电过程中的库仑效率,缓解电极材料在传统酯类电解液中的容量衰减问题[58]。但是,当电解液中的 FEC 过多时,FEC 会阻碍 SEI 膜中的有机单体接触形成二聚体,反而不利于电极表面形成稳定的 SEI 膜[67,68]。虽然 FEC 被认为是目前最有效的改善 SEI 膜性能的添加剂,但其在分解时产生的 HF 却对 SEI 膜的稳定性和离子传输能力有害。为此,可以同时在电解液中加入三(三甲基硅烷基)亚磷酸酯(TMSPi)

作为 HF 的清除剂，消除 HF 对 SEI 膜的危害[69]。

碳酸亚乙烯酯(VC)作为锂离子电池中常用的成膜添加剂，其在钠离子电池中的作用受电解液种类影响显著。在酯类电解液中，VC 的成膜作用远不如 FEC，这是由于酯类电解液中的有机钠化合物的碳负离子的聚合能力较差，导致 VC 不能发挥成膜作用。而在醚类电解液中，VC 可以在硬碳表面获得稳定的 SEI 膜，从而实现硬碳电极优异的循环性能[70]。不仅如此，VC 还可以与溶剂协同在正极表面形成聚酯和聚(碳酸亚乙烯酯)，改善 CEI 膜的机械性能和稳定性[71,72]。此外，VC 还可以和其他添加剂组合使用，用来调节 SEI 膜的形成和生长[73]。如二氟草酸硼酸钠(NaODFB)主导调控富含无机物的 SEI 膜的形成，TMSPi 的重要作用是清除高电势下副反应生成的气体和 HF 等有害产物。

其他的添加剂，如 1,3-丙烯磺内酯(PST)、1,3,2-二氧硫杂环戊烷-2,2-二氧化物(DTD)和 SbF$_3$ 都可单独或者与 FEC 一起作为成膜添加剂使用[74,75]。但另一些在锂离子电池中有明显效果的添加剂如反式二氟乙烯碳酸酯(DFEC)和亚硫酸亚乙酯(ES)，在钠离子电池中无法有效改善 SEI 的成膜性能[76]。

2. 阻燃添加剂

有机电解液溶剂的主要成分是 C、H 和 O 三种元素，都具有很高的可燃性。在电解液中添加一些高沸点、高闪点和不易燃的溶剂可以有效降低有机电解液的易燃性，提高电池的安全性。因此，降低电解液可燃性的主要方式是开发阻燃添加剂。阻燃添加剂通常满足以下条件：阻燃效率高、与电解液混溶、低黏度、高沸点、基本不影响离子传输、电化学窗口宽、与电池内部组件兼容、与电极材料浸润性好。

通常，阻燃添加剂的阻燃原理包括：①通过形成阻燃蒸气来物理隔离氧气；②化学捕获活性自由基以终止自由基链反应[77,78]。在实际使用中，物理阻燃的作用是有限的，因此，能够捕捉活性自由基的化学阻燃剂非常重要。通常，在温度升高时，传统的有机酯类溶剂会产生大量的氢自由基(H·)，随后会和氧气反应生成氧自由基(O·)，同时氢自由基(H·)还会继续引发反应并产生更多的自由基[79]。阻燃添加剂有利于捕获并还原游离的 H· 活性自由基。常用的阻燃添加剂有氟化物、有机磷化物和复合阻燃添加剂。在锂离子电池中，常用的磷化物阻燃剂包括磷酸三甲酯(TMP)、3-苯基磷酸酯(TPP)、磷酸三丁酯(TBP)、甲基磷酸二甲酯(DMMP)和乙氧基五氟环三磷腈($N_3P_3F_5OCH_2CH_3$，EFPN)，而在钠离子电池中，关于电解液阻燃剂的研究非常有限。由于钠离子电池和锂离子电池相似的电解液成分，因此可以认为锂离子电池中的电解液阻燃剂同样也适用于钠离子电池[80]。如在 NaPF$_6$-EC+DEC(1∶1，体积比)电解液中加入 5% EFPN，原电解液便不再具有可燃性，说明 EFPN 可以有效降低电解液的可燃性[48]，且在保证阻燃作用的同时并不会牺牲电解液的离子电导率。然而，有机磷化物通常会在负极发生明显的分解且成膜性不好，影响电池电化学性能。利用 F 较强的电负性，在电解液中引入氟代烷基磷酸酯可以缓解这个问题，改善碳负极的 SEI 膜。不仅如此，由于 F 和 P 之间的协同阻燃效应，部分 F 取代也有助于进一步降低电解质的可燃性[81]。

3. 过充保护添加剂

与锂离子电池一样，当钠离子电池发生过充现象时，钠离子从正极脱出，在负极表面沉积，沉积在负极表面的钠会降低电池的安全性[82]。与此同时，正极活性物质中的钠过度脱出会增加活性物质在电解液中的反应活性。这些高反应活性的物质在升温的过程中会发生分解，释放出氧气。上述反应会产生的大量的热，导致电池的温度进一步升高，甚至造成电池热失控。为了防止电池过充，在电解液中加入少量添加剂，是改善电池安全性的重要方法。在实际应用时，过充保护添加剂必须具有以下特点：①在有机电解液中有良好的溶解性和快速离子传输能力，能在大电流范围内提供过充保护作用；②在电池使用温度范围内具有良好的稳定性；③氧化电势位于电池的充电截止电压和电解液的氧化电势之间；④氧化产物在还原过程中没有其他副反应；⑤添加剂的加入对电池的综合电性能没有影响。

常用的过充保护添加剂分为氧化还原穿梭电对添加剂和电化学聚合添加剂。

1) 氧化还原穿梭电对添加剂

氧化还原穿梭电对是一种具有高度可逆的氧化还原性的物质，具有稳定的氧化还原电压。氧化还原穿梭电对添加剂对电池过充的保护原理：在正常充电时，添加的氧化还原电对不参与任何化学或电化学反应。当充电电压超过电池的正常充电截止电压时，添加剂开始在正极发生氧化反应，氧化产物扩散到负极，发生还原反应。还原产物再扩散到正极被氧化，整个过程循环进行，直到电池的充电结束[83,84]，如式(4.10)和式(4.11)所示：

$$正极：R \longrightarrow O + ne^- \tag{4.10}$$

$$负极：O + ne^- \longrightarrow R \tag{4.11}$$

电池在充电后，氧化还原电对在正极和负极之间穿梭，消耗多余的电荷，形成内部防过充电机理，反应的净效果是在电池内部形成回路，释放掉电极上积累的电荷，通过从电池内部限制电压的方式防止电池损坏，从而有效改善电池的安全性能和循环性能。因此，这种添加剂被称为"氧化还原穿梭电对"(redox shuttle)。具有氧化还原活性的有机盐 TAC·ClO$_4$(trisaminocyclopropenium perchlorate)是常用于钠离子电池的一种氧化还原穿梭电对[84]。氧化还原穿梭电对的最大氧化电流与添加剂的浓度、参与反应的电子数、扩散系数、电极截面积及电极间距有关。这种氧化还原穿梭电对添加剂的防过充能力有限，不能彻底解决过充造成的安全隐患。

2) 电化学聚合添加剂

电化学聚合添加剂通过在正极/隔膜上聚合，刺穿隔膜以形成内部短路，从而实现电池过充保护[85,86]。电池发生过充电时，电化学聚合添加剂会发生电聚合，生成导电聚合物膜，使正负电极之间短路，阻止电池充电到更高电压。这种添加剂的具体作用原理是，在电池中添加某种聚合物单体分子(如联苯)，当电池充电到一定电压时，单体分子在电解液中氧化为自由基离子，这种自由基离子在电解液中耦合成聚合物并沉积在正极与靠近正极的隔膜表面，且逐渐向负极方向延伸。聚合时可产生足够大的过充容量，从而起到过充保护作用。若单体分子的浓度且电解液与极片的接触面积足够大，生成的聚合物可以穿透隔膜，在正负极之间形成导电桥，从而使电池因短路而电压下降；若聚合单体分子的浓度且电解液与极片的接触面积较小，生成的导电聚合物不能穿透隔膜，电压不会下降[87-89]。

4.3　离子液体

　　离子液体(ionic liquids, IL)因具有低可燃性、可忽略不计的蒸气压和高电化学/热稳定性被认为是改善传统有机电解液的良好选择[90]。在室温下，离子化合物一般是固体，强的离子键使阴、阳离子束缚在晶格上，只能振动而不能转动或平动。由于阴、阳离子间的强库仑作用，离子晶体一般具有较高的熔点、沸点和硬度。如果阴、阳离子自身体积很大且不对称，在空间位阻的影响下，强的静电力也无法使阴、阳离子在微观上紧密堆积，离子间的相互作用减小，晶格能降低。这样，阴、阳离子在室温下不仅可以振动，还可以转动和平动，破坏晶格结构的有序性，降低离子化合物的熔点，离子化合物在室温下就有可能成为液体，通常这种在室温下为液体的离子化合物被称为室温熔盐。由于这种液体完全由阴、阳两种离子组成，因此也被称为离子液体。离子液体是一种新型的液体电解质，是含有电荷平衡的阴离子和阳离子的液态有机盐(或无机-有机杂化盐)。离子液体具有以下优点。

　　(1)在较宽的温度范围内为液体，大多数熔盐在−96～200℃范围内能够保持液体状态。

　　(2)热稳定性高，可以在高达 200℃下不分解。

　　(3)蒸气压很低，几乎为 0。

　　(4)表现出布朗斯特(Brønsted)酸、路易斯酸和富兰克林(Franklin)酸的酸性，且酸性可调。

　　(5)可以溶解大部分有机物、无机物和聚合物，是优良的溶剂。

　　(6)不易燃、无腐蚀性。

　　基于以上优点，离子液体被誉为"绿色溶剂"。离子液体常被用于电化学、光化学、有机反应的介质、催化、分离提纯、生物化学和液晶等领域。部分离子液体还具有很高的电导率、较宽的电化学窗口等特点，因此可以作为安全电解质应用于高能量密度电池、光电化学太阳能电池、电镀和超级电容器中。离子液体按照分子构成，可以分为普通小分子的离子液体和聚离子液体(poly ionic liquids，PIL)[91]。

　　对于小分子的离子液体，它们通常具有大尺寸的低对称性有机阳离子和小尺寸的无机阴离子。代表性阳离子包括咪唑阳离子、烷基吡啶阳离子、季铵盐阳离子、季磷盐阳离子、N-甲基哌啶阳离子、氮杂环阳离子；阴离子包括三氟甲磺酰亚胺阴离子(TFSI$^-$)、双(氟磺酰)亚胺阴离子(FSI$^-$)、六氟磷酸根(PF$_6^-$)、四氟硼酸根(BF$_4^-$)、双氰胺阴离子[N(CN)$_2$]$_2^-$[92,93]。PF$_6^-$ 和 BF$_4^-$ 在早期被广泛用于低熔点的盐，但 PF$_6^-$ 对水的高敏感性及高黏度限制了它的发展；BF_4^-虽然对水更稳定，但合成过程昂贵且耗时长[94,95]。相比之下，磺酰亚胺基离子液体因具有易合成和离子电导率较高的优势而被广泛使用[96]。钠离子电池中常见的小分子离子液体的阳离子和阴离子的化学结构如图 4.6 所示。另一种特殊类型的小分子离子液体指的是阴离子为四氯铝酸根（$AlCl_4^-$）的离子液体，这种离子液体于 1978 年首次被报道[97]。这两种离子液体之间的主要区别在于，非氯铝酸离子液体的成分基本上是固定的，对水和空气稳定，而氯铝酸离子液体对水和气体极为敏感，必须在真空或惰性干燥气体环境中处理。小分子离子液体都具有低蒸气压、非挥发性、极性可调、宽液相范围、高固有电导率、宽电化学窗口及双溶剂和催化剂功能。

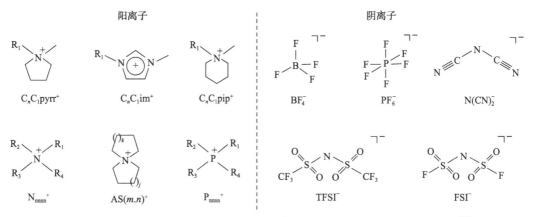

图 4.6　钠离子电池中常见的小分子离子液体中的阳离子和阴离子的化学结构[98]

聚离子液体是通过离子液体单体（阴离子和阳离子基团作为重复单元）聚合而成。根据聚合物主链上引入离子的不同，聚离子液体可分为三种类型：聚阳离子离子液体（cationic poly ionic liquids, PCIL）、聚阴离子离子液体（anionic poly ionic liquids, PAIL）和聚两性离子液体[poly(zwitterionic liquids), PZIL]。引入不同的离子可以实现不同的功能应用[91,97]。通常，聚离子液体具有结构灵活性、高安全性和无泄漏性。

与常规电解液一样，离子液体的热稳定性和物理化学性质对其在钠离子电池中的应用有重要影响，离子液体的热稳定性与阳离子、盐的种类有关。虽然引入庞大的或长链取代基可以降低离子液体的熔点，但同时也会增加黏度、降低离子电导率。因此，通常优选具有短烷基链的不对称阳离子，如 N-丙基-N-甲基吡咯烷鎓（$C_3C_1pyrr^+$）和 1-乙基-3-甲基咪唑鎓（$C_2C_1im^+$）。此外，非芳香族吡咯烷阳离子比咪唑阳离子更稳定，因此广泛用于二次电池应用[99]。对比 $NaBF_4$、$NaClO_4$、$NaN(CN)_2$ 和 NaTFSI 盐在 $[C_4C_1pyrr][TFSI]$ 离子液体中的分解温度可知，采用 $NaPF_6$ 的离子液体的分解温度比添加了其他盐的离子液体低，而 $NaBF_4$-$[C_2C_1im][BF_4]$离子液体的热稳定性高达 380℃[100]。图 4.7 列举了采用离子液体作为电解液的钠离子电池的工作温度范围。

一般来说，在钠含量相当的情况下，离子液体的黏度高于有机电解液，这是由离子液体中的阳离子和阴离子之间的强库仑作用引起的。另外，统计表明，离子体积的增加会增加离子液体的黏度[101]。对电解液来说，离子液体的高黏度不仅会影响其向电极和隔膜的渗透，还会影响电解液的离子电导率。对此，可以采用溶剂稀释离子液体以降低其

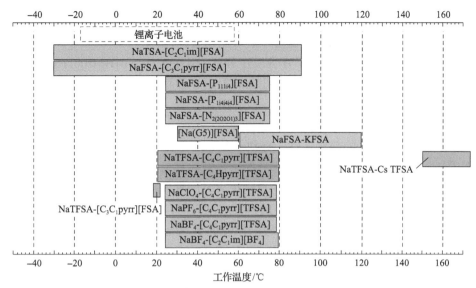

图 4.7　采用离子液体的钠离子电池的工作温度范围(图中所示最高温度非离子液体的分解温度)[101]

黏度[102]，如在电解液中引入醚基溶剂可以有效降低离子液体的黏度[103]。

4.3.1　常见的离子液体简介

1914 年，Sudgen 首次报道了室温下呈液体的硝酸乙基胺盐，熔点为 12℃。早期报道的离子液体普遍对水和空气敏感，易于吸收空气中的水分，不利于操作。1997 年合成了对水不敏感的 1-乙基-3-甲基咪唑四氟硼酸($EMIBF_4$)熔盐。随后，疏水性的 1-甲基-3-乙基咪唑六氟磷酸盐($EMIPF_6$)也被合成出来。在咪唑类离子液体中，如 1-乙基-3-甲基咪唑盐($EMIm^+$)和 1-丁基-3-甲基咪唑盐($BMIm^+$)因其高离子电导、低黏度和化学稳定性在实际应用中受到广泛的关注[104]。

$Na_3V_2(PO_4)_3$ 正极材料在 $NaBF_4$-[EMIm][BF_4](0.4mol/L)电解液中不仅具有比在 $NaPF_6$-PC(1.0mol/L)电解液中更高的热稳定性，而且可以在高达 400℃的高温下也依然保持稳定[105]。浓度为 0.1mol/L 的 $NaBF_4$ 在[EMIm][BF_4]离子液体中可以实现较宽的电化学窗口(1~5V)，且室温下的离子电导率为 $9.833×10^{-3}$S/cm[100]。[EMIm][TFSI]和[BMIm][TFSI]离子液体也具有优异的室温电导率(5.5mS/cm)，并可以在较宽的温度范围(-86~150℃)下保持稳定，同时还具有良好的热稳定性和阻燃能力[106, 51]。

N, N-二烷基吡咯烷阳离子的熔盐体系，包括 N, N-二甲基丙基吡咯烷阳离子(Pyr_{13}^+)和 N, N-二甲基正丁基吡咯烷阳离子(Pyr_{14}^+)在钠离子电池的应用中同样性能优异。N, N-二甲基正丁基吡咯烷双(三氟甲基磺酰)亚胺盐的玻璃化转变温度为-87℃，熔点为-18℃，电化学窗口超过 5.5V，室温电导率为 2.2mS/cm。$NaFSI$-$Pyr_{13}FSI$ 电解液也具有高离子电导率(25℃时，离子电导率为 3.2mS/cm；80℃时，离子电导率为 15.6mS/cm)和电化学窗口(约 5.2V)宽[107]。

离子液体电解液的热稳定性与阴离子的种类和浓度有关，如在含有 NaFSI(0.1mol/L)-$Pyr_{13}FSI$(0.6mol/L)-$Pyr_{13}TFSI$(0.3mol/L)和 5%(质量分数)EC 的电解液中，$Pyr_{13}FSI$ 中的

FSI⁻的热分解温度约 250℃，而 Pyr_{13}TFSI 中 TFSI⁻的热分解温度高达 400℃[108]。此外，离子液体电解液中盐的种类和浓度也会影响其热稳定性，如单独的[BMP][TFSI]具有良好的热稳定性，在高达 400℃的温度下才会发生分解。但在 NaTFSI-[BMP][TFSI]电解液中，当电解液中盐 NaTFSI 的浓度从 0 增加到 1mol/L 时，热稳定性能逐渐下降[109]。

4.3.2　离子液体作为阻燃添加剂

离子液体因自身良好的热稳定性，有利于电池的高温电化学性能[110]。因此，离子液体还可以作为阻燃添加剂改善常规电解液的热稳定性和易燃性问题。在 NaTFSI-EC/PC 电解液中加入 Pyr_{13}TFSI，复合电解液的自动熄火时间随着离子液体的加入不断缩短。即使少量的离子液体也可以明显缩短溶剂的自动熄火时间，在 $NaPF_6$-EC+DMC（1mol/L）电解液中加入 2% Pyr_{13}TFSI，其自动熄火时间便降低了 50%[110]。但当离子液体过多时，电解液的离子电导率由于黏度增大而降低。只有把离子液体的含量控制在合理范围内，才能保持和传统有机电解液相当的离子电导率，并且实现良好的电化学性能。

4.3.3　离子液体对固态电解质界面膜的影响

与酯类和醚类电解液一样，离子液体对 SEI 膜的影响主要与 Na^+ 的溶剂化结构有关。离子液体的阴离子，如 FSI⁻参与了 SEI 膜的形成，在负极表面分解形成了富含氟化物的稳定 SEI 膜[111]。离子液体与常规有机溶剂混合的电解液可以帮助电极形成比单一离子液体更加优良的 SEI 膜，包括热稳定性、机械稳定性和电化学稳定性等。如有机溶剂（EC+PC）和 Pyr_{13}TFSI 的混合电解液不仅可以改善 $Na_3V_2(PO_4)_3$@C 的氧化稳定性，还可以在其界面形成低阻抗、高离子传输性能的电解质界面层[112]。

总之，离子液体良好的热稳定性和不可燃性使其成为钠离子电池电解液中很有前景的溶剂。但是，由于室温下电导率较低、成本高和纯度低等问题，离子液体在钠离子电池电解液中的应用仍存在很大问题，因此目前离子液体的研究主要集中在与传统有机溶剂复合。离子液体作为一种电解液添加剂或作为混合电解液，可以有效提高电解液的热稳定性和调控 SEI 膜的形成和生长。

参 考 文 献

[1] Hamann C H, Hamnett A, Vielstich W. Electrochemistry[M]. Weinheim: Wiley-VCH, 2007.

[2] 张友民, 赵新生. 单原子离子溶剂化的研究[J]. 物理化学学报, 1986, 2(2): 110-118.

[3] Gutmann V. Empirical parameters for donor and acceptor properties of solvents[J]. Electrochimica Acta, 1976, 21(9): 661-670.

[4] Mayer U, Gutmann V, Gerger W. The acceptor number—a quantitative empirical parameter for the electrophilic properties of solvents[J]. Monatshefte für Chemie/Chemical Monthly Volume, 1975, 106: 1235-1257.

[5] Eshetu G G, Elia G A, Armand M, et al. Electrolytes and interphases in sodium-based rechargeable batteries: Recent advances and perspectives[J]. Advanced Energy Materials, 2020, 10(20): 2000093.

[6] Xu K. Nonaqueous liquid electrolytes for lithium-based rechargeable batteries[J]. Chemical Reviews, 2004, 104(10): 4303-4418.

[7] Ponrouch A, Monti D, Boschin A, et al. Non-aqueous electrolytes for sodium-ion batteries[J]. Journal of Materials Chemistry A, 2015, 3(1): 22-42.

[8] Li Y, Wu F, Li Y, et al. Ether-based electrolytes for sodium ion batteries[J]. Chemical Society Reviews, 2022, 51(11): 4484-4536.

[9] Xu K, Lam Y, Zhang S B, et al. Solvation sheath of Li^+ in nonaqueous electrolytes and its implication of graphite/electrolyte interface chemistry[J]. Journal of Physical Chemistry C, 2007, 111: 7411-7421.

[10] Wang E, Niu Y, Yin Y X, et al. Manipulating electrode/electrolyte interphases of sodium-ion batteries: Strategies and perspectives[J]. ACS Energy Letters, 2021, 3(1): 18-41.

[11] Ponrouch A, Marchante E, Matthieu C, et al. In search of an optimized electrolyte for Na-ion batteries[J]. Energy & Environmental Science, 2012, 5(9): 8572.

[12] Kamath G, Cutler R W, Deshmukh S A, et al. In silico based rank-order determination and experiments on nonaqueous electrolytes for sodium ion battery applications[J]. Journal of Physical Chemistry C, 2014, 118(25): 13406-13416.

[13] Jache B, Adelhelm P. Use of graphite as a highly reversible electrode with superior cycle life for sodium-ion batteries by making use of co-intercalation phenomena[J]. Angewandte Chemie International Edition, 2014, 53(38): 10169-10173.

[14] Fujimoto H, Satoh S. Orbital interactions and chemical hardness[J]. Journal of Physical Chemistry, 1994, 98(5): 1436-1441.

[15] Xu G, Pang C, Chen B, et al. Prescribing functional additives for treating the poor performances of high-voltage(5 V-class) $LiNi_{0.5}Mn_{1.5}O_4$/MCMB Li-ion batteries[J]. Advanced Energy Materials, 2018, 8(9): 1701398.

[16] Wang Y, Bai P, Li B, et al. Ultralong cycle life organic cathode enabled by ether-based electrolytes for sodium-ion batteries[J]. Advanced Energy Materials, 2021, 11(38): 2101972.

[17] Wang L, Ma Y, Li Q, et al. 1,3,6-Hexanetricarbonitrile as electrolyte additive for enhancing electrochemical performance of high voltage Li-rich layered oxide cathode[J]. Journal of Power Sources, 2017, 361: 227-236.

[18] Han J G, Lee J B, Cha A, et al. Unsymmetrical fluorinated malonatoborate as an amphoteric additive for high-energy-density lithium-ion batteries[J]. Energy & Environmental Science, 2018, 11(6): 1552-1562.

[19] Qiu B, Wang J, Xia Y, et al. Enhanced electrochemical performance with surface coating by reactive magnetron sputtering on lithium-rich layered oxide electrodes[J]. ACS Applied Materials & Interfaces, 2014, 6(12): 9185-9193.

[20] Eshetu G G, Grugeon S, Kim H, et al. Comprehensive insights into the reactivity of electrolytes based on sodium ions[J]. ChemSusChem, 2016, 9(5): 462-471.

[21] 徐艳辉, 耿海龙, 李德成. 锂离子电池溶剂与溶质[M]. 北京: 化学工业出版社, 2018: 38-57.

[22] Wang L, Han W, Ge C, et al. Functionalized carboxyl carbon/nabob composite as highly conductive electrolyte for sodium ion batteries[J]. ChemistrySelect, 2018, 3(32): 9293-9300.

[23] Chen J, Huang Z, Wang C, et al. Sodium-difluoro(oxalato)borate(NaDFOB): A new electrolyte salt for Na-ion batteries[J]. Chemical Communications, 2015, 51(48): 9809-9812.

[24] Cao R, Mishra K, Li X, et al. Enabling room temperature sodium metal batteries[J]. Nano Energy, 2016, 30: 825-830.

[25] Lee J, Lee Y, Lee J, et al. Ultraconcentrated sodium bis(fluorosulfonyl)imide-based electrolytes for high-performance sodium metal batteries[J]. ACS Applied Materials & Interfaces, 2017, 9(4): 3723-3732.

[26] Takada K, Yamada Y, Watanabe E, et al. Unusual passivation ability of superconcentrated electrolytes toward hard carbon negative electrodes in sodium-ion batteries[J]. ACS Applied Materials & Interfaces, 2017, 9(39): 33802-33809.

[27] Wang J, Yamada Y, Sodeyama K, et al. Fire-extinguishing organic electrolytes for safe batteries[J]. Nature Energy, 2017, 3(1): 22-29.

[28] Zheng J, Chen S, Zhao W, et al. Extremely stable sodium metal batteries enabled by localized high-concentration electrolytes[J]. ACS Energy Letters, 2018, 3(2): 315-321.

[29] Paled E. The electrochemical behavior of alkali and alkaline earth metals in nonaqueous battery systems—the solid electrolyte interphase mode[J]. Journal of the Electrochemical Society, 1979, 126(12): 2047-2051.

[30] Gauthier M, Carney T J, Grimaud A, et al. Electrode-electrolyte interface in Li-ion batteries: Current understanding and new insights[J]. Journal of Physical Chemistry Letters, 2015, 6(22): 4653-4672.

[31] Song J, Xiao B, Lin Y, et al. Interphases in sodium-ion batteries[J]. Advanced Energy Materials, 2018, 8(17): 1703082.

[32] Xu K. Electrolytes and interphases in Li-ion batteries and beyond[J]. Chemical Reviews, 2014, 114(23): 11503-11618.

[33] Feng X, Ouyang M, Liu X, et al. Thermal runaway mechanism of lithium ion battery for electric vehicles: A review[J]. Energy Storage Materials, 2018, 10: 246-267.

[34] Cheng X B, Zhang R, Zhao C Z, et al. Toward safe lithium metal anode in rechargeable batteries: A review[J]. Chemical Reviews, 2017, 117(15): 10403-10473.

[35] Chan C K, Ruffo R, Hong S S, et al. Surface chemistry and morphology of the solid electrolyte interphase on silicon nanowire lithium-ion battery anodes[J]. Journal of Power Sources, 2009, 189(2): 1132-1140.

[36] Jamesh, Mohammed I. Recent progress on earth abundant hydrogen evolution reaction and oxygen evolution reaction bifunctional electrocatalyst for overall water splitting in alkaline media[J]. Journal of Power Sources, 2016, 333: 213-236.

[37] Takenaka N, Nagaoka M. Microscopic elucidation of solid-electrolyte interphase (SEI) film formation via atomistic reaction simulations: Importance of functional groups of electrolyte and intact additive molecules[J]. Chemical Reviews, 2019, 19: 799.

[38] You Y, Xin S, Asl H Y, et al. Insights into the improved high-voltage performance of Li-incorporated layered oxide cathodes for sodium-ion batteries[J]. Chem, 2018, 4(9): 2124-2139.

[39] Zhang J, Wang D W, Lv W, et al. Achieving superb sodium storage performance on carbon anodes through an ether-derived solid electrolyte interphase[J]. Energy & Environmental Science, 2017, 10(1): 370-376.

[40] He Y, Bai P, Gao S, et al. Marriage of an ether-based electrolyte with hard carbon anodes creates superior sodium-ion batteries with high mass loading[J]. ACS Applied Materials & Interfaces, 2018, 10(48): 41380-41388.

[41] Yan C, Xu R, Xiao Y, et al. Toward critical electrode/electrolyte interfaces in rechargeable batteries[J]. Advanced Functional Materials, 2020, 30(23): 1909887.

[42] Yildirim H, Kinaci A, Chan M K, et al. First-principles analysis of defect thermodynamics and ion transport in inorganic SEI compounds: LiF and NaF[J]. ACS Applied Materials & Interfaces, 2015, 7(34): 18985-18996.

[43] Raguette L, Jorn R. Ion solvation and dynamics at solid electrolyte interphases: A long way from bulk?[J]. Journal of Physical Chemistry C, 2018, 122(6): 3219-3232.

[44] Huang J, Guo X, Du X, et al. Nanostructures of solid electrolyte interphases and their consequences for microsized Sn anodes in sodium ion batteries[J]. Energy & Environmental Science, 2019, 12(5): 1550-1557.

[45] Zinigrad E, Larush-Asraf L, Gnanaraj J S, et al. Calorimetric studies of the thermal stability of electrolyte solutions based on alkyl carbonates and the effect of the contact with lithium[J]. Journal of Power Sources, 2005, 146(1-2): 176-179.

[46] Xie Y, Xu G L, Che H, et al. Probing thermal and chemical stability of $Na_xNi_{1/3}Fe_{1/3}Mn_{1/3}O_2$ cathode material toward safe sodium-ion batteries[J]. Chemistry of Materials, 2018, 30(15): 4909-4918.

[47] Lee Y, Lim H, Kim S O, et al. Thermal stability of Sn anode material with non-aqueous electrolytes in sodium-ion batteries[J]. Journal of Materials Chemistry A, 2018, 6(41): 20383-20392.

[48] Feng J, An Y, Ci L, et al. Nonflammable electrolyte for safer non-aqueous sodium batteries[J]. Journal of Materials Chemistry A, 2015, 3(28): 14539-14544.

[49] Soto F A, Yan P, Engelhard M H, et al. Tuning the solid electrolyte interphase for selective Li- and Na-ion storage in hard carbon[J]. Advanced Materials, 2017, 29(18): 1606860.

[50] Komaba S, Murata W, Ishikawa T, et al. Electrochemical Na insertion and solid electrolyte interphase for hard-carbon electrodes and application to Na-ion batteries[J]. Advanced Functional Materials, 2011, 21(20): 3859-3867.

[51] Weadock N, Varongchayakul N, Wan J, et al. Determination of mechanical properties of the SEI in sodium ion batteries via colloidal probe microscopy[J]. Nano Energy, 2013, 2(5): 713-719.

[52] Seh Z W, Sun J, Sun Y, et al. A highly reversible room-temperature sodium metal anode[J]. ACS Central Science, 2015, 1(8): 449-455.

[53] Wang H, Wang C, Matios E, et al. Facile stabilization of the sodium metal anode with additives: Unexpected key role of sodium polysulfide and adverse effect of sodium nitrate[J]. Angewandte Chemie International Edition, 2018, 57(26): 7734-7737.

[54] Schafzahl L, Hanzu I, Wilkening M, et al. An electrolyte for reversible cycling of sodium metal and intercalation compounds[J]. ChemSusChem, 2016, 10: 401-408.

[55] Mogensen R, Brandell D, Younesi R. Solubility of the solid electrolyte interphase(SEI)in sodium ion batteries[J]. ACS Energy Letters, 2016, 1(6): 1173-1178.

[56] Zarrabeitia M, Gomes Chagas L, Kuenzel M, et al. Toward stable electrode/electrolyte interface of P2-layered oxide for rechargeable Na-ion batteries[J]. ACS Applied Materials & Interfaces, 2019, 11(32): 28885-28893.

[57] Kundu D, Talaie E, Duffort V, et al. The emerging chemistry of sodium ion batteries for electrochemical energy storage[J]. Angewandte Chemie International Edition, 2015, 54(11): 3431-3448.

[58] Yabuuchi N, Kubota K, Dahbi M, et al. Research development on sodium-ion batteries[J]. Chemical Reviews, 2014, 114(23): 11636-11682.

[59] Ponrouch A, Dedryvère R, Monti D, et al. Towards high energy density sodium ion batteries through electrolyte optimization[J]. Energy & Environmental Science, 2013, 6(8): 2361-2369.

[60] Yan G, Alves-Dalla-Corte D, Yin W, et al. Assessment of the electrochemical stability of carbonate-based electrolytes in Na-ion batteries[J]. Journal of the Electrochemical Society, 2018, 165(7): A1222-A1230.

[61] Komaba S, Yabuuchi N, Nakayama T, et al. Study on the reversible electrode reaction of $Na_{1-x}Ni_{0.5}Mn_{0.5}O_2$ for a rechargeable sodium-ion battery[J]. Inorganic Chemistry, 2012, 51(11): 6211-6220.

[62] Kaliyappan K, Liu J, Xiao B, et al. Enhanced performance of P2-$Na_{0.66}(Mn_{0.54}Co_{0.13}Ni_{0.13})O_2$ cathode for sodium-ion batteries by ultrathin metal oxide coatings via atomic layer deposition[J]. Advanced Functional Materials, 2017, 27(37): 1701870.

[63] Cheng H, Sun Q, Li L, et al. Emerging era of electrolyte solvation structure and interfacial model in batteries[J]. ACS Energy Letters, 2022, 7(1): 490-513.

[64] Liang H J, Gu Z Y, Zhao X X, et al. Ether-based electrolyte chemistry towards high-voltage and long-life Na-ion full batteries[J]. Angewandte Chemie International Edition, 2021, 60(51): 26837-26846.

[65] Hu Y S, Pan H. Solvation structures in electrolyte and the interfacial chemistry for Na-ion batteries[J]. ACS Energy Letters, 2022, 7(12): 4501-4503.

[66] Kumar H, Detsi E, Abraham D P, et al. Fundamental mechanisms of solvent decomposition involved in solid-electrolyte interphase formation in sodium ion batteries[J]. Chemistry of Materials, 2016, 28(24): 8930-8941.

[67] Bouibes A, Takenaka N, Fujie T, et al. Concentration effect of fluoroethylene carbonate on the formation of solid electrolyte interphase layer in sodium-ion batteries[J]. ACS Applied Materials & Interfaces, 2018, 10(34): 28525-28532.

[68] Simone V, Lecarme L, Simonin L, et al. Identification and quantification of the main electrolyte decomposition by-product in Na-ion batteries through FEC: towards an improvement of safety and lifetime[J]. Journal of the Electrochemical Society, 2016, 164(2): A145-A150.

[69] Vogt L O, El Kazzi M, Jämstorp Berg E, et al. Understanding the interaction of the carbonates and binder in Na-ion batteries: A combined bulk and surface study[J]. Chemistry of Materials, 2015, 27(4): 1210-1216.

[70] Bai P, Han X, He Y, et al. Solid electrolyte interphase manipulation towards highly stable hard carbon anodes for sodium ion batteries[J]. Energy Storage Materials, 2020, 25: 324-333.

[71] Yang Z, He J, Lai W H, et al. Fire-retardant, stable-cycling and high-safety sodium ion battery[J]. Angewandte Chemie International Edition, 2021, 60(52): 27086-27094.

[72] Shi J, Ding L, Wan Y, et al. Achieving long-cycling sodium-ion full cells in ether-based electrolyte with vinylene carbonate additive[J]. Journal of Energy Chemistry, 2021, 57: 650-655.

[73] Cometto C, Yan G, Mariyappan S, et al. Means of using cyclic voltammetry to rapidly design a stable DMC-based electrolyte for Na-ion batteries[J]. Journal of the Electrochemical Society, 2019, 166(15): A3723-A3730.

[74] Che H, Yang X, Wang H, et al. Long cycle life of sodium-ion pouch cell achieved by using multiple electrolyte additives[J]. Journal of Power Sources, 2018, 407: 173-179.

[75] Fang W, Jiang H, Zheng Y, et al. A bilayer interface formed in high concentration electrolyte with SbF₃ additive for long-cycle and high-rate sodium metal battery[J]. Journal of Power Sources, 2020, 455: 227956.

[76] Hwang J Y, Myung S T, Sun Y K. Sodium-ion batteries: Present and future[J]. Chemical Society Reviews, 2017, 46(12): 3529-3614.

[77] Kashiwagi T, Gilman J W, Butler K M. Flame retardant mechanism of silica gel/silica[J]. Fire and Materials, 2000, 24(6): 277-289.

[78] Wang X, Yasukawa E, Kasuya S. Nonflammable trimethyl phosphate solvent-containing electrolytes for lithium-ion batteries[J]. Journal of the Electrochemical Society, 2001, 148(10): A1058-A1065.

[79] Xiang H F, Jin Q Y, Chen C H, et al. Dimethyl methylphosphonate-based nonflammable electrolyte and high safety lithium-ion batteries[J]. Journal of Power Sources, 2007, 174(1): 335-341.

[80] Sun Y, Shi P, Xiang H, et al. High-safety nonaqueous electrolytes and interphases for sodium-ion batteries[J]. Small, 2019: 1805479.

[81] Jiang X, Liu X, Zeng Z, et al. A bifunctional fluorophosphate electrolyte for safer sodium-ion batteries[J]. iScience, 2018, 10: 114-122.

[82] Spotnitz R, Franklin J. Abuse behavior of high-power, lithium-ion cells[J]. Journal of Power Sources, 2003, 113(1): 81-100.

[83] Abraham K M, Pasquariello D M. Overcharge protection of secondary, non-aqueous batteries: EP0319182A3[P]. 1990-06-06.

[84] Ji W, Huang H, Zhang X, et al. A redox-active organic salt for safer Na-ion batteries[J]. Nano Energy, 2020, 72: 104705.

[85] Lee H, Kim S, Jeon J, et al. Proton and hydrogen formation by cyclohexyl benzene during overcharge of Li-ion batteries[J]. Journal of Power Sources, 2007, 173(2): 972-978.

[86] Odom S A, Ergun S, Poudel P P, et al. A fast, inexpensive method for predicting overcharge performance in lithium-ion batteries[J]. Energy & Environmental Science, 2014, 7(2): 760-767.

[87] 崔胜云. 有机溶剂中联苯和联三苯的电化学氧化聚合[J]. 电化学, 2000, 6(4): 428-433.

[88] Xiao L, Ai X, Cao Y, et al. Electrochemical behavior of biphenyl as polymerizable additive for overcharge protection of lithium ion batteries[J]. Electrochimica Acta, 2004, 49(24): 4189-4196.

[89] Feng J, Ci L, Xiong S. Biphenyl as overcharge protection additive for nonaqueous sodium batteries[J]. RSC Advances, 2015, 5(117): 96649-96652.

[90] Xiang H F, Yin B, Wang H, et al. Improving electrochemical properties of room temperature ionic liquid(RTIL) based electrolyte for Li-ion batteries[J]. Electrochimica Acta, 2010, 55(18): 5204-5209.

[91] Zhou W, Zhang M, Kong X, et al. Recent advance in ionic-liquid-based electrolytes for rechargeable metal-ion batteries[J]. Advanced Science, 2021, 8(13): 2004490.

[92] Che H, Chen S, Xie Y, et al. Electrolyte design strategies and research progress for room-temperature sodium-ion batteries[J]. Energy & Environmental Science, 2017, 10(5): 1075-1101.

[93] Welton T. Room-temperature ionic liquids: Solvents for synthesis and catalysis[J]. Chemical Reviews, 1999, 99: 2071-2083.

[94] Fuller J T, Carlin R C, de Long H, et al. Structure of 1-ethyl-3-methylimidazolium hexafluorophosphate: Model for room temperature molten salts[J]. Journal of the Chemical Society, Chemical Communications, 1994(3): 299-300.

[95] Wilkes J S, Zaworotko M J. Air and water stable 1-ethyl-3-methylimidazolium based ionic liquids[J]. Journal of the Chemical Society, Chemical Communications, 1992(13): 965-967.

[96] Matsumoto H, Sakaebe H, Tatsumi K, et al. Fast cycling of Li/LiCoO₂ cell with low-viscosity ionic liquids based on bis(fluorosulfonyl) imide [FSI]⁻[J]. Journal of Power Sources, 2006, 160(2): 1308-1313.

[97] Osada I, de Vries H, Scrosati B, et al. Ionic-liquid-based polymer electrolytes for battery applications[J]. Angewandte Chemie International Edition, 2016, 55(2): 500-513.

[98] Matsumoto K, Hwang J, Kaushik S, et al. Advances in sodium secondary batteries utilizing ionic liquid electrolytes[J]. Energy & Environmental Science, 2019, 12(11): 3247-3287.

[99] Xue Z, Qin L, Jiang J, et al. Thermal, electrochemical and radiolytic stabilities of ionic liquids[J]. Physical Chemistry Chemical Physics, 2018, 20(13): 8382-8402.

[100] Wu F, Zhu N, Bai Y, et al. Highly safe ionic liquid electrolytes for sodium-ion battery: Wide electrochemical window and good thermal stability[J]. Acs Applied Materials & Interfaces, 2016, 8(33): 21381-21386.

[101] Slattery J M, Daguenet C, Dyson P J, et al. How to predict the physical properties of ionic liquids: A volume-based approach[J]. Angewandte Chemie International Edition, 2007, 46(28): 5384-5388.

[102] Ferdousi S A, Hilder M, Basile A, et al. Water as an effective additive for high-energy-density Na metal batteries? Studies in a superconcentrated ionic liquid electrolyte[J]. ChemSusChem, 2019, 12(8): 1700-1711.

[103] Abe H, Masami A, Kameoka S, et al. Impedance spectroscopic study using nanoporous electrode on room temperature ionic liquid-propanol mixtures[J]. Journal of the Japan Institute of Energy, 2014, 93(10): 1015-1020.

[104] Wu F, Zhu N, Bai Y, et al. Unveil the mechanism of solid electrolyte interphase on $Na_3V_2(PO_4)_3$ formed by a novel $NaPF_6$/BMITFSI ionic liquid electrolyte[J]. Nano Energy, 2018, 51: 524-532.

[105] Plashnits L S, Kobayashi E, Noguchi Y, et al. Performance of NASICON symmetric cell with ionic liquid electrolyte[J]. Journal of the Electrochemical Society, 2010, 157(4): A536-A543

[106] Monti D, Jónsson E, Palacín M R, et al. Ionic liquid based electrolytes for sodium-ion batteries: Na^+ solvation and ionic conductivity[J]. Journal of Power Sources, 2014, 245: 630-636.

[107] Ding C, Nohira T, Kuroda K, et al. NaFSA-C_1C_3pyrFSA ionic liquids for sodium secondary battery operating over a wide temperature range[J]. Journal of Power Sources, 2013, 238: 296-300.

[108] Kim Y, Kim G T, Jeong S, et al. Large-scale stationary energy storage: Seawater batteries with high rate and reversible performance[J]. Energy Storage Materials, 2019, 16: 56-64.

[109] Wongittharom N, Lee T C, Wang C H, et al. Electrochemical performance of Na/NaFePO$_4$ sodium-ion batteries with ionic liquid electrolytes[J]. Journal of Materials Chemistry A, 2014, 2(16): 5655-5661.

[110] Yamamoto T, Mitsuhashi K, Matsumoto K, et al. Probing the mechanism of improved performance for sodium-ion batteries by utilizing three-electrode cells: Effects of sodium-ion concentration in ionic liquid electrolytes[J]. Electrochemistry, 2019, 87(3): 175-181.

[111] Luo X F, Helal A S, Hsieh C T, et al. Three-dimensional carbon framework anode improves sodiation-desodiation properties in ionic liquid electrolyte[J]. Nano Energy, 2018, 49: 515-522.

[112] Manohar C V, Raj K A, Kar M, et al. Stability enhancing ionic liquid hybrid electrolyte for NVP@C cathode based sodium batteries[J]. Sustainable Energy & Fuels, 2018, 2(3): 566-576.

第5章 固态钠离子电池

5.1 概　　述

虽然传统钠离子电池已经走上产业化的道路，但是，传统钠离子电池中的隔膜和电解液的热稳定性、机械稳定性、电化学窗口均存在较大的不足，因此极易引发安全问题。全固态钠离子电池采用固态电解质替代隔膜和电解液(图5.1)，具有优异的安全性和稳定性。此外，由于固态电解质的电化学窗口和机械强度均优于传统电解液，因此，高比能电极材料，如高电压正极材料和金属钠负极材料可以在固态电池中得到应用，使全固态钠离子电池的理论能量密度大于传统钠离子电池。同时，由于全固态钠离子电池中不使用有机电解液和隔膜，因此全固态钠离子电池很容易实现串行叠加排列和形成双极机构，在成组后有利于减少电池组中无效空间，提高空间的利用率，所以，全固态钠离子电池拥有比传统钠离子电池更高的体积能量密度。因此，全固态钠离子电池拥有非常高的应用潜力。

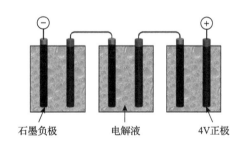

石墨负极　　　电解液　　　4V正极

传统钠离子电池缺点：只能采用碳负极；正极材料
平台通常小于4V；高温易燃，易泄漏；集成度低

(a)

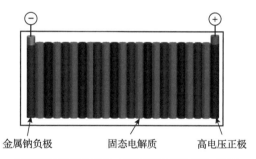

金属钠负极　　　固态电解质　　　高电压正极

全固态钠离子电池优点：可以采用金属钠负极；可采
用高电压平台正极材料；不易燃，不泄漏；集成度高

(b)

图 5.1　全固态钠离子电池的优点及与传统钠离子电池的区别示意图
(a)传统钠离子电池；(b)全固态钠离子电池

作为全固态钠离子电池的核心，钠离子固态电解质对全固态电池的综合性能有巨大的影响。为了满足未来电动汽车和大规模储能器件的需求，钠离子固态电解质必须满足以下要求。

(1)室温钠离子电导率大于10^{-4}S/cm。与传统有机电解液的要求类似，固态电解质室温钠离子电导率不高会使电池在循环过程中产生较大的欧姆极化，影响电池的比容量和倍率性能。

(2)电子绝缘，钠离子迁移数必须接近1。钠离子固态电解质电子绝缘可以有效避免电池因自放电造成的比容量损失和电压降低。而钠离子迁移数达到或者接近1可以保证固态电解质材料具有较高的钠离子电导率。

(3) 电化学窗口宽 [＞6V (vs. Na⁺/Na)]。宽的电化学窗口可以使钠离子固态电解质在较高的电压下依旧不会发生分解反应，因此可以与高电压正极材料及低电势负极材料进行匹配，使全固态钠离子电池具备更高的能量密度。

(4) 与电极材料的相容性好。好的界面相容性使固态电解质与电极材料之间的界面在充放电过程中保持足够稳定，可以保证全固态钠离子电池在循环过程中的寿命。

(5) 高的热稳定性。对潮湿空气的稳定性高及好的机械性能。高的热稳定性可以使全固态电池在较高的温度下依旧保持稳定，从而保证全固态电池的安全性；对潮湿空气的稳定性高可以使固态电解质对制备和储存环境具有较低的依赖性，降低制备和储存成本；好的机械性能可以保证钠离子固态电解质在电池工作过程中不会发生破碎，保持结构的完整性，从而保证电池的循环寿命。

(6) 原材料来源广泛，合成工艺简单，成本低。由于钠元素在地壳中的含量为 2.74%，在所有元素中排名第六，因此，钠离子固态电解质的原料来源十分广泛。而原材料来源和合成工艺决定了钠离子固态电解质的生产成本。因此，广泛的原材料来源和简单的合成工艺可以保证钠离子固态电解质的低成本性，加速钠离子固态电解质的产业化。

目前，研究较为广泛的钠离子固态电解质是聚合物固态电解质和无机固态电解质。聚合物固态电解质的主要成分为有机聚合物基体、含钠电解质盐和添加剂；无机固态电解质的主要成分为含钠的氧化物、硫化物、硼氢化物等。然而，目前已有的钠离子固态电解质存在室温离子电导率低、迁移数低、电化学窗口窄、稳定性差、成本较高等问题。同时，区别于传统钠离子电池的电极-电解液之间的固液界面，全固态钠离子电池的各个组分之间是固固接触，因此在界面处存在接触性能差及界面化学、电化学稳定性差等问题，极大地影响了全固态钠离子电池的电化学性能。基于此，本章针对目前钠离子固态电解质的研究热点和研究进展，系统介绍聚合物固态电解质和无机固态电解质中钠离子的迁移机制、钠离子固态电解质的种类和晶体结构，并介绍每种钠离子固态电解质的改性方式。同时，本章还将针对全固态钠离子电池中基于钠离子固态电解质的界面进行详细介绍，包括固态电解质粉体间的晶界和界面问题，固态电解质与正极间的问题及固态电解质与金属钠负极间界面的问题，以及上面界面问题的优化方法。

5.2　聚合物固态电解质

聚合物固态电解质是由聚合物基底和钠盐形成的大分子结构，通过将金属盐溶解在分子量较大的聚合物中形成[1]。因此，聚合物钠离子固态电解质的机械性能较好，具有好的加工性，对电池其他组件的接触性能较好。同时，由于聚合物钠离子固态电解质的柔韧性好，因此可在柔性储能器件上得到广泛的应用[2]。

作为全固态钠离子电池中的离子传导介质，聚合物钠离子固态电解质除了满足 5.1节中描述的一些基本的要求外，还需满足如下几点要求。

（1）机械性能好。聚合物钠离子固态电解质需要具备高的拉伸强度、高杨氏模量及良好的柔韧性，使其保证电解质的成膜性、可加工性及对金属钠枝晶良好的阻碍作用。

（2）热稳定性高。聚合物钠离子固态电解质的热稳定性直接决定了全固态钠离子电池的热稳定性。因此，聚合物钠离子固态电解质需要在电池的热失控区间具备良好的化学稳定性、电化学稳定性及尺寸稳定性，防止因电解质因热分解或热收缩导致电池性能极具衰减，以及因正负极直接接触导致短路现象发生。

（3）成本和制备工艺低。与无机固态电解质材料不同，聚合物固态电解质可以采用隔膜的制备设备实现卷对卷制备。因此，聚合物钠离子固态电解质需要具备原材料成本低、制备便捷等优点，从而降低其制备成本。

表 5.1 对全固态钠离子电池中常见的聚合物固态电解质的离子电导率进行了总结。聚合物固态电解质常用的基体包括聚环氧乙烷（PEO）、聚甲基丙烯酸甲酯（PMMA）、聚偏二氟乙烯（PVDF）、聚（偏二氟乙烯六氟丙烯）、聚氯乙烯、聚（环氧丙烷）、聚丙烯腈（PAN）和聚（乙烯醇）（PVA）。

表 5.1　常见聚合物固态电解质的离子电导率

固态聚合物电解质	电导率(室温)/(S/cm)	电导率(80℃)/(S/cm)
NaClO$_4$-PEO	约 1.4×10^{-6}	6.5×10^{-4}
NaPF$_6$-PEO	5×10^{-6}	约 2×10^{-4}
NaTFSI-PEO	4.5×10^{-6}	1.3×10^{-3}
NaFSI-PEO	约 1.5×10^{-6}	1.3×10^{-4}
NaFNFSI-PEO	约 2×10^{-6}	3.36×10^{-4}
NaPCPI-PEO	1.1×10^{-5}	5.3×10^{-4}
NaTCP-PEO	6.9×10^{-5}	1.57×10^{-3}
NaTIM-PEO	5.7×10^{-5}	7.7×10^{-4}
NaCF$_3$SO$_3$-PAN	7.13×10^{-4}	约 5×10^{-3}
NaBr-PVA	1.36×10^{-6}	约 8×10^{-6}
NaClO$_4$-PVP	约 2.5×10^{-6}	约 7×10^{-5}

1973 年，Feton 等首次报道了 PEO 基固态电解质与碱金属盐复合制得的聚合物基体具有离子传导性能[3]。随后，1975 年，他们利用 PEO 和硫氰酸钠（NaSCN）复合，制得第一个聚合物钠离子固态电解质[4]。聚合物钠离子固态电解质不含任何有机溶剂成分，因此具有较高的安全性。然而，聚合物钠离子固态电解质存在以下缺点：①室温离子电导率较低，很难达到 10^{-4}S/cm 数量级；②电化学窗口较窄，通常聚合物钠离子固态电解质的电化学窗口很难超过 4.5V；③与金属钠负极的兼容性较差；④成膜性较差。因此，改善上述缺点是未来聚合物钠离子固态电解质的研究重点。基于此，本节对钠离子在聚合

物钠离子固态电解质中的传导机制、聚合物钠离子固态电解质的分类、特点及改性方式进行详细介绍。

5.2.1　钠离子在聚合物固态电解质的传导机制

在充放电过程中，聚合物固态电解质是通过离子在聚合物链中溶剂化后随着分子链的移动而实现离子输运[5]。在聚合物钠离子固态电解质中，构成电解质的分子基体需要含有极性基团，如—O—、—S—等，通过基团上的孤对电子与阳离子的配位作用实现钠盐的溶剂化过程。通常，可迁移的离子数越高，离子电导率越大。在聚合物钠离子固态电解质中，可迁移的钠离子数量由钠盐在聚合物基体的解离度决定。在钠盐中，钠离子的晶格能由式 (5.1) 决定：

$$L = \frac{N_A M Z_+ Z_- e^2}{4\pi\varepsilon\gamma_0}\left(1 - \frac{1}{n}\right) \tag{5.1}$$

由式 (5.1) 可知，聚合物基体的介电常数 (ε) 越大，钠盐中离子晶格能越小，从而降低聚合物钠离子电解质中钠盐的阴阳离子结合能，促进钠盐在聚合物基体中的解离和去溶剂化过程。因此，选择具有较高介电常数的聚合物基体及晶格能较低的钠盐可以有效提高钠盐在聚合物基体中的解离度，增加聚合物钠离子固态电解质中可迁移钠离子数，从而提高电解质的离子电导率。

在聚合物钠离子固态电解质中，钠离子主要在无定形区域进行传输，聚合物分子链在其玻璃化转变温度 (T_g) 以上振荡，从而产生离子导电性[6-8]。钠离子首先位于与极性聚合物基团配位的位置上，在电场作用下，分子链的链段运动诱导产生的自由体积可以保证钠离子的迁移。由于电场电流的影响，钠离子沿着长链从一个位点移动/跳跃到相邻的活性位点，实现钠离子的离子输运，如图 5.2 所示。这种输运机制与环境温度密切相关，其与温度之间的关系可以用 Vogel-Tammann-Fulcher 公式描述[9,10]：

$$\sigma = \sigma_0 T^{-\frac{1}{2}}\exp\left(-\frac{B}{T - T_0}\right) \tag{5.2}$$

式中，σ 是电导率；σ_0 是指前因子 (与频率、载流子浓度相关的常数)；B 是特征活化参数 (与材料的自由体积或活化能相关)；T 是热力学温度；T_0 是参考温度 (通常略低于玻璃化转变温度 T_g，物理意义为 "理想玻璃温度"，此时自由体积趋近于零)。

而离子迁移数可以用 Bruce-Vincent-Evans 方程进行计算：

$$t_{Na^+} = \frac{I_s(\Delta V - R_0 I_0)}{I_0(\Delta V - R_s I_s)} \tag{5.3}$$

式中，R_0、I_0 为线性伏安测试初始电流和电阻值；R_s 和 I_s 分别为稳态电流和电阻值；ΔV 为线性伏安测试中的恒定电压值 (默认电解质在测试过程中没有发生相变)。

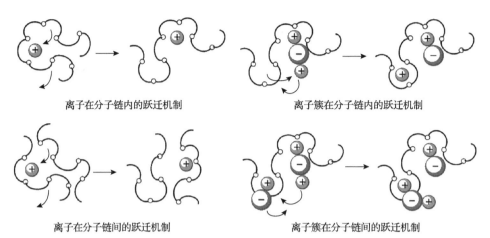

离子在分子链内的跃迁机制　　　　　　　　　离子簇在分子链内的跃迁机制

离子在分子链间的跃迁机制　　　　　　　　　离子簇在分子链间的跃迁机制

图 5.2　离子在聚合物固态电解质中的迁移机制示意图[11]

5.2.2　PEO 基聚合物钠离子固态电解质

在聚合物钠离子固态电解质的基体中，PEO 的密度小，黏弹性好，易成膜。同时，由于 PEO 由柔性的环氧乙烷链段和醚氧原子组成，PEO 具有非常好的柔性及丰富的钠离子迁移位点。此外，PEO 的组成元素为 C、H 和 O，使 PEO 有较低的原材料成本。因此，PEO 是最早实现商业化的聚合物钠离子固态电解质基体，在聚合物钠离子固态电解质中广泛使用。溶解在 PEO 中的 $NaClO_4$ 在室温下的离子电导率为 3×10^{-6} S/cm[12]。除了 $NaClO_4$，其他种类的钠盐如双（三氟甲基磺酰）亚胺钠（NaTFSI）、双（氟磺酰）亚胺钠（NaFSI）、高氯酸钠（$NaClO_4$）、亚硫酸钠（Na_2SO_3）、硫氰化钠（NaSCN）、四氟硼酸钠（$NaBF_4$）、2,3,4,5-四氰基丙酸钠（NaTCP）和 2,4,5-三氰基咪唑钠（NaTIM）。由于不同种类的盐在 PEO 中的解离度不同，因此不同种类钠盐与 PEO 复合而成的电解质的钠离子电导率有较大差异。NaTFSI-PEO 在 80℃以上具有较高的离子电导率（10^{-4} S/cm），有望成为最有前景的 PEO 基的固态电解质[13]。相比于 NaFSI-PEO 固态电解质，NaTFSI-PEO 固态电解质具有更高的离子电导率的优势，针对两种盐在 PEO 基固态电解质中电导率的区别，有两种说法，一种是 NaTFSI 晶格能较大及 TFSI⁻ 可以有效降低 PEO 的结晶度，另一种是电解质中自由的钠离子的数量是影响电导率的关键因素，而 NaTFSI 在 PEO 中更容易解离，因此有更高的自由离子迁移数[14]。因此，NaFSI-PEO 固态电解质和 NaTFSI-PEO 固态电解质离子电导率有区别的原因有待进一步探究。

尽管 PEO 对钠盐具有高溶解度、良好的结构和化学稳定性，以及在无定形区域的高离子电导率而被广泛应用，但其较低的氧化电位、较差的机械性能，以及室温下较高的结晶度导致 PEO 基钠离子固态电解质室温钠离子电导率较低。影响聚合物固态电解质中离子传输速率的因素主要有聚合物的结晶性、聚合物链段的蠕动性、聚合物对电解质盐的溶剂化能力，以及聚合物与迁移离子的配位能力。因此，可以通过降低聚合物的结晶度、提高 PEO 链段的柔性、增加聚合物对钠盐的溶剂化能力和提高聚合物对迁移离子的配位能力对 PEO 基聚合物钠离子固态电解质进行调控。

常用的 PEO 基聚合物钠离子固态电解质改性方法主要有共聚或共混、接枝、交联和路易斯型聚合物的引入。与其他聚合物共聚或共混可以综合 PEO 与其他聚合物的优点，提升 PEO 基聚合物钠离子固态电解质的综合性能。在 PEO 聚合物的主链上接枝低聚醚侧链可以提高其与钠离子的多重配位作用，提高钠离子迁移数，从而提高材料的离子电导率。交联可以降低 PEO 的玻璃化转变温度，提升材料的离子电导率。由于 PEO 中的醚氧原子属于路易斯碱性基团，而钠离子属于路易斯酸性基团，因此在 PEO 中引入缺电子的路易斯酸性基团，可以有效增加 PEO 链段与钠离子之间的相互作用，提高钠离子的迁移位点数量，达到提高钠离子电导率的目的。

除了离子电导率，钠离子迁移数也是影响 PEO 基聚合物钠离子固态电解质钠离子迁移机制的重要因素。钠离子在 PEO 基聚合物钠离子固态电解质中的迁移数小于 0.5。而在单离子导体中，阳离子几乎不发生迁移，因此钠离子的迁移数接近 1。将 PEO 与含钠的单离子导体共聚或共混可以有效地束缚阳离子，提高钠离子的迁移数。此外，将含钠离子的基团与 PEO 的主链或侧链共价连接，使高分子单体中含有钠离子，将其聚合后可以提高钠离子的数量，进而提高材料的钠离子迁移数。同时，可以将含有钠离子的基团接枝到无机纳米颗粒或有机分子上，同样可以达到固定阴离子、提高钠离子迁移数的作用。

5.2.3　聚碳酸酯基聚合物钠离子固态电解质

PEO 基固态电解质室温电导率低，氧化电位低，机械性能差，这些缺点使 PEO 基聚合物钠离子固态电解质的综合性能还无法满足实际应用的需求，因此发展其他种类的聚合物固态电解质替代 PEO 也是聚合物钠离子固态电解质研究的重点。

聚碳酸酯基钠离子固态电解质的分子结构中的碳酸酯基团极性强于 PEO 中的醚氧原子，介电常数很高。因此，钠盐在聚碳酸酯基钠离子固态电解质中具有比在 PEO 基固态电解质中更高的解离度，所以，聚碳酸酯基固态电解质中的钠离子迁移数和钠离子电导率均高于 PEO 基固态电解质。此外，聚碳酸酯基固态电解质还具有电化学稳定电势较高、尺寸热稳定性好等优点。然而，聚碳酸酯基钠离子固态电解质的成膜性和机械性能较差，影响其产业化。同时，聚碳酸酯基钠离子固态电解质对碱性电极材料的兼容性和稳定性较差。

常见的聚碳酸酯基固态电解质的基体有聚碳酸乙烯酯(PEC)、聚碳酸丙烯酯(PPC)、聚碳酸亚乙烯酯(PVC)等。在 PEC 基聚合物钠离子固态电解质中，羰基氧的存在促进了 PEC 链段的运动。同时，钠离子和 PEC 中的羰基氧发生配位，增加钠离子迁移数，使钠离子在电解质中的迁移数增大。因此，PEC 基聚合物钠离子固态电解质的室温离子电导率为 10^{-5}S/cm[15]。但是，该量级的钠离子电导率仍然不能满足使用要求。此外，PEC 基固态电解质的机械性能不佳，致使其应用受到极大的限制。

PPC 基钠离子聚合物固态电解质的链段运动速度很快。这是由于 PPC 大多为无定形结构，其分子链非常容易发生内旋转。快的链段运动速度使钠离子与羰基氧结合后迅速地分离并迁移至下一个羰基氧位置，所以 PPC 基钠离子聚合物固态电解质的钠离子电导率可以达到 3×10^{-5}S/cm[16]，同时，该固态电解质的电化学窗口可达到 4.3V 以上。

通常，人们采用原位聚合的方式将 VC 制备成 PVC 固态电解质。因此，PVC 基聚合物钠离子固态电解质通常与电极间的接触非常好。在室温下，PVC 基钠离子聚合物固态电解质为非晶态，随着 $NaClO_4$ 的加入量增加，材料的晶态成分逐渐增加。然而，该材料的钠离子电导率均在 10^{-3}S/cm 数量级，且随温度变化极小[17]。此外，PVC 基钠离子聚合物固态电解质的电化学窗口可以达到 4.3V，因此，该电解质非常有潜力在全固态钠离子电池中得到应用。

5.2.4　其他聚合物钠离子固态电解质

聚丙烯腈(PAN)是一种热稳定性高、化学稳定性高且具有较宽电化学窗口的聚合物钠离子固态电解质。采用聚丙烯腈 PAN 作为聚合物钠离子固态电解质的基体时，由于钠离子与氮原子之间较弱的结合力[18]，Na_2SO_3-PAN 聚合物钠离子固态电解质在室温下具有高的离子电导率(约 7.13×10^{-4}S/cm)和较低的活化能。但 PAN 很难成膜，而且机械强度很差，这些缺点限制了 PAN 的实际应用。

半结晶态的聚乙烯醇(PVA)以其合成方法简单、介电常数高及成膜性好等优点被应用在聚合物钠离子固态电解质中。NaBr-PVA 聚合物固态电解质在 40℃时的电导率可以达到 1.36×10^{-4}S/cm[19]。聚乙烯吡咯烷酮(PVP)也可作为聚合物钠离子固态电解质。但是，$NaClO_3$-PVP、$NaClO_4$-PVP、和 NaF-PVP 等 PVP 基聚合物钠离子固态电解质均未实现理想的离子电导率[20-22]。因此，PVP 通常作为共混原料与 PEO 复合，改善 PEO 基聚合物钠离子固态电解质的电化学性能。

5.2.5　复合聚合物钠离子固态电解质

如前所述，聚合物钠离子固态电解质在室温下的离子电导率通常很低，约为 $10^{-6}\sim10^{-8}$S/cm，为了解决这个问题，通过在其中加入陶瓷填料如 SiO_2、Al_2O_3 和 ZrO_2 等不仅可以显著地改善离子电导率，还具有优异的机械性能。与聚合物钠离子固态电解质相比，复合聚合物钠离子电解质具有更高的离子电导率、良好的韧性、好的化学/热稳定性[23]。这种聚合物和无机填料混合而成的固态电解质即为复合聚合物钠离子电解质。无机填料按本身有无离子传输能力分为两种：惰性填料和活性填料。惰性填料通常可以增加聚合物钠离子固态电解质的无定形区域，有利于聚合物的链段蠕动，从而提高钠离子的迁移率。常用的无机陶瓷填料包括纳米结构的 TiO_2 和 SiO_2。纳米 TiO_2 与 $NaClO_4$-PEO 混合的复合聚合物钠离子固态电解质在 60℃可以实现 2.62×10^{-4}S/cm 的离子电导率，相比不含 TiO_2 的聚合物钠离子固态电解质(1.35×10^{-4}S/cm)有明显提高[24]。除了无机填料与聚合物基底的机械混合，原位生长的 SiO_2-聚合物钠离子固态电解质可以强化填料和聚合物链之间的作用力，产生更多无定形区域，从而产生更高的离子电导率[25]。此外，通过优化聚合物的链段可以改善聚合物钠离子固态电解质的离子电导率和机械性能，如通过嫁接 SiO_2 与其他盐或有机物形成的特殊的 SiO_2 基团可以提高原有固体电解质的离子电导率[26]。

相比于惰性填料，活性填料可以进一步提升复合聚合物钠离子固态电解质的离子电导率。Wu 等采用 P2 型超离子导体 $Na_2Zn_2TeO_6$ 作为填料加入 NaTFSI/PEO 聚合物钠离子固态电解质体系中。当 $Na_2Zn_2TeO_6$ 粉体添加量为 50%时，材料在 80℃下离子电导率可达 1×10^{-3}S/cm，体现出良好的优化效果[27]。但是，目前关于活性填料对聚合物钠离子固态电解质的优化机制，以及钠离子在含有活性填料的复合聚合物钠离子固态电解质的迁移机制目前尚未得出明确结论。

5.3　无机钠离子固态电解质

室温下的离子电导率是衡量钠离子固态电解质性能的一个重要参数，图 5.3 总结了具有代表性的钠离子固态电解质种类及阿伦尼乌斯曲线。目前，部分无机钠离子固态电解质，如钠的快离子导体(NASICON)型固态电解质 $Na_{3.3}La_{0.3}Zr_{1.7}Si_2PO_{12}$ 在 25℃时可以实现 $3.4×10^{-3}S/cm$ 的离子电导率[28]，与电解液的钠离子电导率相当。同时，无机钠离子固态电解质具有无流动性、不可燃的特性。所以，无机钠离子固态电解质的安全性较高。此外，无机钠离子固态电解质的窗口大于 4V，部分可达 6V，因此，无机钠离子固态电解质非常有希望在全固态钠离子电池中得到应用。

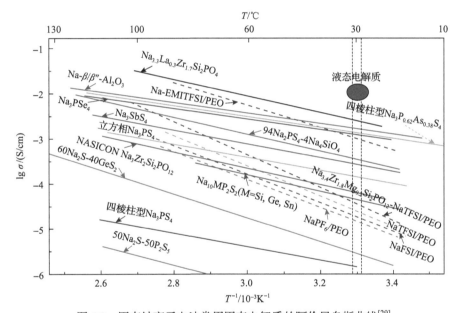

图 5.3　固态钠离子电池常用固态电解质的阿伦尼乌斯曲线[29]

但是，无机钠离子固态电解质还有如下缺点：①无机钠离子固态电解质的钠离子电导率与电解液相比依旧偏低；②无机钠离子固态电解质的厚度和离子电导率很难兼顾，导致电解质的电阻过大，影响电池能量密度的发挥；③无机钠离子固态电解质的电子电导率比聚合物钠离子固态电解质和电解液高，因此，金属钠容易在晶界处发生沉积，使电池短路；④无机钠离子固态电解质的柔性较差，因此与刚性的电极材料接触时会发生接触面积过小的问题，导致接触电阻过大，影响电池的比容量发挥；⑤无机钠离子固态电解质与电极材料间的化学/电化学稳定性不佳，在界面处容易发生副反应，导致界面电阻和界面稳定性的下降，影响电池的比容量和循环寿命[30]。

本节将从钠离子在无机固态电解质中的扩散机制出发，系统介绍钠离子在无机固态电解质中的迁移动力学及具有代表性的无机钠离子固态电解质的晶体结构、离子电导率、活化能、优缺点和改性方式。

5.3.1 钠离子在无机固态电解质中的扩散机制

在无机固态电解质中，钠离子沿固体中特定路径的传输，主要是在离子骨架的基态稳定位点和中间亚稳态位点之间进行迁移。钠离子在无机固态电解质中的扩散机制主要包括 Frenkel 类型的间隙位扩散机制和 Schottky 类型的空位扩散机制，如图 5.4 所示。间隙扩散机制是最简单的钠离子迁移机制。在间隙固溶体中，半径较大的阴离子组成骨架，钠离子在骨架的间隙处分布。由于骨架间隙较多而钠离子含量较少，所以钠离子可以向旁边的间隙处进行自由迁移。空位传输机制适用于描述钠离子在绝大多数无机钠离子固态电解质的迁移情况。通常情况下，无机钠离子固态电解质的晶格中的钠离子所在位点会存在一定比例的空位。在电解质两端施加一定大小的电流后，钠离子从所在位点跃迁至晶格空位处，从而实现钠离子在晶格中的扩散。

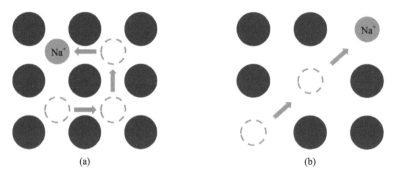

图 5.4　钠离子在无机固态电解质中的扩散机制示意图
(a)间隙扩散机制；(b)空位扩散机制

钠离子在无机固态电解质中的迁移动力学遵循阿伦尼乌斯关系，如式(5.4)所示：

$$\sigma = \sigma_0 \mathrm{e}^{-E_a/k_B T} \tag{5.4}$$

式中，σ 为离子电导率；σ_0 为指前因子；E_a 为活化能；k_B 为玻尔兹曼常量；T 为开尔文温度。由式(5.4)所知，无机固态电解质中的钠离子电导率与指前因子(包括载流子浓度等参数)、离子扩散能垒及温度有关，其中离子扩散能垒取决于离子在迁移路径上跃迁时克服的能量势垒的最大值。所以，无机钠离子固态电解质中的钠离子浓度、钠离子迁移路径、扩散类型及缺陷的浓度和分布对钠离子电导率有很大的影响。因此，丰富的钠离子数量、可用的相邻位置和缺陷、较低的能量或迁移势垒和合适的传输途径都是高离子电导率无机钠离子固态电解质不可或缺的因素[31-33]。

5.3.2 氧化物钠离子固态电解质

1. NASICON 型钠离子固态电解质

1976 年，Goodenough 等设计的 NASICON 型钠离子固态电解质，通常的成分组成为 $Na_{1+x}Zr_2Si_xP_{3-x}O_{12}(0 \leqslant x \leqslant 3)$，在室温下的钠离子电导率可达 $10^{-3}S/cm^{[34]}$。$Na_3Zr_2Si_2PO_{12}$ 是

NASICON 电解质的代表结构,该材料是 $NaZr_2P_3O_{12}$ 的固溶体通过 Si(IV)部分取代 P(V)形成。与 $NaZr_2P_3O_{12}$ 的固溶体相比,$Na_3Zr_2Si_2PO_{12}$ 具有更高的钠离子浓度。在没有其他元素掺杂时,$Na_3Zr_2Si_2PO_{12}$ 在 25℃时离子电导率可达 $6.7×10^{-4}S/cm$,在温度达到 300℃时,离子电导率为 0.2S/cm[35]。通常,$Na_{1+x}Zr_2Si_xP_{3-x}O_{12}$ 可以形成两个相:菱方相($R\overline{3}c$)和单斜相(C_2/c)($1.8≤x≤2.2$),如图 5.5 所示。其中单斜相为低温相,可视为菱方相的旋转畸变。在菱方相中,Na1 和 Na2 的两个不同的 Na 位点构成 3D 的扩散网络,由四面体[SiO₄]、PO₄ 和八面体 ZrO₆ 组成的两相可以形成钠离子的三维网状通道。菱方相中的 Na2 位点每摩尔可以容纳 3mol 的钠离子。因此,大量的移动钠离子和可用的相邻空位可以同时存在,这对钠离子扩散非常有利。钠离子的最优量与 NASICON 的组成成分有关,为了实现最高离子电导,每摩尔的 NASICON 固态电解质晶格中需含约 $3.3mol\ Na^{+[36]}$。此时,在 NASICON 结构会随着钠离子浓度的增加由菱方相逐渐转变为单斜相。在单斜相中,由于晶格发生扭曲,对称性降低,因此菱方相中的 Na2 位点变为 Na2 和 Na3 两个位点,从而形成 Na1-Na2 和 Na1-Na3 的两个通道,增加了钠离子迁移率。所以,单斜相的钠离子浓度和钠离子迁移率均高于菱方相,导致单斜相的 NASICON 结构固态电解质具有更高的钠离子电导率。此外,NASICON 结构可以根据成分组成 AMP_3O_{12} 进行各种成分的变换。由于离子间库仑作用力的差别,因此每种成分的离子电导率存在很大的差异。

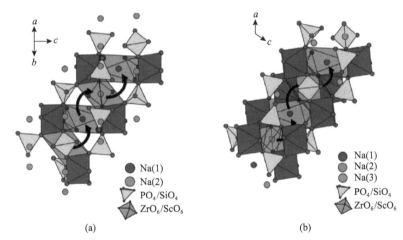

图 5.5　(a)菱方相和(b)单斜相 NASICON 型固态电解质晶体结构及
离子迁移路径示意图[37](扫封底二维码见彩图)

制备过程中的烧结条件、掺杂元素的种类和掺杂量对 NASICON 型固态电解质的晶格和晶界的微观结构性质产生较大的影响,进而影响钠离子在 NASICON 中的离子电导率。在烧结过程中,NASICON 陶瓷通常不是单相的,而是伴随着玻璃相。常见的玻璃相通常包含钠、磷酸盐或硅酸盐和其他掺杂元素,如 Mg^{2+}、Co^{2+} 等。但在烧结过程中,单相氧化锆很容易从液相中形成。对于 NASICON 离子导体,由于其晶体结构非常稳定且三维骨架较大,因此,同价或异价离子掺杂可以在不改变 NASICON 型固态电解质晶体结构的情况下,通过改变钠离子浓度、空位浓度和调节钠离子迁移通道大小实现材料钠离子电导率的增加。在 NASICON 型钠离子固态电解质中,Zr^{4+} 位点可以被二价、三价、四价和五价的离子取代，Si/P 位点可以被 Ge(Ⅳ)或 As(Ⅳ)取代。利用铪(Hf)元素掺杂生成的 NASICON 结构 $Na_{3.2}Hf_2(SiO_4)_{2.2}(PO_4)_{0.8}$ 具有比 Zr 类似物具有更高的离子电导率[38]。通过在 NASICON 中掺杂 Sc 获得的电解质具有目前所有 NASICON 类型中最高的离子电导率，其值为 $4.0\times10^{-3}S/cm$。La^{3+} 掺杂会诱导形成新相。这是因为 La^{3+} 在 NASICON 中的溶解度低，La^{3+} 在掺杂进 NASICON 后形成新相 $Na_3La(PO_4)_2$，它调节了该电解质体相和晶界的成分，进而调节钠离子的浓度并降低晶界电阻，从而成功地提高离子电导率[28]。掺杂的元素会影响单斜晶-菱方相转变温度，Zr^{4+} 的等价取代使高对称性的菱方相更加稳定，采用 Y^{3+} 的取代可以获得 NASICON 材料最低的相转变温度和最小的晶格畸变[39]。

NASICON 型钠离子固态电解质的合成工艺主要分为固相法和液相法。固相法大多采用球磨等方式将原材料进行混合，然后通过多步热处理得到粉体或陶瓷片。由于球磨等方式无法对原料进行充分混合，因此需要在大于 1200℃的烧结温度下进行热处理，克服原子在晶格内的扩散势垒。液相法的代表是共沉淀法或溶胶-凝胶法。利用液相法可以实现分子级粉体的混合，显著降低了烧结时原子扩散需要克服的势垒，因此烧结温度更低，得到的固态电解质陶瓷片的致密度更高，离子电导率更大。综上所述，NASICON 型钠离子固态电解质的原材料便宜，合成工艺简单，因此该材料的制备成本较低，适合大批量制备。

虽然 NASICON 型固态电解质具有室温离子电导率高、制备成本低的优势，但是，NASICON 型钠离子固态电解质在潮湿空气中并不稳定。在潮湿空气中，NASICON 型固态电解质会与水发生较为缓慢的反应导致晶格中钠离子被置换至材料表面形成 Na_2CO_3、NaOH 等钠离子绝缘体，降低材料的钠离子电导率[40]。此外，当 NASICON 型固态电解质与金属钠接触后，晶格中的高价离子如 Zr^{4+}、Si(Ⅳ)等在低电位下很容易被金属钠还原，造成界面的钠离子电导率和界面稳定性的下降[41,42]。

2. Na-β''-Al_2O_3 型固态电解质

从 1967 年开始，Na-β''-Al_2O_3 在电化学器件中被广泛应用，Na-β''-Al_2O_3 极大地促进了高温 Na/S 电池的商业化。根据堆积方式和化学成分的不同，Na-β''-Al_2O_3 可以分为两种晶型，β-$Na_2O\cdot11Al_2O_3$($NaAl_{11}O_{17}$)和 β''-$Na_2O\cdot5Al_2O_3$($NaAl_{15}O_8$)[43,44]。Na-β-Al_2O_3 为六方结构，空间群为 $P6_3/mmc$，而 Na-β''-Al_2O_3 为菱形结构，空间群为 $R\overline{3}m$，如图 5.6 所示。Na-β''-Al_2O_3 的晶形结构在 c 轴方向的长度是 Na-β-Al_2O_3 的 1.5 倍，并且 Na-β''-Al_2O_3 结构中的桥氧与周围钠离子之间的静电引力较弱，因此其在室温下具有更高的离子电导率($2\times10^{-3}S/cm$)[45]。此外，间隙位点中过量的钠离子也保证了 Na-β''-Al_2O_3 更高的离子电导率。

然而，由于热力学上不稳定，Na-β''-Al_2O_3 的合成比较困难，在 1500℃时会分解为 Na-β-Al_2O_3 和 Al_2O_3。目前常用的合成方法有固相反应、共沉淀、溶胶-凝胶、溶液燃烧、醇盐水解、分子束外延和激光化学气相沉积等。虽然其中一些方法可以有效降低晶界效应，使其具有更高的致密度[46-49]，但 Na-β''-Al_2O_3 对湿度的敏感性和较低的机械强度使其

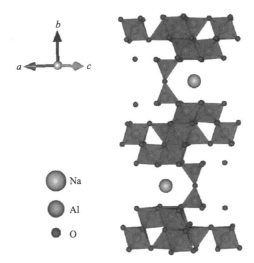

图 5.6　Na-β''-Al$_2$O$_3$ 固态电解质的晶体结构示意图（扫封底二维码见彩图）

在合成过程中很难获得纯的 Na-β''-Al$_2$O$_3$ 相，得到的产物往往是 Na-β''-Al$_2$O$_3$ 和 Na-β-Al$_2$O$_3$ 的混合物，极大地影响其电化学性能的发挥。此外，Na-β''-Al$_2$O$_3$ 由于对湿度敏感，H$^+$/H$_3$O$^+$ 可嵌入导电平面或与钠离子发生离子交换，形成 Al(OH)$_3$ 和羟基氧化铝，这常造成可迁移的钠离子数的急剧下降，从而导致材料钠离子电导率降低。

加入诸如 Li$_2$O、MgO、ZrO$_2$、SiO$_2$ 等稳定剂可以有效提高 Na-β''-Al$_2$O$_3$ 的电导率和机械性能。此外，Na-β''-Al$_2$O$_3$ 中 Na$_2$O 含量的不同会导致 Na-β-Al$_2$O$_3$ 和 Al$_2$O$_3$ 的比例不同，进而影响材料的钠离子电导率。因此，可以通过调节材料中 Na$_2$O 的含量，增加 Na-β''-Al$_2$O$_3$ 的钠离子电导率。

3. P2 型层状氧化物钠离子固态电解质

2011 年，Evstigneeva 等成功合成了具有蜂窝状骨架的 P2 型层状氧化物 Na$_2$M$_2$TeO$_6$（M=Mg, Zn, Co, Ni）并对其结构和性能进行表征[50]。Na$_2$Ni$_2$TeO$_6$ 的空间群为 $P6_3/mmc$，具有和 Na$_x$CoO$_2$ 层状化合物相似的六方层状结构。而 Na$_2$Zn$_2$TeO$_6$ 由于在 (100) 面产生了亚晶格，所以结构和 Na$_2$Ni$_2$TeO$_6$ 略有不同，空间群为 $P6_322$。Na$_2$M$_2$TeO$_6$（M=Mg, Zn, Co, Ni）的晶胞参数相似，a=5.20～5.28Å。Na$_2$Ni$_2$TeO$_6$ 在室温下的离子电导率为 8×10^{-6}S/cm，活化能为 0.55eV。Na$_2$Zn$_2$TeO$_6$ 在室温下的离子电导率为 9×10^{-5}S/cm，由于 Na$_2$Ni$_2$TeO$_6$ 中 Ni 元素在较低电位下会发生变价，因此具有较高的电子电导率，不适合作为全固态钠离子电池电解质材料。

2017 年，笔者团队利用固相合成法制备了 Na$_2$Zn$_2$TeO$_6$ 固态电解质，如图 5.7 所示，其离子电导率为 6×10^{-4}S/cm，电子电导率仅占总电导率的 0.036%，活化能为 0.331eV。该材料和其他利用传统固相合成法得到的氧化物钠离子导体相比，室温电导率较高，活化能较小。此外，该材料具有极佳的空气稳定性和热稳定性。Na$_2$Zn$_2$TeO$_6$ 对 Na 的电压窗口为 4.02V，小于 NASICON 型固态电解质和 Na-β''-Al$_2$O$_3$ 固态电解质[51]。该材料经微量 Ga 元素替代 Zn 元素后，离子电导率可进一步提高至 1.1×10^{-3}S/cm，与 NASICON 型固态电解质和 Na-β''-Al$_2$O$_3$ 固态电解质的离子电导率相当[52]。除了 Na$_2$Zn$_2$TeO$_6$，与其结构类似的 Na$_2$Mg$_2$TeO$_6$ 钠离子电导率为 2.3×10^{-4}S/cm，电子电导率占总电导率的 0.011%，活化能为 0.341eV[53]。

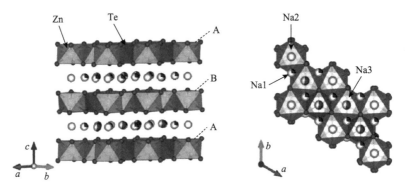

图 5.7　Na$_2$Zn$_2$TeO$_6$ 固态电解质的晶体结构示意图（扫封底二维码见彩图）

但 Te 在该晶体结构中为+6 价，当 Na$_2$Zn$_2$TeO$_6$ 和 Na$_2$Mg$_2$TeO$_6$ 与金属钠负极接触时很容易被其还原，导致电解质的失效及界面阻抗和稳定性的劣化。该缺点限制了此类固态电解质的应用。

5.3.3　硫化物钠离子固态电解质

由于 S^{2-} 的离子半径大于 O^{2-}，且其对钠离子的库仑作用力小于 O^{2-}，因此硫化物钠离子固态电解质中钠离子的迁移率通常要高于组成类似的氧化物。同时，硫化物粉体的刚性弱于氧化物粉体，使其具有比氧化物更好的延展性。此外，钠离子在硫化物固态电解质的晶界处迁移时受到的阻力小于在氧化物固态电解质的晶界处迁移时。这三点使硫化物钠离子固态电解质具备高的钠离子电导率及好的与电极材料的接触性。

1. Na$_3$PS$_4$ 固态电解质

Na$_3$PS$_4$ 是目前研究最为广泛的硫化物钠离子固态电解质。Na$_3$PS$_4$ 具有四方相和立方相两种晶体结构，如图 5.8 所示。在四方相中，钠离子分布在四面体位和八面体位，空间群为 $P\bar{4}2_1c$，晶胞参数 a_0=6.9520Å，c_0=7.0757Å；立方相中，钠离子分布在两个扭曲的四面体间隙位，空间群为 $I\bar{4}3m$，晶胞参数 a_0=6.9965Å。其中，立方相 Na$_3$PS$_4$ 具有最

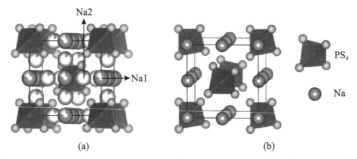

图 5.8　(a)立方相 c-Na$_3$PS$_4$ 和(b)四方相 t-Na$_3$PS$_4$ 的晶体结构示意图[55]

高的室温离子电导率(2×10^{-4}S/cm)和最低的活化能(27kJ/mol)[54]。Na_3PS_4 可以实现约 5V 的电压窗口，并且与金属钠具有良好的电化学稳定性。

然而，Na_3PS_4 的离子电导率与其他硫化物固态电解质相比较低。同时与其他硫化物固态电解质类似，Na_3PS_4 对潮湿空气的稳定性较差，且立方相合成较为困难，因此其制备和运输成本较高。这些缺点均限制了 Na_3PS_4 固态电解质的应用。

在 Na_3PS_4 中引入缺陷可以有效地提高其离子电导率。异价掺杂，如采用 M^{4+}(M=Si, Sn, Ge)取代 P^{5+} 或 X^- 替换 S^{2-}(X=F, Cl, Br)诱导产生缺陷可以有效地改变 Na_3PS_4 的离子电导率[56,57]。此外，异价离子掺杂在诱导产生缺陷的同时，还能调节钠离子迁移通道尺寸，降低钠离子在晶格中的迁移势垒，提高 Na_3PS_4 的离子电导率。此外，基于路易斯酸碱理论，硬酸优先与硬碱反应，因此可以用软酸元素对硬酸元素进行掺杂，提高硫化物基固态电解质对潮湿空气的稳定性[58]。

2. Na_3SbS_4 固态电解质

Na_3SbS_4 是一种能够在空气中稳定存在的离子导体。与 Na_3PS_4 类似，Na_3SbS_4 同时具有四方相和立方相两种结构，且立方相的钠离子电导率高于四方相。Na_3SbS_4 具有 1.03×10^{-3}S/cm 的离子电导率和 0.22eV 的活化能[59]。同时，其水合物 $Na_3SbS_4 \cdot 9H_2O$ 暴露在含水量 20%的空气中，物相没有发生任何变化，体现出极佳的对潮湿空气的稳定性。这是由于在 Na_3SbS_4 中 Sb 为路易斯软酸元素，而空气中的 O 为路易斯硬酸元素。由路易斯酸碱理论可知，软酸元素优先和软酸元素结合。因此，Sb 不容易与空气中的 O 结合。所以，Na_3SbS_4 具有较好的对潮湿空气的稳定性[60]。

5.4　全固态钠离子电池的界面

全固态钠离子电池被认为是液态电解液电池最有前途的替代品，具有大规模的应用前景。但关于全固态钠离子电池的研究尚处于初期阶段。从现有的研究看，固态钠离子电池的发展主要包括以下几个问题：界面问题、能量和功率密度及安全问题。其中固态电解质各个组分之间的界面问题是制约固态钠离子电池发展的重要因素。

在全固态钠离子电池中，界面的类型主要包括正极材料与固态电解质的界面、负极材料与固态电解质的界面、固态电解质与固态电解质的界面(晶界)、正极材料与集流体的界面、固态电解质与集流体的界面、正极材料与导电剂的界面、固态电解质与导电剂的界面，如图 5.9 所示。这些界面存在的问题主要分为界面接触问题、界面的化学/电化学稳定性问题及晶界问题三种。其中，界面接触问题主要包括正极材料与固态电解质之间的接触问题、负极材料与固态电解质之间的接触问题、固态电解质与固态电解质之间的接触问题、正极材料与导电剂之间的接触问题、正极材料与集流体之间的接触问题和正极材料内部的裂纹。界面接触问题会导致整个电池体系中离子和电子的迁移路径数量减少，使离子和电子的迁移率降低，整个电池的电阻大幅增加。

全固态钠离子电池界面的化学/电化学稳定性问题主要包括如下几个方面：正极材料

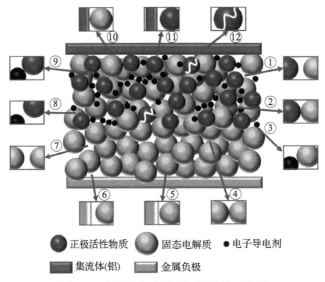

图 5.9　全固态电池界面问题总结示意图

界面接触：①正极活性物质/固态电解质(孔隙)；⑥金属负极/固态电解质(孔隙)；⑦固态电解质/固态电解质(孔隙)；⑧正极活性物质/电子导电剂(孔隙)；⑪正极活性物质/集流体(孔隙)；⑫活性物质中的裂纹。界面化学/电化学反应：②正极活性物质/固态电解质(接触)；⑤金属负极/固态电解质(接触)；⑩固态电解质/集流体；③电子导电剂/固态电解质晶界；④固态电解质/固态电解质(接触)；⑨正极活性物质/电子导电剂(接触)

与固态电解质之间的界面稳定性问题、负极材料固态电解质之间的界面稳定性问题、固态电解质与集流体的界面稳定性问题、固态电解质与导电剂之间的界面稳定性问题。全固态钠离子电池界面的化学/电化学稳定性不佳会使电池的界面处在存储或电化学过程中发生副反应，阻碍电子或离子在界面处的迁移，消耗可迁移的钠离子，降低电池的电化学稳定性，增加电池的内阻，影响全固态钠离子电池的循环寿命和比容量。

全固态钠离子电池的晶界问题主要包含固态电解质与固态电解质之间的晶界和正极活性物质与导电剂之间的晶界。晶界部分发生的载流子重排会显著降低离子或电子在晶界处的迁移率，增加全固态钠离子电池的内阻，影响其比容量发挥。此外，固态电解质与固态电解质之间的晶界处的电子会诱使金属钠枝晶沿晶界生长，使电池发生短路。

在上述全固态钠离子电池的界面问题中，固态电解质/金属钠负极界面最核心的问题包括界面化学/电化学稳定性和金属钠枝晶问题。电化学循环过程中，充放电电流一旦达到短路极限电流，钠枝晶生长被触发进而导致电池短路失效[61]。根据目前报道的短路极限电流都太低以至于不能够满足固态钠离子电池的要求。固态电解质/正极材料界面最核心的问题是接触问题和化学/电化学稳定性不佳的问题。接触问题使界面电阻大幅增加，使电池在充放电过程中产生极化现象，造成正极活性材料的充放电平台之间的电压差增大，导致全固态钠离子电池正极活性材料的比容量不能完全发挥；较差的界面稳定性造成钠离子在界面的生成-破碎过程中不断消耗，使参与嵌入/脱出过程的钠离子逐渐减少直至完全消失，导致全固态钠离子电池循环稳定性较差。

基于此，本节将重点介绍全固态钠离子电池中金属钠负极与固态电解质之间的界面和正极材料与固态电解质之间的界面产生的问题、成因及目前较有效的界面改性方式。

此外，本节还将对全固态钠离子电池中的界面表征手段进行简单介绍。

5.4.1　钠离子固态电解质/金属钠负极界面问题

固态电解质/钠负极界面电阻是由固-固界面物理接触不良、晶界电阻、润湿性和空间电荷层等问题造成的，如图 5.10 和图 5.11 所示。固-固接触界面对离子传输的阻碍主要体现在以下几个方面：①两相间的离子转移电阻 R_{ct}；②固体表面点缺陷和离子化学势不同而使得离子浓度在两相界面处重新分布，形成的耗尽层降低离子浓度，进而降低界面处的离子电导率；③固态电解质和正极体相形成的空间电荷层；④固态电解质的晶界；⑤界面反应生成的界面产物的 Na^+ 电导率和电子电导率。另外，由于金属钠化学性质活泼，它极易与大多数固态电解质发生反应而生成惰性/活性产物，进而影响固态电解质与金属钠负极之间的界面性质[62]。

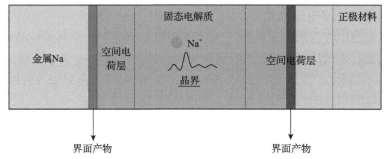

图 5.10　全固态钠离子电池的界面接触性质示意图

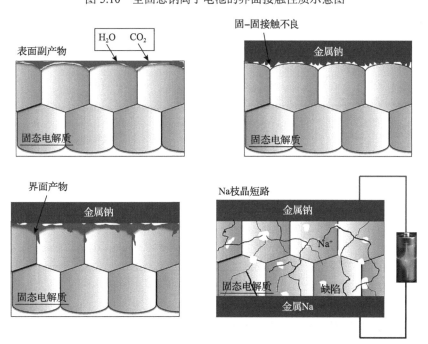

图 5.11　全固态钠离子电池中的固态电解质/金属钠负极界面问题示意图

另外，在电池循环过程中固态电解质/金属钠负极界面反应对界面电阻和钠枝晶的影响至关重要。电流主要激发固态电解质/金属钠负极界面的两个反应，即金属钠沉积和固态电解质/金属钠负极界面电化学反应。尤其在较高电流密度条件下，产生较高的过电势导致钠枝晶快速的生长贯穿固态电解质体相而使固态电池发生短路。除此之外，固态电解质/金属钠负极界面产物离子/电子电导性质会对金属钠沉积产生影响。在高电流条件下固态电解质/金属钠负极界面所面临的新的挑战主要表现为以下两个方面：第一，较高电流密度加剧了固态电解质/金属钠负极与金属钠之间的电化学反应，反应所生成的界面产物具备不同的离子电导和电子电导性质，界面产物持续反应进入固态电解质体相，从而改变了界面之间的接触性质，进而影响金属钠沉积过程[63,64]。第二，较高电流密度加剧了已形成的界面反应层 SEI 膜的破坏，SEI 膜的破裂会进一步导致界面接触不良，钠枝晶生长穿过 SEI 进入固态电解质体相，最终导致短路。因此，若要有效改善固态电解质/金属钠负极界面问题，不但要降低界面接触电阻，还要有针对性地调控界面反应过程及其相关产物的离子/电子电导性质。

针对固态电池中存在的固态电解质/金属钠负极界面电阻和金属钠枝晶问题，研究人员引入不同组成和不同结构的人工 SEI 薄膜来降低固态电解质/金属钠负极的界面电阻并改善界面的循环稳定性[63,65]。通过引入 SnO_2、SiO_2 和 AlF_3 等薄膜来改善固态电解质/金属钠负极界面电阻和稳定性[66,67]。例如，采用 ALD 方法在 $Na_3Zr_2Si_2PO_{12}$（NZSP）表面沉积 TiO_2 薄膜可以有效降低 $Na_3Zr_2Si_2PO_{12}$/金属钠之间的界面接触电阻并有效抑制金属钠枝晶生长，如图 5.12 所示[68]。通过引入人工 SEI 膜在一定程度上提高短路极限电流并缓

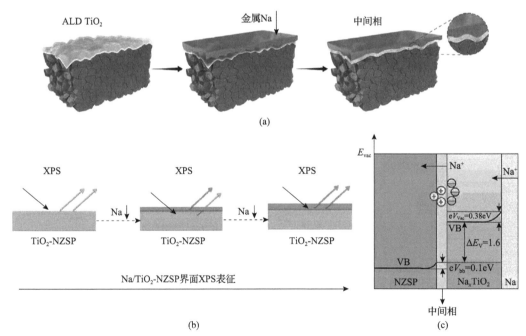

图 5.12　金属钠沉积 TiO_2 修饰后的 $Na_3Zr_2Si_2PO_{12}$ 界面示意图(a)、$Na_3Zr_2Si_2PO_{12}$/金属 Na 界面原位 XPS 测试原理图(b)和 NZSP/Na_xTiO_2 界面的能级匹配结构图(VB 表示价带)(c)[68]

E_{vac} 为真实能级；V_{bb} 为价带弯曲

解固态电解质/金属钠负极界面问题。

固态电解质体相中存在的晶界缺陷和宏观/微观缺陷都是金属钠枝晶生长的有利位置。缺陷位置存在电子电导并且有利于金属钠形核,这都有利于金属钠沉积[69]。因此,若要抑制金属钠枝晶生长,不但要降低固态电解质/金属钠负极界面接触电阻和调控界面产物性质,还需减小固态电解质本征体相的晶界电阻、微观缺陷和电子电导率。固态电解质体相晶界和缺陷位置是钠枝晶生长的有利位置,因此固态电解质本征体相晶界和显微缺陷性质(电子/离子电导、力学强度)促进钠枝晶生长[70]。所以,降低钠离子固态电解质体相和晶界的缺陷可以抑制钠枝晶的生长。例如,通过添加纳米金属氧化物烧结助剂有效提高了 $Na_3Zr_2Si_2PO_{12}$ 电解质材料的密度、杨氏模量、硬度,而且改善了晶界结构及显微缺陷。$Na_3Zr_2Si_2PO_{12}$ 电解质晶界和缺陷性质的改善有效抑制了金属钠枝晶沿晶界、显微裂纹和微孔结构的生长,大大提高了固态钠离子电池的循环稳定性,如图 5.13 所示[71]。

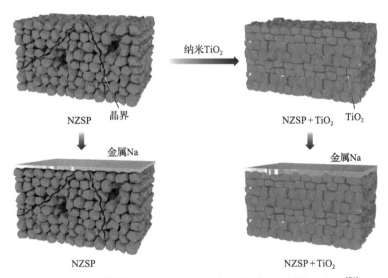

图 5.13　TiO_2 修饰 $Na_3Zr_2Si_2PO_{12}$ 固态电解质界面结构示意图[71]

5.4.2　钠离子固态电解质/正极材料界面问题

全固态钠离子正极材料固-固界面接触不良所导致的界面电阻过大是限制其性能发挥的主要因素。因此,选择有效的固态电解质/正极界面改性的方法实现固态钠电池的性能发挥是近年来的研究重点。采用熔点低、室温电导率高的无机钠离子导体或钠离子导电聚合物来替代黏结剂,可以有效构筑钠离子传输网络,降低正极材料固-固界面电阻的同时,提高正极材料固-固界面的稳定性。

离子液体和 NaTFSI/PEO 的复合体系常用来改善正极材料与固态电解质材料之间的润湿性,使正极材料比容量得到有效发挥[72]。然而,离子液体和 NaTFSI/PEO 体系的离子电导率低于无机固态电解质,导致正极比容量无法得到充分发挥。

由于无机固态电解质为固体粉末,通常需要采用机械混合法制备传统的无机固态电解质-电极材料复合正极。然而,机械混合法制得的复合正极均匀性差,使材料的电化学比容量及循环寿命无法得到充分发挥。液相混合虽然可以有效改善复合正极材料的均匀性，但在液相溶液中容易发生副反应，导致液相法制得的复合正极材料的电导率比机械混合正极材料低。但在液相法制得的复合正极材料中，钠离子导体和活性物质的分布比机械混合法制备的正极更均匀，使电解质和正极材料间接触面积更大，降低了电极-电解质界面阻抗，从而保证了全固态钠离子电池电化学比容量的发挥及循环寿命。因此，以液相法制得的复合正极在全固态钠离子电池中的性能要优于机械混合电极[73]。除了传统的机械混合及液相混合法之外，原位光固化等方法也可以制备一体化的聚合物电解质/正极活性材料。该方法可以有效地加强固-固界面接触，降低电池界面阻抗，提高全固态钠离子电池的电化学性能[74]。

5.4.3　固态钠离子电池的界面表征

目前研究人员对全固态钠离子电池界面问题缺乏深入理解，并缺少有效分析方法策略以及直观的实验证据。这主要是因为固态电池中的固-固界面涉及界面物理接触、润湿性（亲和能）、化学、电化学和力学等综合影响因素[75,76]。界面表征难度的具体表现：一是界面反应产物所处的实验环境交错复杂和界面反应产物的物相组成复杂；二是由于固-固界面之间的界面反应产物通常在总体系中占比非常少，并且产物的物相组成大多为非晶或无定形化合物。因此，采用单一的实验表征手段实现界面机理表征和分析依然存在较大难度。电化学阻抗谱和透射电子显微镜-电子能量损失谱是表征界面产物组成和结构的有效途径[77,78]。X射线衍射（XRD）可用于界面产物的物相组成的确定[79,80]，但是其界面反应产物大多数情况下为非晶相，这就为界面表征分析带来了极大困扰。原位X射线光电子能谱（XPS）分析方法已经成功地用于开发半导体器件以识别和优化（电子）界面电阻，可从中得到一些关于界面表征分析的有益借鉴[81]。原位X射线光电子能谱（XPS）可以用来分析传统锂离子电池的电极/有机电解液的固-液界面接触物理化学性质，其中主要包括化学反应、空间电荷层和界面电容层等[82-84]。但是，固态电池中的固-固界面XPS表征的最大障碍就是高界面电阻和被测试界面层厚度掩饰了大量界面反应机理信息。将镀膜设备与XPS联用，既可以通过对基底镀膜来有效解决了固态电解质与金属钠界面接触问题进而降低接触电阻，也可以调控镀膜材料厚度，从而为XPS界面表征提供良好测试条件。原位镀膜与XPS联合技术的应用能够探测到常规条件下测试不到的固态电解质/金属钠负极界面反应机理信息,这将有助于我们对固态电解质/金属钠负极静态接触界面性质有更深刻的理解和认识[85]。将原位XPS、X射线荧光光谱（XRF）和XRD测试结合起来探究固态电解质/金属钠负极界面处的静态接触性质和电化学动态反应机理，表征结果将为固态电池的界面改性和优化提供指导。

发展固态钠离子电池可以兼顾可持续性、安全性、经济性和高能量密度的需求。根据不同固态钠离子电解质材料的特性，有针对性地对其进行优化以实现固态钠离子电池的比容量发挥和循环稳定性。要充分利用固态电解质材料的显著优势，尤其是利用固态电解质的高钠离子电导率、宽电势窗口（vs. Na⁺/Na）特性和化学/电化学稳定性，解决固态电解质应用于固态钠离子电池所存在的钠枝晶问题，有效推动固态钠离子电池方面研究的发展。同时，加强对固态钠离子电池中固态电解质/正极和固态电解质/金属钠负极界面的表征研究，开发有效的表征方法，尤其是原位分析表征，充分揭示界面反应过程机理，为固态钠离子电池的界面改性提供指导。另外，需要建立电化学-力学的耦合模型用以探究界面结性质（离子/电子电导和缺陷）对钠枝晶生长的影响规律[86]。电化学耦合模型基于修正的巴特勒-福尔默（Butler-Volmer）方程，通过电场、应力-应变场和钠离子浓度场来描述晶界处金属钠沉积过程，使模型计算结果为固态钠离子电池的界面结构设计和优化提供理论指导。

参 考 文 献

[1] Ramesh S, Lu S C. Enhancement of ionic conductivity and structural properties by 1-butyl-3-methylimidazolium trifluoromethanesulfonate ionic liquid in poly (vinylidene fluoride–hexafluoropropylene) -based polymer electrolytes[J]. Journal of Applied Polymer Science, 2012, 126 (S2): 484-492.

[2] Chen R, Qu W, Guo X, et al. The pursuit of solid-state electrolytes for lithium batteries: from comprehensive insight to emerging horizons[J]. Materials Horizons, 2016, 3 (6): 487-516.

[3] Fenton D E, Parker J M, Wright P V. Complexes of alkali metal ions with poly (ethylene oxide)[J]. Polymer, 1973, 14 (11): 589.

[4] Wright P V. Electrical conductivity in ionic complexes of poly (ethylene oxide)[J]. British Polymer Journal, 1975, 7 (5): 319-327.

[5] Ngai K S, Ramesh S, Ramesh K, et al. A review of polymer electrolytes: Fundamental, approaches and applications[J]. Ionics, 2016, 22 (8): 1259-1279.

[6] Borodin O, Smith G D. Mechanism of ion transport in amorphous poly (ethylene oxide)/LiTFSI from molecular dynamics simulations[J]. Macromolecules, 2006, 39 (4): 1620-1629.

[7] Berthier C, Gorecki W, Minier M, et al. Microscopic investigation of ionic conductivity in alkali metal salts-poly (ethylene oxide) adducts[J]. Solid State Ionics, 1983, 11 (1): 91-95.

[8] Young W-S, Kuan W F, Epps I, Thomas H. Block copolymer electrolytes for rechargeable lithium batteries[J]. Journal of Polymer Science Part B: Polymer Physics, 2014, 52 (1): 1-16.

[9] Stoeva Z, Martin-Litas I, Staunton E, et al. Ionic conductivity in the crystalline polymer electrolytes PEO$_6$:LiXF$_6$, X= P, As, Sb[J]. Journal of the American Chemical Society, 2003, 125 (15): 4619-4626.

[10] Quartarone E, Mustarelli P. Electrolytes for solid-state lithium rechargeable batteries: Recent advances and perspectives[J]. Chemioal Society Reviews, 2011, 40 (5): 2525-2540.

[11] Xue Z G, He D, Xie X L. Poly (ethylene oxide) -based electrolytes for lithium-ion batteries[J]. Journal of Materials Chemistry A, 2015, 3 (38): 19218-19253.

[12] West K, Zachau-Christiansen B, Jacobsen T, et al. Poly (ethylene oxide) -sodium perchlorate electrolytes in solid-state sodium cells[J]. British Polymer Journal, 1988, 20 (3): 243-246.

[13] Serra Moreno J, Armand M, Berman M B, et al. Composite PEOn: NaTFSI polymer electrolyte: Preparation, thermal and electrochemical characterization[J]. Journal of Power Sources, 2014, 248: 695-702.

[14] Boschin A, Johansson P. Characterization of NaX (X: TFSI, FSI) -PEO based solid polymer electrolytes for sodium batteries[J]. Electrochimica Acta, 2015, 175: 124-133.

[15] Li S, Zhang L, Zhao W, et al. Designing interfacial chemical bonds towards advanced metal-based energy-storage/conversion materials[J]. Energy Storage Materials, 2020, 32: 477-496.

[16] Zhang J, Zhao J, Yue L, et al. Safety-reinforced poly (propylene carbonate) -based all-solid-state polymer electrolyte for ambient-temperature solid polymer lithium batteries[J]. Advanced Energy Materials, 2015, 5 (24): 1501082.

[17] Subba Reddy C V, Han X, Zhu Q Y, et al. Conductivity and discharge characteristics of (PVC+NaClO$_4$) polymer electrolyte

systems[J]. European Polymer Journal, 2006, 42(11): 3114-3120.

[18] Osman Z, Md Isa K B, Ahmad A, et al. A comparative study of lithium and sodium salts in PAN-based ion conducting polymer electrolytes[J]. Ionics, 2010, 16(5): 431-435.

[19] Aly E H, Hassan M A, Sheha E. Investigations of $(PVA)_{0.7}(NaBr)_{0.3}(H_2SO_4)_xM$ solid acid polymer electrolyte using positron annihilation lifetime spectroscopy[J]. Journal of Polymer Science Part B: Polymer Physics, 2010, 48(19): 2038-2044.

[20] Bhargav P B, Mohan V M, Sharma A K, et al. Characterization of poly(vinyl alcohol)/sodium bromide polymer electrolytes for electrochemical cell applications[J]. Journal of Applied Polymer Science, 2008, 108(1): 510-517.

[21] Subba Reddy C V, Jin A P, Zhu Q Y, et al. Preparation and characterization of $(PVP + NaClO_4)$ electrolytes for battery applications[J]. The European Physical Journal E, 2006, 19(4): 471-476.

[22] Naresh Kumar K, Sreekanth T, Jaipal Reddy M, et al. Study of transport and electrochemical cell characteristics of $PVP:NaClO_3$ polymer electrolyte system[J]. Journal of Power Sources, 2001, 101(1): 130-133.

[23] Armand M. Polymer solid electrolytes—an overview[J]. Solid State Ionics, 1983, 9-10: 745-754.

[24] Ni'mah Y L, Cheng M Y, Cheng J H, et al. Solid-state polymer nanocomposite electrolyte of $TiO_2/PEO/NaClO_4$ for sodium ion batteries[J]. Journal of Power Sources, 2015, 278: 375-381.

[25] Lin D, Liu W, Liu Y, et al. High ionic conductivity of composite solid polymer electrolyte via *in situ* synthesis of monodispersed SiO_2 nanospheres in poly(ethylene oxide)[J]. Nano Letters, 2016, 16(1): 459-465.

[26] Villaluenga I, Bogle X, Greenbaum S, et al. Cation only conduction in new polymer-SiO_2 nanohybrids: Na^+ electrolytes[J]. Journal of Materials Chemistry A, 2013, 1(29): 8348.

[27] Wu J F, Yu Z Y, Wang Q, et al. High performance all-solid-state sodium batteries actualized by polyethylene oxide/$Na_2Zn_2TeO_6$ composite solid electrolytes[J]. Energy Storage Materials, 2020, 24: 467-471.

[28] Zhang Z, Zhang Q, Shi J, et al. A self-forming composite electrolyte for solid-state sodium battery with ultralong cycle life[J]. Advanced Energy Materials, 2017, 7(4): 1601196.

[29] Zhao C L, Liu L L, Qi X G, et al. Solid-state sodium batteries[J]. Advanced Energy Materials, 2018, 8(17): 1703012.

[30] Khurana R, Schaefer J L, Archer L A, et al. Suppression of lithium dendrite growth using cross-linked polyethylene/poly (ethylene oxide) electrolytes: a new approach for practical lithium-metal polymer batteries[J]. Journal of the American Chemical Society, 2014, 136(20): 7395-7402.

[31] Wang Y, Richards W D, Ong S P, et al. Design principles for solid-state lithium superionic conductors[J]. Nature Materials, 2015, 14: 1026.

[32] Manthiram A, Yu X, Wang S. Lithium battery chemistries enabled by solid-state electrolytes[J]. Nature Reviews Materials, 2017, 2: 16103.

[33] Bachman J C, Muy S, Grimaud A, et al. Inorganic solid-state electrolytes for lithium batteries: Mechanisms and properties governing ion conduction[J]. Chemical Reviews, 2016, 116(1): 140-162.

[34] Hong H Y P. Crystal structures and crystal chemistry in the system $Na_{1+x}Zr_2SixP_{3-x}O_{12}$[J]. Materials Research Bulletin, 1976, 11(2): 173-182.

[35] Goodenough J B, Hong H Y P, Kafalas J A. Fast Na^+-ion transport in skeleton structures[J]. Materials Research Bulletin, 1976, 11(2): 203-220.

[36] Guin M, Tietz F. Survey of the transport properties of sodium superionic conductor materials for use in sodium batteries[J]. Journal of Power Sources, 2015, 273: 1056-1064.

[37] Ma Q, Guin M, Naqash S, et al. Scandium-substituted $Na_3Zr_2(SiO_4)_2(PO_4)$ prepared by a solution-assisted solid-state reaction method as sodium-ion conductors[J]. Chemistry of Materials, 2016, 28(13): 4821-4828.

[38] Vogel E M, Cava R J, Rietman E. Na^+ ion conductivity and crystallographic cell characterization in the Hf-nasicon system $Na_{1+x}Hf_2Si_xP_{3-x}O_{12}$[J]. Solid State Ionics, 1984, 14(1): 1-6.

[39] Jolley A G, Taylor D D, Schreiber N J, et al. Structural investigation of monoclinic-rhombohedral phase transition in $Na_3Zr_2Si_2PO_{12}$ and doped NASICON[J]. Journal of the American Ceramic Society, 2015, 98(9): 2902-2907.

[40] Fuentes R O, Figueiredo F, Marques F M B, et al. Reaction of NASICON with water[J]. Solid State Ionics, 2001, 139(3): 309-314.

[41] Warhus U, Maier J, Rabenau A. Thermodynamics of NASICON(Na$_{1+x}$Zr$_2$Si$_x$P$_{3-x}$O$_{12}$)[J]. Journal of Solid State Chemistry, 1988, 72(1): 113-125.

[42] Kreuer K D, Warhus U. NASICON solid electrolytes: Part IV. Chemical durability[J]. Materials Research Bulletin, 1986, 21(3): 357-363.

[43] Yung-Fang Yu Y, Kummer J T. Ion exchange properties of and rates of ionic diffusion in beta-alumina[J]. Journal of Inorganic and Nuclear Chemistry, 1967, 29(9): 2453-2475.

[44] Dunn B, Schwarz B B, Thomas J O, et al. Preparation and structure of Li-stabilized Na$^+$ β″-alumina single crystals[J]. Solid State Ionics, 1988, 28-30: 301-305.

[45] Yi E, Temeche E, Laine R M. Superionically conducting β″-Al$_2$O$_3$ thin films processed using flame synthesized nanopowders[J]. Journal of Materials Chemistry A, 2018, 6(26): 12411-12419.

[46] Lee S T, Lee D H, Kim J S, et al. Influence of Fe and Ti addition on properties of Na$^+$-β/β″-alumina solid electrolytes[J]. Metals and Materials International, 2017, 23(2): 246-253.

[47] Shan S J, Yang L P, Liu X M, et al. Preparation and characterization of TiO$_2$ doped and MgO stabilized Na-β″-Al$_2$O$_3$ electrolyte via a citrate sol-gel method[J]. Journal of Alloys and Compounds, 2013, 563: 176-179.

[48] Chen G, Lu J, Li L, et al. Microstructure control and properties of β″-Al$_2$O$_3$ solid electrolyte[J]. Journal of Alloys and Compounds, 2016, 673: 295-301.

[49] Tian B L, Chen C, Li Y R, et al. Sodium beta-alumina thin films as gate dielectrics for AlGaN/GaN metal-insulator-semiconductor high-electron-mobility transistors[J]. Chinese Physics B, 2012, 21(12): 126102.

[50] Evstigneeva M A, Nalbandyan V B, Petrenko A A, et al. A new family of fast sodium ion conductors: Na$_2$M$_2$TeO$_6$(M = Ni, Co, Zn, Mg)[J]. Chemistry of Materials, 2011, 23(5): 1174-1181.

[51] Deng Z, Gu J T, Li Y Y, et al. Ca-doped Na$_2$Zn$_2$TeO$_6$ layered sodium conductor for all-solid-state sodium-ion batteries[J]. Electrochimica Acta, 2019, 298: 121-126.

[52] Li Y Y, Deng Z, Peng J, et al. A P2-type layered superionic conductor Ga-doped Na$_2$Zn$_2$TeO$_6$ for all-solid-state sodium-ion batteries[J]. Chemistry-a European Journal, 2018, 24(5): 1057-1061.

[53] Li Y Y, Deng Z, Peng J, et al. New P2-type honeycomb-layered sodium-ion conductor: Na$_2$Mg$_2$TeO$_6$[J]. ACS Applied Materials & Interfaces, 2018, 10(18): 15760-15766.

[54] Hayashi A, Noi K, Sakuda A, et al. Superionic glass-ceramic electrolytes for room-temperature rechargeable sodium batteries[J]. Nature Communications, 2012, 3: 856.

[55] Chen G H, Bai Y, Gao Y S, et al. Chalcogenide electrolytes for all-solid-state sodium ion batteries[J]. Acta Physico-Chimica Sinica, 2020, 36(5): 1905009.

[56] Jansen M, Henseler U. Synthesis, structure determination, and ionic conductivity of sodium tetrathiophosphate[J]. Journal of Solid State Chemistry, 1992, 99(1): 110-119.

[57] Zhu Z, Chu I H, Deng Z, et al. Role of Na$^+$ interstitials and dopants in enhancing the Na$^+$ conductivity of the cubic Na$_3$PS$_4$ superionic conductor[J]. Chemistry of Materials, 2015, 27(24): 8318-8325.

[58] Bo S H, Wang Y, Ceder G. Structural and Na-ion conduction characteristics of Na$_3$PS$_x$Se$_{4-x}$[J]. Journal of Materials Chemistry A, 2016, 4(23): 9044-9053.

[59] Wang H, Chen Y, Hood Z D, et al. An air-stable Na$_3$SbS$_4$ superionic conductor prepared by a rapid and economic synthetic procedure[J]. Angewandte Chemie International Edition, 2016, 55(30): 8551-8555.

[60] Jalem R, Gao B, Tian H K, et al. Theoretical study on stability and ion transport property with halide doping of Na$_3$SbS$_4$ electrolyte for all-solid-state batteries[J]. Journal of Materials Chemistry A, 2022, 10(5): 2235-2248.

[61] Li G, Monroe C W. Dendrite nucleation in lithium-conductive ceramics[J]. Physical Chemistry Chemical Physics, 2019, 21(36): 20354-20359.

[62] Lewis J A, Cortes F J Q, Boebinger M G, et al. Interphase morphology between a solid-state electrolyte and lithium controls cell failure[J]. ACS Energy Letters, 2019, 4(2): 591-599.

[63] Wang S, Xu H, Li W, et al. Interfacial chemistry in solid-state batteries: Formation of interphase and its consequences[J]. Journal of the American Chemical Society, 2018, 140(1): 250-257.

[64] Han F, Westover A S, Yue J, et al. High electronic conductivity as the origin of lithium dendrite formation within solid electrolytes[J]. Nature Energy, 2019, 4(3): 187-196.

[65] Zhou W, Li Y, Xin S, et al. Rechargeable sodium all-solid-state battery[J]. ACS Central Science, 2017, 3(1): 52-57.

[66] Fu H, Yin Q, Huang Y, et al. Reducing interfacial resistance by Na-SiO$_2$ composite anode for NASICON-based solid-state sodium battery[J]. ACS Materials Letters, 2019, 2(2): 127-132.

[67] Yang J, Xu H, Wu J, et al. Improving Na/Na$_3$Zr$_2$Si$_2$PO$_{12}$ interface via SnO$_x$/Sn film for high-performance solid-state sodium metal batteries[J]. Small Methods, 2021, 5(9): 2100339.

[68] Yang J, Gao Z, Ferber T, et al. Guided-formation of a favorable interface for stabilizing Na metal solid-state batteries[J]. Journal of Materials Chemistry A, 2020, 8(16): 7828-7835.

[69] Monroe C, Newman J. The impact of elastic deformation on deposition kinetics at lithium/polymer interfaces[J]. Journal of the Electrochemical Society, 2005, 152(2): 396-404.

[70] Liu X, Garcia-Mendez R, Lupini A R, et al. Local electronic structure variation resulting in Li'filament' formation within solid electrolytes[J]. Nature Materials, 2021, 20(11): 1485-1490.

[71] Gao Z, Yang J, Li G, et al. TiO$_2$ as second phase in Na$_3$Zr$_2$Si$_2$PO$_{12}$ to suppress dendrite growth in sodium metal solid-state batteries[J]. Advanced Energy Materials, 2022, 2103607.

[72] Qi X, Ma Q, Liu L, et al. Sodium bis(fluorosulfonyl)imide/poly(ethylene oxide)polymer electrolytes for sodium-ion batteries[J]. ChemElectroChem, 2016, 3(11): 1741-1745.

[73] Banerjee A, Park K H, Heo J W, et al. Na$_3$SbS$_4$: A solution processable sodium superionic conductor for all-solid-state sodium-ion batteries[J]. Angewandte Chemie, 2016, 55(33): 9634-9638.

[74] Yao Y, Wei Z, Wang H, et al. Toward high energy density all solid-state sodium batteries with excellent flexibility[J]. Advanced Energy Materials, 2020, 10(12): 1903698.

[75] Wood K N, Noked M, Dasgupta N P. Lithium metal anodes: Toward an improved understanding of coupled morphological, electrochemical, and mechanical behavior[J]. ACS Energy Letters, 2017, 2(3): 664-672.

[76] Hatzell K B, Chen X C, Cobb C L, et al. Challenges in lithium metal anodes for solid-state batteries[J]. ACS Energy Letters, 2020, 5(3): 922-934.

[77] Kehne P, Guhl C, Ma Q, et al. Sc-substituted NASICON solid electrolyte for an all-solid-state Na$_x$CoO$_2$/NASICON/Na sodium model battery with stable electrochemical performance[J]. Journal of Power Sources, 2019, 409: 86-93.

[78] Wang Z, Santhanagopalan D, Zhang W, et al. *In situ* STEM-EELS observation of nanoscale interfacial phenomena in all-solid-state batteries[J]. Nano Letters, 2016, 16(6): 3760-3767.

[79] Tippens J, Miers J C, Afshar A, et al. Visualizing chemomechanical degradation of a solid-state battery electrolyte[J]. ACS Energy Letters, 2019, 4(6): 1475-1483.

[80] Asano T, Sakai A, Ouchi S, et al. Solid halide electrolytes with high lithium-ion conductivity for application in 4V class bulk-type all-solid-state batteries[J]. Advanced Materials, 2018, 30(44): 1803075.

[81] Uddin M T, Nicolas Y, Olivier C, et al. Preparation of RuO$_2$/TiO$_2$ mesoporous heterostructures and rationalization of their enhanced photocatalytic properties by band alignment investigations[J]. Journal of Physical Chemistry C, 2013, 117(42): 22098-22110.

[82] Fingerle M, Buchheit R, Sicolo S, et al. Reaction and space charge layer formation at the LiCoO$_2$-LiPON interface: Insights on defect formation and ion energy level alignment by a combined surface science-simulation approach[J]. Chemistry of Materials, 2017, 29(18): 7675-7685.

[83] Hausbrand R, Cherkashinin G, Fingerle M, et al. Surface and bulk properties of Li-ion electrodes—a surface science

approach[J]. Journal of Electron Spectroscopy and Related Phenomena, 2017, 221: 65-78.

[84] Hausbrand R, Fingerle M, Späth T, et al. Energy level offsets and space charge layer formation at electrode-electrolyte interfaces: X-ray photoelectron spectroscopy analysis of Li-ion model electrodes[J]. Thin Solid Films, 2017, 643: 43-52.

[85] Gao Z, Yang J, Yuan H, et al. Stabilizing $Na_3Zr_2Si_2PO_{12}$/Na interfacial performance by introducing a clean and Na-deficient surface[J]. Chemistry of Materials, 2020, 32(9): 3970-3979.

[86] Gao Z, Bai Y, Fu H, et al. Interphase formed at $Li_{6.4}La_3Zr_{1.4}Ta_{0.6}O_{12}$/Li interface enables cycle stability for solid-state batteries[J]. Advanced Functional Materials, 2022: 2112113.

第6章 水系钠离子电池材料及技术

在目前已投运的电化学储能电站中，以锂离子电池的装机规模为最大。锂离子电池储能系统具有能量密度高、循环寿命长、对环境无害等优点。但是，由于使用碳酸酯类的有机电解液，锂离子电池还存在着制造成本偏高及易燃等实际挑战。随着储能规模的不断增大，安全事故发生的概率也会增加，近年来锂离子电池储能电站的火灾事故频发。另外，我国锂资源比较稀缺，难以支撑动力汽车和储能两大市场。虽然铅酸电池储能系统制造技术最为成熟、成本低，但循环寿命短、能量密度低、低温性能差、环境污染严重，因此不适合用于电能管理设备。钠硫电池的充电效率高，能量密度是铅酸蓄电池的3倍，循环寿命更长，但其储能系统的技术门槛高、难度大，投资成本非常高。此外，由于钠硫电池在高温下运行，存在保温耗能的问题，造成启动时间很长，也在一定程度上制约了其在新能源并网领域的应用。全钒液流电池储能系统具有能量效率高、蓄电容量大、100%深度放电、寿命长等优点，已进入商业化阶段。电极材料极度地依赖钒矿资源，提炼技术壁垒高。另外由于液流电池的储液罐造价非常昂贵，电池系统的制造成本过高，影响了这种储能技术的广泛推广。

我们在前几章讨论的基于有机系电解液的室温钠离子电池被认为是锂离子电池的有效补充技术，可缓解锂资源短缺的问题。然而，一方面，酯基溶剂高度易燃，容易与充电态的电极发生反应，再加上钠盐（NaPF$_6$）热稳定性差且毒性极高，使钠离子电池与锂离子电池一样，其安全性也存在着极大的挑战。另一方面，这些电解液成分的价格昂贵，再加上易燃电解液和高能量电极的危险组合所需的无湿气工艺和安全管理非常严格，进一步增加了生产成本，使钠离子电池的成本在短时间内并不能达到大规模储能应用所能接受的程度。

与室温有机系钠离子电池相比，水系钠离子电池采用不燃性的水溶液作为电解液，具有本征安全性。并且，水是一种兼具高受体数和高供体数的优良溶剂。在相同浓度下，水系电解液的离子电导率通常比有机电解液高2个数量级[1]，这使实现高功率的电存储系统成为可能。水系钠离子电池具有低成本、长寿命、本征安全的特点，在大规模储能领域具有巨大的应用优势。

尽管水系钠离子电池的储能机理与有机钠离子电池相似，但Na$^+$在水溶液中嵌入/脱出的电化学反应更为复杂，对电极材料的选择和材料的电化学性能产生很大的影响。在水系钠离子电池中，存在着以下副反应。

（1）电解液的分解：在水系电解液中电极材料的氧化还原电位应在水的电解电位之内或附近。若超过水解电位，水会发生电解，并伴随着H$_2$（析氢）或O$_2$（析氧）的生成［式（6.1）、式（6.2）］。水分解的同时还会改变电解液的pH，使电极附近局部偏碱性或者酸性，从而进一步影响了电极材料在水溶液中的化学稳定性。图6.1显示了水系电解液的析氢析氧电位与材料中钠离子的嵌入/脱出电位之间的关系[2]。可以发现，在不同pH条件下，水的电化学窗口均为 1.23V 左右，这是由水的热力学性质决定的。但是，pH 却影响着电极材料在水系电解液中的化学稳定性。

$$2H_2O - 4e^- \longrightarrow O_2 + 4H^+ \tag{6.1}$$

$$2H_2O + 2e^- \longrightarrow H_2 + 2OH^- \tag{6.2}$$

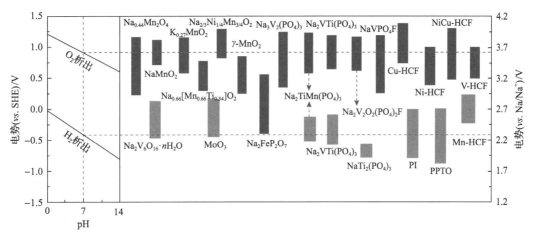

图 6.1　水系电解液的电化学窗口（左）和水系钠离子电池中电极材料的氧化还原电位（右）[2]
PI 为聚酰亚胺；PPTO 为芘-4,5,9,10-四酮

　　(2) 充电态负极材料与水、溶解氧之间的副反应：电池充电到高电压时，嵌钠态的负极材料具有极强的还原性，容易被水和溶解在水中的氧所氧化，极大地影响了电池的性能，特别是自放电和循环寿命。

　　(3) 质子在电极材料中的共嵌反应：由于水的电离和盐的水解，水系电解液中含有一定浓度的质子(H^+)。质子的半径远远小于 Na^+，因此 Na^+ 发生嵌入反应时，会伴随 H^+ 的嵌入。质子共嵌反应一般与电极材料的晶体结构及电解液的 pH 有关，有可能会影响电极材料的稳定性。

6.1　正　极　材　料

　　水系钠离子电池的正极材料除了要满足与有机系钠离子电池相同的要求之外，还要求其嵌钠/脱钠电位不能高于电解液的析氧电位。为了保证电池具有较高的工作电压，建议水系钠离子电池的正极工作电位要高于 3V($vs.$ Na/Na$^+$)。同时材料不能与水或氧反应，不能遇水分解，还不能在水中溶解，这些条件限制了正极材料的选择。目前能够在水系钠离子电池中应用的正极材料主要包括过渡金属氧化物、聚阴离子材料及普鲁士蓝类似物等。

6.1.1　锰基氧化物

　　过渡金属氧化物电极通常具有电容行为，在其表面经历法拉第吸附和解吸过程，而不是单纯的嵌钠/脱钠反应。常用于水系钠离子电池正极研究的锰基氧化物有二氧化锰（MnO_2）、表面羟基化的 Mn_5O_8、隧道结构的 $Na_{0.44}MnO_2$ 等。

1. 二氧化锰（MnO_2）

MnO_2 在电化学领域的应用有着相当长的历史，可追溯到 19 世纪 60 年代，是商业 1.5V 锌锰电池的正极材料，通过在水系电解液中发生氧化还原反应来储存电荷。

在中性水系离子电池中，MnO_2 由于其成本低、无毒、理论比容量高（1 个电子转移反应的比容量为 308mA·h/g，2 个电子转移反应的比容量为 616mA·h/g）等优势，被认为是水系电池电极材料的最理想选择。MnO_2 的晶胞是一个锰原子被六个氧原子包围形成八面体，并通过共用顶点位置和边缘的棱长程有序连接。常见的 MnO_2 晶型结构主要有 α、β、γ、R（斜方锰矿结构）、δ、λ 等。根据隧道结构的不同可将 MnO_2 分成 3 类：α、β、γ、R 具有一维隧道结构，δ-MnO_2 为二维层状结构，λ-MnO_2 具有三维尖晶石结构（图 6.2）[3]。

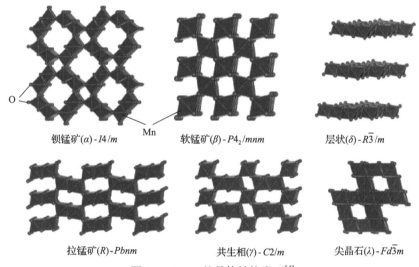

图 6.2　MnO_2 的晶体结构类型[4]

MnO_2 的电化学性能主要取决于晶体结构[4]。层状 MnO_2 由[MnO_6]八面体层组成，层间可容纳碱金属离子和质子等离子。由于层间相对开放的结构，MnO_2 的层状结构可以提供有利的阳离子扩散路径。二维层状结构的 δ-MnO_2 经常以水合物形式出现，可表示为 $A_xMnO_2·nH_2O$（A= K^+ 或 Na^+）。对 δ-MnO_2 的研究主要集中在超级电容器，利用双电层和氧化还原活性，层状水钠锰矿（birnessite）型 MnO_2 在 1mol/L Na_2SO_4（微量 $NaHCO_3$ 或 Na_2HPO_4 添加剂）的水溶液中的电容可达到 230F/g[5]。

具有三维尖晶石结构的 λ-MnO_2，一般是通过对尖晶石的 $LiMn_2O_4$ 进行化学或电化学脱锂制备而得到。λ-MnO_2 在 1mol/L Na_2SO_4 水溶液中具有良好的储钠性能，Na^+ 嵌入 λ-MnO_2 后，发生不可逆相变生成层状 Na_xMnO_2。每个 Na_xMnO_2 可逆嵌入/脱出 0.6 个 Na^+，达到约 80mA·h/g 的放电比容量[6]。该材料具有优异的结构稳定性，已经成为商业化水系钠离子电池体系的正极材料之一。为了实现大规模的储能应用，Whitacre 等于 2012 年使用活性炭作为负极，λ-MnO$_2$ 作为正极，中性的 1mol/L Na$_2$SO$_4$ 的水溶液作为电解质，生产了 80V、2.4kW·h 的电池组，试图在大规模储能领域进行示范应用[6]。

由于 MnO$_2$ 结构中不含 Na$^+$，因此在组装水系钠离子电池时，只能与可提供活性 Na$^+$ 的负极搭配使用，如磷酸钛钠。

2. 锰酸钠（Na$_x$MnO$_2$）

在各种不同的 Na$_x$MnO$_2$ 化合物中，Na$_{0.44}$MnO$_2$ 具有三维互连 S 形的隧道结构（也可写作 Na$_4$Mn$_9$O$_{18}$），是研究最为广泛的水系钠离子电池正极材料之一。在 1mol/L Na$_2$SO$_4$ 电解液中，材料在 $-0.5\sim0.3$V（vs. Hg/Hg$_2$SO$_4$）的区间内呈现出三个氧化还原峰 [图 6.3（a）]，表明了 Na$^+$ 的嵌入/脱出过程是一个多相行为。该材料具有良好的循环性能，曾经是水系钠离子电池正极材料的重要研究体系[7]。

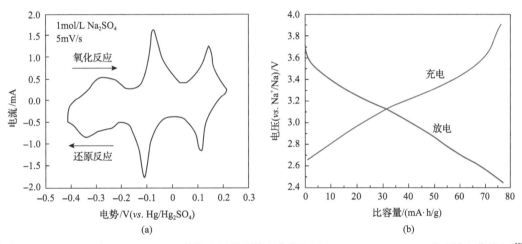

图 6.3　Na$_{0.44}$MnO$_2$ 在 1mol/L Na$_2$SO$_4$ 溶液中的循环伏安曲线（a）和 Na$_{0.44}$[Mn$_{0.44}$Ti$_{0.56}$]O$_2$ 的充放电曲线（b）[8]

除了循环性能优异之外，Na$_{0.44}$MnO$_2$ 在水系电解液比在有机电解液具有更好的倍率性能。Na$_{0.44}$MnO$_2$ 在水系和有机电解液中的表观扩散系数分别为 $1.08\times10^{-13}\sim9.15\times10^{-12}$cm^2/s 和 $5.75\times10^{-16}\sim2.14\times10^{-14}$cm^2/s，在水系电解液中的扩散系数比有机电解液中高 3 个数量级[8]。同时，在水系电解液中的电荷转移电阻和电极/电解液界面电阻也小得多。

为了提高 Na$_{0.44}$MnO$_2$ 的结构稳定性和电化学性能，可对其进行杂原子取代。例如，Na$_{0.44}$[Mn$_{0.44}$Ti$_{0.56}$]O$_2$ 在有机电解液中显示出一个平滑的恒电流曲线 [图 6.3（b）]，这表明 Ti 的取代抑制了 Na$_{0.44}$MnO$_2$ 的一系列相变，具有高的结构稳定性[9]。Ti 取代 Na$_{0.44}$MnO$_2$ 的可逆比容量为 76mA·h/g，循环性能也比较优异，其充放电电压区间为 $2.4\sim4.0$V（vs. Na/Na$^+$），可作为水系钠离子电池的正极。

3. 其他锰基氧化物

表面羟基化的 Mn$_5$O$_8$ 在 0.1mol/L Na$_2$SO$_4$ 电解液中具有 $-1.04\sim1.46$V（vs. SHE）的电化学窗口。在羟基的抑制下，电极表面水解的动力学非常缓慢，从而在水系电解液中形成高达 2.5V 电压窗口。Mn$_5$O$_8$ 中的 Mn^{2+}/Mn^{4+} 电对可以发生双电子的转移反应，结构稳定性好，25000 次循环后，仍表现出良好的库仑效率(约 100%)和较高的能量效率(约 85%)[10]。

除此之外，其他结构的 Na_xMnO_2 也都可以用于水系钠离子电池正极，如 $Na_{0.21}MnO_2$、$Na_{0.35}MnO_2$、$Na_{0.58}MnO_2·0.48H_2O$、$P2-Na_{2/3}Ni_{1/4}Mn_{3/4}O_2$、$NaMnO_2$[11-15]等，但是这些锰基氧化物正极材料均表现出斜坡式的充放电曲线。由于活性电压范围较低，通常容量利用率不高。再加上水合钠离子半径(0.358nm)较大，一旦嵌入氧化物晶格后倾向于形成稳定结构，使钠离子再次脱出比较困难，能够参与可逆的嵌入/脱出反应的钠离子数量有限。

因此，需要采用具有较大离子通道的开放结构，且充放电电压平台较平坦的材料作为水系钠离子电池的活性正极，如聚阴离子化合物和普鲁士蓝类似物。

6.1.2 聚阴离子化合物

由于极为稳定的开放式大通道结构和阴离子的强诱导效应，聚阴离子化合物被认为是理想的钠离子电池正极材料，具有较长的循环寿命、较好的倍率性能和高的安全性。

与有机电解液体系相比，橄榄石型的磷酸铁钠 $NaFePO_4$ 在水系钠离子电池中表现出较低的极化、较好的倍率性能及较高的放电比容量(110mA·h/g)。然而，$NaFePO_4$ 的储钠电位很低，仅有 2.4V($vs.$ Na/Na^+)，并不适合作为水系钠离子电池的正极[16]。而具有层状结构的氟磷酸铁钠 Na_2FePO_4F 具有 3.0V($vs.$ Na^+/Na)的高电压，在–0.68～1.12 V($vs.$ SHE)的电压范围内，可在水系电解液中表现出稳定的氧化还原活性，无任何析氧或还原反应，与 $NaTi_2(PO_4)_3$ 负极可组配成工作电压为 1.0V 的水系钠离子电池[17]。

NASICON 结构的 $Na_3V_2(PO_4)_3$ 是一种钠离子超快导体，具有很高的离子扩散速率，在 3.4V($vs.$ Na/Na^+)电压时每个 $V_2(PO_4)_3^{3-}$ 结构单元发生 2 个 Na^+ 的嵌入/脱出，产生 117mA·h/g 的比容量。高电压和高比容量使其成为水系钠离子电池最有发展潜力的正极材料之一。研究发现 $Na_3V_2(PO_4)_3$ 电极在水溶液中嵌入/脱出 Na^+ 的速率是由扩散控制的，而非电容行为[18]。然而，由于钒化合物在水中的溶解性较大，$Na_3V_2(PO_4)_3$ 在水系电解液中循环稳定性较差。为了解决这个问题，通常采用元素掺杂来稳定材料的结构。例如，用 Ti^{4+} 取代 $Na_3V_2(PO_4)_3$ 中的 1 个 V^{3+}。由于 Ti^{4+} 是不溶的，当被水系电解质侵蚀时，可钝化形成不同的水合氧化物，降低了 $Na_3V_2(PO_4)_3$ 的副反应，表现出较高的稳定性[19]。

虽然 NASICON 结构电极材料具有良好的钠离子扩散动力学，但钒元素的毒性较大、成本较高，在一定程度上限制了其大规模使用。因此，开发使用无毒的、含量丰富且低成本的元素(如 Fe、Mn、Ni 等)来制备新型高性能的聚阴离子化合物，将是水系钠离子电池正极材料的一个发展方向。

6.1.3 普鲁士蓝类化合物(类普鲁士蓝)

类普鲁士蓝(PBAs, $Na_2M[Fe(CN)_6]$, M= Fe, Co, Mn, Ni, Cu 等)的开放骨架结构可以提供大的离子通道和钠离子的嵌入位点，且具有合成路线简单、成本低、无毒等优势，被认为是水系钠离子电池正极材料的合适选择。PBAs 结构中存在大量空隙位点，可与水溶液中的钠离子发生快速交换，进行可逆的嵌入/脱出反应，晶格应变非常小，这些特点使得材料不仅具有良好的循环稳定性，而且倍率性能优异，可以在超大倍率下进行长时间循环。

PBAs 包含两个不同的氧化还原活性中心：$M^{2+/3+}$ 和 $Fe^{2+/3+}$。当 M=Fe、Co、Mn 时，这两个金属中心都可以进行氧化还原反应 [式(6.3) 和式(6.4)]，通过 2 个钠离子的可逆嵌入/脱出过程提供了双电子转移的氧化还原反应[20]。

$$Na_2M^{II}[Fe^{II}(CN)_6] \rightleftharpoons NaM^{III}[Fe^{II}(CN)_6] + Na^+ + e^- \tag{6.3}$$

$$NaM^{III}[Fe^{II}(CN)_6] \rightleftharpoons M^{III}[Fe^{III}(CN)_6] + Na^+ + e^- \tag{6.4}$$

尽管许多 PBAs（如镍、铜和锰铁氰化物）在水系电解液电池中表现出良好的循环寿命和高倍率性能，但它们的储钠比容量远远低于在有机电解液中所能发挥的比容量，表明在水溶液中很难完全利用 PBAs 的氧化还原活性位点。这种现象可能是由于配位水和晶格水占据了其结构中大量的晶格缺陷或空位，从而阻碍了更多的钠离子进入晶格。一般来说，优化合成条件以获得结晶度高、缺陷/空位少的普鲁士蓝类似物是提高其容量和循环稳定性的有效方法。

1. 单电子转移型普鲁士蓝

镍基普鲁士蓝 $Na_2NiFe(CN)_6$（Ni-HCF）是研究最早、最广泛的一种 PBAs 正极，其嵌钠的电位为 0.59V（*vs.* SHE），反应方程式如式(6.5)所示。

$$Na_xNiFe^{III}(CN)_6 + Na^+ + e^- \rightleftharpoons Na_{1+x}NiFe^{II}(CN)_6 \tag{6.5}$$

镍基普鲁士蓝是一种单电子转移型的普鲁士蓝，其理论储钠比容量为 $80mA \cdot h/g$ 左右，但在 $1mol/L$ $NaNO_3$ 电解液中仅发挥出 $60mA \cdot h/g$（0.83C）的比容量。其循环性能和倍率性能优异，循环次数可达 5000 次以上，且最高倍率达到了 41.7C，在整个充放电期间，晶格应变仅 0.18%[18]。

尽管镍基普鲁士蓝在水系钠离子电池中的循环和倍率性能优异，但是作为正极材料，其氧化还原电位和比容量都太低。相对而言，铜基普鲁士蓝 $Na_2CuFe(CN)_6$（Cu-HCF）的氧化还原电位可以比镍基普鲁士蓝提高 0.4V 以上，达到 1.0V（*vs.* SHE）。但是，与镍基普鲁士蓝一样，铜基普鲁士蓝在水系电解液中的比容量也只有 $60mA \cdot h/g$[19]。

2. 双电子转移型普鲁士蓝

虽然 $Na_2NiFe(CN)_6$ 和 $Na_2CuFe(CN)_6$ 在水系电解液中表现出高倍率性能和长循环寿命的优点，但由于 Ni 和 Cu 处于电化学惰性状态，只在晶格中起稳定作用，仅 Fe^{2+}/Fe^{3+} 表现出氧化还原活性，限制了其储钠比容量。

具有两个氧化还原活性中心的 PBAs，如 $Na_2M[Fe(CN)_6]$（M= Fe, Co, Mn），理论上能够提供双电子转移的氧化还原能力。然而，早期发现 $Na_2FeFe(CN)_6$ 和 $Co_3[Fe(CN)_6]_2$ 在 $1mol/L$ Na_2SO_4 水溶液中也只有 $65\sim70mA \cdot h/g$ 的低比容量，远低于双电子转移反应所贡献的比容量，也低于在有机系钠离子电池中表现出的比容量。导致 PBAs 材料电化学容量利用率低的主要原因与材料的缺陷有关。由常规共沉淀法合成的 PBAs 晶格约有

30%的 Fe(CN)$_6$ 空位，并且在结构中引入了大量的配位水和结晶水，占据了部分的储钠活性位点，从而阻碍了 Na$^+$ 的可逆嵌入。

为了克服这些问题，必须对晶格缺陷和含水量进行控制。低晶格缺陷的 FeFe(CN)$_6$ 普鲁士蓝纳米晶体的比容量可以提高至 125mA·h/g，在 20C 的高倍率下具有 102mA·h/g 的优异性能[图 6.4(a)]。其优良的电化学性能和材料的低成本，为水系钠离子电池正极材料的设计提供了思路[21]。基本无空位缺陷的 Na$_{1.85}$Co[Fe(CN)$_6$]$_{0.99}$·2.5H$_2$O(CoFe-PBA)，在水系电解液中可以发挥出 130mA·h/g 的高比容量，对应于每个分子中有 1.7Na$^+$ 的可逆嵌入，相当于理论比容量的 85%。CoFe-PBA 分别在 +0.92 和 +0.4V(vs. Ag/AgCl)处有两个平坦的充放电平台，对应于 Fe^{2+}/Fe^{3+} 和 Co^{2+}/Co^{3+} 的氧化还原反应[图 6.4(b)]。此外，CoFe-PBA 在室温下也表现出较高的倍率性能和良好的循环性[22]。

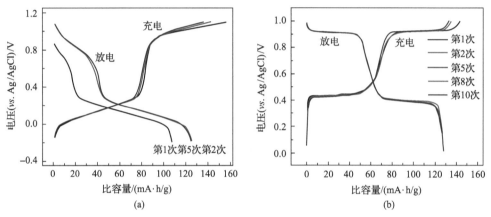

图 6.4　FeFe-PBA(a)和 CoFe-PBA(b)在水系电解液中的充/放电曲线[23]（扫封底二维码见彩图）

通过对几种双电子转移型的普鲁士蓝材料 MnFe-PBA、CoFe-PBA 和 MnCoFe-PBA 在水系电解液中的电化学性能和结构特征进行研究，发现 C 配位的 Fe 可保持循环中晶体结构的稳定性，并使其具有优异的动力学和循环寿命。尽管 N 配位的 Co 和 Mn 离子表现出较慢的动力学状态，但由于弱 N 配位晶体场引起的结构畸变对电化学活性的激活作用，使其仍对材料的总容量有显著贡献[20]。

MnFe-PBA[Na$_2$MnFe(CN)$_6$]具有两个电活性电对：Mn^{2+}/Mn^{3+} 和 Fe^{2+}/Fe^{3+}。研究发现在 1mol/L NaClO$_4$ 水溶液中，由于稀溶液的电化学窗口较窄（只有 1.9V），容易发生析氢反应使溶液呈碱性，促进了 MnFe-PBA 的溶解，导致可逆比容量和循环稳定性严重恶化。但是这个问题可以通过提高电解液的浓度来进行改善。当电解液浓度增加到 17mol/L 时，电解液的电化学窗口扩大到 2.8V，析氢反应受到抑制，缓解了 MnFe-PBA 的溶解，材料的电化学性能改善明显。通过提高水溶液中的电解质浓度可以稳定 PBAs 材料的结构，意味着减少电解液中自由水的含量，可以提高类普鲁士蓝材料在水系电解液中的电化学性能[23]。

由于类普鲁士蓝材料在水系钠离子电池中性能优异，再加上材料的成本低廉，基于类普鲁士蓝的水系钠离子电池被认为是适用于大规模储能的经济高效且生态友好的储能技术。

6.2　负　极　材　料

水系钠离子电池对负极活性材料有以下要求。

(1)还原电位应接近但不低于析氢反应的电位,以便在不引起水解的情况下使电池工作电压最大化。

(2)负极比容量应尽可能高,以提高电池的能量密度。

(3)在化学稳定性的基础上,活性材料在选定的水系电解液中的溶解度应足够低,以防止在循环过程中因溶解而损失材料。

6.2.1　NASICON 型负极材料[NaTi₂(PO₄)₃]

在电极反应动力学的影响下,水的析氢电位最低可以达到$-1.0V$($vs.$ SHE),相当于$1.7V$($vs.$ Na/Na$^+$)。所以,作为水系电池的负极,材料的嵌入/脱出 Na$^+$ 的电位需高于$1.7V$($vs.$ Na/Na$^+$)。要满足这个条件,在众多的无机电极材料中,仅有 NaTi₂(PO₄)₃ 是水系钠离子负极的最佳选择。

NaTi₂(PO₄)₃ 具有典型的 NASICON 结构,由 3 个 PO₄ 四面体和 2 个 TiO₆ 八面体通过共角连接组成 NaTi₂(PO₄)₃ 的基本单元。1 个 NaTi₂(PO₄)₃ 基本单元中存在两种空间位置(存在两种空间位置,分别对应 Na1 和 Na2 位点,其中 Na1 位置的钠离子具有电化学活性,Na2 位置的钠离子相对稳定,不直接参与电化学反应,这种开放的三维框架有利于加快钠离子的传输[24]。

NaTi₂(PO₄)₃ 作为钠离子电池的负极,理论比容量可达到 133mA·h/g,在 2.1V($vs.$ Na/Na$^+$)处有一个平坦的放电电压平台,对应于钠离子可逆脱嵌过程的两相反应(图 6.5)。两相反应在 NaTi₂(PO₄)₃ 和 Na₃Ti₂(PO₄)₃ 之间发生,最终 2 个 Na$^+$可逆地嵌入到 NaTi₂(PO₄)₃ 的三维结构中。在 1mol/L Na₂SO₄ 溶液中,NaTi₂(PO₄)₃ 在$-0.60V$($vs.$ SHE)处表现出一个长且平坦的电压平台,对应于 Ti^{3+}/Ti^{4+} 的氧化还原反应[25]。这一反应电位接近但略高于水的析氢电位,可确保正常的嵌钠反应过程中没有明显的析氢副反应的发生,有助于改善电解液的稳定性并提高电池的工作电压,从而获得较大的输出电压和稳定的电池循环[1]。如图 6.5 所示,与有机电解液中的充放电曲线相比,NaTi₂(PO₄)₃ 在水系电解液中的极化较小,说明水合钠离子在界面和电极材料中的扩散速度更快,或者是水合钠离子在界面的去溶剂化过程势垒很低。

与所有的 NASICON 材料一样,NaTi₂(PO₄)₃ 的电子电导率低,需要对材料进行碳包覆,一方面可以提高材料的电导率,另一方面可以将材料与电解液进行隔离,防止析氢副反应后生成大量的 OH$^-$对材料产生腐蚀作用。这层碳包覆层要求均匀而完整,厚度适中。碳层太薄起不到隔绝电解液的作用,碳层太厚不利于 Na$^+$ 的传输。用石墨烯、碳纳米管对 NaTi₂(PO₄)₃ 进行包覆也能有效地提高导电性,改善电化学性能。

除了导电性低之外,NaTi₂(PO₄)₃ 在水系电解液中作为负极使用还存在一些问题。首先,NaTi₂(PO₄)₃ 在水中的溶解性受 pH 影响明显。在中性至 pH 为 11 的溶液中,材料非常稳定,溶解度很低。随着 pH 的升高至 12,NaTi₂(PO₄)₃ 的溶解度明显增加,并且随

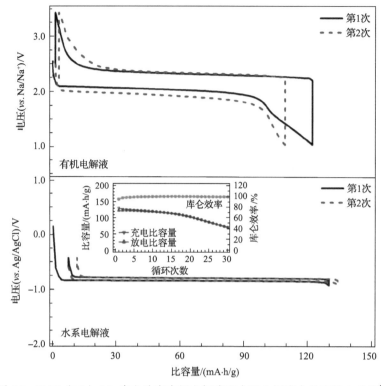

图 6.5　NaTi$_2$(PO$_4$)$_3$/Na 半电池在有机电解液和水系电解液中的充放电曲线[25]

着 pH 的升高，溶解度剧烈增加[图 6.6(a)]。尽管如此，NaTi$_2$(PO$_4$)$_3$ 在室温下的比容量和循环寿命随 pH 的变化并不明显。但是在高温下(70℃)，pH 越高，NaTi$_2$(PO$_4$)$_3$ 的比容量越低[图 6.6(b)]，温度升高促进了材料的溶解。析氢反应会导致在负极附近形成局部高浓度的 OH$^-$，使负极附近的 pH 急剧升高，促进了 NaTi$_2$(PO$_4$)$_3$ 的溶解。其次，NaTi$_2$(PO$_4$)$_3$ 的嵌钠态 Na$_3$Ti$_2$(PO$_4$)$_3$ 的还原性很强，非常不稳定，在水系电解液中容易被 H$_2$O、OH$^-$ 及溶解在水中的 O$_2$ 所氧化，导致电池无法正常充电，或者造成比容量低、循

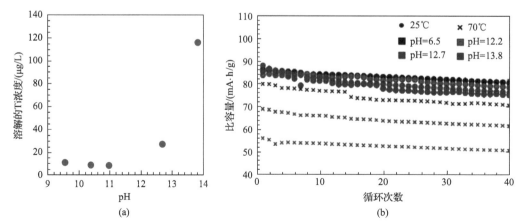

图 6.6　NaTi$_2$(PO$_4$)$_3$ 在碱性水溶液中的溶解的 Ti 浓度(a) 及 NaTi$_2$(PO$_4$)$_3$ 在 25℃和 70℃下不同 pH 的 Na$_2$SO$_4$ 溶液中的循环性能(b)[3]

环性能差、自放电高等问题。最后，在实际应用中，电池极化的存在使 $NaTi_2(PO_4)_3$ 的放电平台进一步降低，增加了析氢的风险，析氢又进一步加速了材料的溶解，使电池很快失效。这些问题使 $NaTi_2(PO_4)_3$ 在水系钠离子电池中的应用受到了挑战。

6.2.2　钒基化合物

自从二氧化钒(VO_2)被证明可以作为水系锂离子电池的负极以来，许多其他钒基材料也被证明可作为水系钠离子电池的负极材料。钒基材料由于具有多重氧化状态，可以实现多电子转移反应而特别受关注。

$V_2O_5 \cdot 0.6H_2O$ 作为水系电池负极材料能够嵌入三种碱金属阳离子(Li^+、Na^+、K^+)[26]。纳米结构的层状钠钒氧化物($Na_2V_6O_{16} \cdot nH_2O$)也可以作为水系钠离子电池负极，分别可以提供 $123mA \cdot h/g$ 和 $42mA \cdot h/g$ 的初始放电比容量和充电比容量，初始库仑效率非常低(45%)。水合钠离子位于 V_3O_8 层之间的空隙处，在第一次放电过程中钠离子嵌入后会引起不可逆相变，导致比容量的快速衰减。

钒基化合物具有较高的成本及不稳定的结构，决定了其不能成为理想的水系钠离子电池负极材料。

6.2.3　有机羰基化合物

与室温有机系钠离子电池相比，水系钠离子电池负极材料的选择非常少。在过渡金属化合物中，只有前面提到的 V 或 Ti 基化合物的氧化还原电位略在析氢电位之上，如 NaV_3O_8、V_2O_5、$NaTi_2(PO_4)_3$ 等。这些无机负极材料在水溶液中表现出较低的比容量和较高的工作电位，导致水系钠离子电池的能量密度较低。另外，负极材料在水溶液中的稳定性差，导致水系钠离子电池的循环寿命较短。根据本章前面部分的讨论可知，这是由负极材料与水和/或氧的副反应、活性物质在电解液中的溶解，以及充放电过程中的不可逆结构变化引起的。因此，负极材料的电化学性能严重制约了水系钠离子电池在大规模储能中的应用。水系钠离子电池负极的主要挑战在于寻找对水系电解质具有化学稳定性的材料，这种材料易于获得且价格低廉，具有高的比容量，利用氧化还原过程中的结构可逆性来稳定地存储电荷，并且具有适合的电位，不会导致析氢副反应的发生[27]。

1. 聚酰亚胺

部分电活性的有机共轭羰基化合物的储钠电位在 1.8~2.5V 区间内，从电压的角度来看，非常适合作为水系钠离子电池的负极材料。电化学活性的酰亚胺通常是一类共轭芳香环上具有 O=C—N—C=O 基团的化合物。聚酰亚胺由于聚合物链的稳定性和较好的机械性能，比小分子的酰亚胺具有更优异的电化学性能。聚(1,4,5,8-萘四甲酸二酰亚胺)及其衍生物是最早被报道也是研究最为广泛的一种用于水系钠离子电池的有机电极材料，其化学结构及电化学氧化还原机理如图 6.7 所示[28]。与离子嵌入机理或掺杂/脱掺杂机理不同，聚酰亚胺在与阳离子结合时会经历一个烯醇化过程，并伴随着共轭芳香分子内的电荷再分配，是一个两电子转移的氧化还原过程。在此过程中，聚合物骨架保持完整。这种反应机理赋予聚酰亚胺优异的结构稳定性和快速的反应动力学。这个电化学氧化还原反应可以从有机电解液扩展到水系电解液，并且可以同时应用于水系锂离子电池和水系钠离子电池。

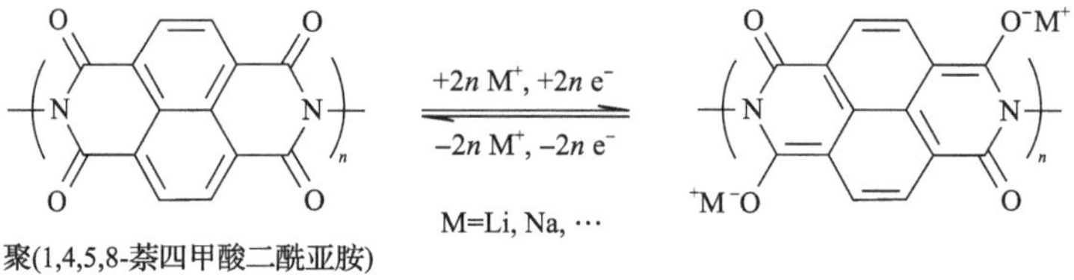

$$\xrightleftharpoons[-2n\ M^+,\ -2n\ e^-]{+2n\ M^+,\ +2n\ e^-}$$

M=Li, Na, …

聚(1,4,5,8-萘四甲酸二酰亚胺)

图 6.7　聚(1,4,5,8-萘四甲酸二酰亚胺)化学结构及其电化学氧化还原反应式[28]

聚(1,4,5,8-萘四甲酸二酰亚胺)电极在 5mol/L NaNO$_3$ 电解液中的储钠电位大约位于 $-0.26V$ (*vs.* SHE)，高于析氢电位 [$-1.0V$ (*vs.* SCE[①])]。聚酰亚胺没有刚性的晶体结构，其柔性的聚合物骨架有利于离子迁移，阳离子的离子半径对反应动力学没有太大影响，因此阳离子类型(Li$^+$或 Na$^+$)不会对电化学性能产生显著影响。聚(1,4,5,8-萘四甲酸二酰亚胺)在 5mol/L NaNO$_3$ 电解液中的充放电比容量与在 5mol/L LiNO$_3$ 中非常接近。为了提高聚酰亚胺的导电性，常将碳纳米管等导电碳材料与电极材料进行复合，可以明显提高电池的倍率性能和长循环性能[29]。

尽管聚酰亚胺在水系电解液中表现出电压和比容量上的优势，但由于对氧和碱不稳定，极大地阻碍了其实际应用。

2. 醌类化合物

醌类化合物 [特别是苯醌(1,2-苯醌或 1,4-苯醌)] 化学性质稳定，与金属阳离子之间的氧化还原反应属于离子配位电荷储存机制。其中在羰基发生电化学还原时，阳离子与带负电荷的氧原子配位，并且在逆反应过程中可逆地脱去阳离子被氧化。只要对醌的衍生物进行适当的分子工程设计，使其修饰上特定官能团，便可以得到在 pH=1～15 都保持结构稳定的醌类化合物，可以作为水系电池的负极材料在各种环境下进行工作[27]。

例如，芘-4,5,9,10-四酮(pyrene-4,5,9,10-tetraone, PTO)可以在强酸性电解液中作为负极材料，与 PbO$_2$ 正极组成 PTO-PbO$_2$ 酸性电池。在 40mA/g 的电流密度下，PTO 可以释放出 395mA·h/g 的比容量。PTO-PbO$_2$ 酸性电池在 2C 的倍率下，100%深度充放电可以循环 1500 次并无明显的容量衰减和电压下降的现象。该电池优异的电化学性能主要取决于 PTO 在酸性电解液中的低溶解性(4.7×10^{-6} mol/L)、高的质子扩散率(2.32×10^{-9} cm^2/s)和高的氧化还原活性。

虽然 PTO 在酸性溶液中的溶解性很低，但是却可溶于中性电解液，导致容量迅速衰减。而 PTO 的聚合物聚芘-4,5,9,10-四酮[poly(pyrene-4,5,9,10-tetraone), PPTO]在中性电解液中非常稳定，比容量可达 229mA·h/g。将其作为负极材料与锰酸锂正极组装的

---

① 饱和甘汞电极。

中性水系锂离子电池的平均电压为 1.13V，质量和体积能量密度分别为 92W·h/kg 和 208W·h/L。该电池在 1C 下可以深度循环 3000 次且电压没有明显衰退，是迄今为止发现的最稳定的水系负极材料之一。醌类化合物与聚酰亚胺一样，电化学反应不受阳离子种类和半径大小的影响，因此 PPTO 同样可以成为稳定的水系钠离子电池的负极材料。

与 $NaTi_2(PO_4)_3$ 和其他用于水系钠离子电池的负极材料相比，PPTO 的一个重要优势是它能够支持"氧循环"。析氧是所有商用水系可充电电池的常见现象，"氧循环"是一种内置的安全机制。在这种机制中，水在高充电状态下在正极分解产生氧气，氧气扩散到电解液中，并被带电的负极还原（图 6.8）。这种机制可以自发地保护水系电池避免过充，并有助于使电池组中所有电池的充电状态同步。PPTO 的这种可氧循环的特性是其他的水系负极材料所没有的。虽然聚酰亚胺也可以发生氧循环，但是反应导致的 pH 升高却会加速聚酰亚胺的水解，结构稳定性下降。在氧循环过程中，还原态（充电态）的 PPTO 被氧气可逆地氧化，在其放电状态下再生 PPTO，同时保持电压分布和容量（图 6.8）。事实上，不管电解液的 pH 是多少，这种氧相容性是所有醌类化合物都具备的性质。醌的耗氧能力使其能够与接近析氧反应电位的高电压正极材料匹配使用，从而实现高电压和高比容量。

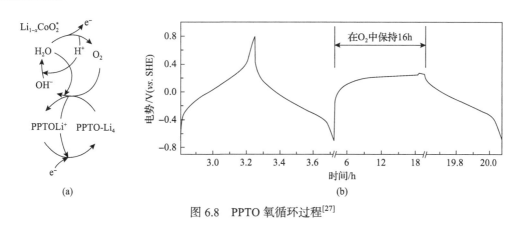

图 6.8 PPTO 氧循环过程[27]

6.3 电 解 液

水系钠离子电解液是水系钠离子电池的重要组成部分，是决定电池性能的关键因素。与有机溶剂（如碳酸酯）相比，水由于高介电常数、低黏度、高离子电导率和低蒸汽压，尤其是固有的安全性，成为一种极具吸引力的电解液溶剂。

表 6.1 显示了目前水系钠离子电池常见电解液体系及相关电极材料在水系钠离子电池中的电化学性能。与有机钠离子电池相比，工作电压低是最主要的限制。本章将讨论水系电解液的设计和制备，特别是重点介绍如何扩宽水系电解液的电化学窗口、抑制副反应。

表 6.1　常见电解液体系在水系钠离子电池的电化学性能[2]

正极材料	负极材料	电解液	工作电压/V	比容量/(mA·h/g)	容量保持率(循环次数)
$Na_{0.44}MnO_2$	$NaTi_2(PO_4)_3$	Na_2SO_4(1mol/L)	1.1	95	86%(100)
$NaMnO_2$	$NaTi_2(PO_4)_3$	CH_3COONa(2mol/L)	1.0	27	75%(500)
$Na_3V_2O_2(PO_4)F$-MWCNT	$NaTi_2(PO_4)_3$-MWCNT	$NaClO_4$+2%VC(10mol/L)	1.5	54.3	81%(100)
$NaVPO_4F$	聚亚酰胺(polyimide)	$NaNO_3$(5mol/L)	0.8	54	68%(20)
$Na_{0.35}MnO_2$	$PPy@MoO_3$	Na_2SO_4(0.5mol/L)	0.8	25	79%(1000)
Cu^{2+}-NC-$Fe^{2+/3+}$	Mn^{2+}-NC-$Mn^{2+/3+}$	$NaClO_4$(10mol/L)	1.0	22	100%(1000)

6.3.1　水系电解液的设计

　　如第 4 章所述，电解液的工作电压的极限是由 HOMO 和 LUMO 之间的能量差决定的。电解液的成分非常复杂，每一种成分的 HOMO 和 LUMO 能级对电解液的电化学窗口（ESW）都可能有影响。然而，在预测电解液的电化学窗口及设计添加剂时，采用 HOMO 和 LUMO 能级作为标准是可行的[30]。水的 HOMO 和 LUMO 能级差决定了水的 ESW 只有 1.23V，在电势小于–0.42V（$vs.$ SHE）或大于 0.81V（$vs.$ SHE）时，电极分别会发生析氢和析氧反应（图 6.9）。因此，在设计电解液成分时，如何从热力学的角度提高 HOMO 和 LUMO 的能级差是关键挑战之一。

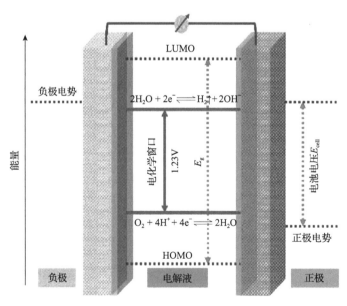

图 6.9　水系钠离子电池电解液能级与正负极电势匹配示意图[30]

　　有机电解液成分在电池充电过程中也会发生分解，分解产物会在两个电极表面上形成稳定的 CEI 膜或负极 SEI 膜。由于这种由电解液衍生的界面层是电子绝缘体，因此可以从动力学上抑制电解液在电极上进一步得失电子而分解，从而保证电解液能够在较宽的电化学窗口下稳定工作不分解。相比之下，由于水系电解液的分解产物不是难溶的固体化合物，在电极表面不可能形成电极/电解液界面层(高浓盐溶液除外)，无法从动力学上抑制水的分解反应。想要获得高能量的水系钠离子电池，在电解液的配方设计时，要考虑如何在正负极表面形成稳定致密且离子电导率高的电极/电解液界面层。如果这个目标能实现，水系钠离子电池的电压窗口可以与有机钠离子电池媲美。

另外，水分解会生成 OH^- 和 H_3O^+，不仅对电极材料和集流体具有腐蚀性，又会进一步加速析氧和析氢反应的进行。水系电解液的析氢和析氧电位与溶液的 pH 密切相关，如图 6.1 所示。事实上，水分解发生在电极电解质的界面上，会受到电极表面的过电位和电极表面局部 pH 的影响。因此，调整电解液成分和参数可以有效地扩大电压窗口，抑制副反应[31]。

6.3.2　水系电解液的制备及参数

1. 除氧

一旦电解液中溶解了氧，电极材料的化学稳定性就会降低。负极的放电态还原性很强，很容易被溶解在电解液里的氧和水所氧化，最终导致电池无法正常充电或造成严重自放电。有研究发现，无论电解液的 pH 如何，如果电解液中溶解了氧，没有任何材料可以用作水性钠离子电池的负极，因为在 O_2 存在时会发生如下反应[31]：

$$Na(嵌入态) + 1/2\,H_2O + 1/4\,O_2 \longrightarrow Na^+ + OH^- \tag{6.6}$$

也就是说，理论上所有负极材料的还原状态都会被水系电解液中溶解的 O_2 和 H_2O 化学氧化，而不是经历电极本身的电化学氧化还原过程。因此，在水系电解液使用之前需要清除溶解的氧气，才能保证优异的循环稳定性，这已成为一种常规做法，尤其是在稀溶液中。

2. 调节电解质 pH

如图 6.1 所示，水系电解液的电化学窗口由析氢和析氧电位决定，而 pH 的变化会加速 H_2/O_2 的释放反应。因此，必须对电解液的 pH 进行合理的调节。

H^+ 的离子电导率远高于 Na^+，因此质子容易竞争性地嵌入材料，从而阻断了需要发生嵌入反应 Na^+ 的扩散路径，使电化学性能发生衰退。这种现象在很大程度上取决于电解液的 pH。另外，大部分电极材料在酸性溶液中都会受到腐蚀。因此，最好避免电解液的 pH 太低。

H_2O 与还原态负极之间的反应也可以通过调节水电解质的 pH 来解决，以保证电极的稳定性。以磷酸钛钠 $[NaTi_2(PO_4)_3]$ 为例，充电态 $Na_3Ti_2(PO_4)_3$ 通过自放电反应与水发生反应：

$$Na_3Ti_2(PO_4)_3 + 2H_2O \longrightarrow NaTi_2(PO_4)_3 + 2NaOH + H_2\uparrow \tag{6.7}$$

适当地升高 pH 可以抑制这个反应的发生，也能调节析氢过电位使之变低。但是当电解液的 pH 大于 11 时，$NaTi_2(PO_4)_3$ 开始溶解，并且其溶解量随着 pH 的升高而增加。一般认为对于 $NaTi_2(PO_4)_3$ 负极来说，最佳的电解液 pH 为 7～11。

　　一般而言，消除电解液中的溶解氧，调节电解液 pH，都可以有效地避免副反应，从而提高电极材料的稳定性。然而，这种策略在拓宽电压窗口方面有很大的局限性。通过图 6.1 也可以发现，虽然在酸性条件下具有较高的析氧反应(OER)电位，在碱性条件下具有较低的析氢反应(HER)电位，但是通过调节电解液的 pH 并不能同时抑制电解液的析氢和析氧反应。

3. 钠盐及其浓度

1) 钠盐种类

　　水系电解液是一种或多种钠盐溶解在水中形成的混合物，相比于其他有机溶剂，水溶液不仅具有本质安全性，而且具有高受体和供体数量。因此，在特定的浓度下，水系电解液通常比有机电解液具有更高的离子电导率，从而可以实现高功率储能。由于氧的路易斯碱性和氢的路易斯酸性，水可以溶解大多数盐以形成溶剂化结构，表 6.2 为常见钠盐在水中的溶解度。稀溶液中的钠离子的溶剂化结构是 1 个 Na^+ 与 6 个 H_2O 配位[32]（图 6.10），因此在电解液中存在大量的自由水分子。由于稀的钠盐溶液具有较高的离子电导率和较低的成本，因此常被用作传统水系钠离子电池的电解液。

表 6.2　常见钠盐 20℃时在水中的溶解度

钠盐	溶解度(20℃)/(g/100g H_2O)	质量摩尔浓度/(mol/kg)
CH_3COONa	46.4	5.7
NaCl	35.9	6.1
$NaNO_3$	87.6	10.3
Na_2SO_4	19.5	1.4
$NaClO_4$	201	16.5

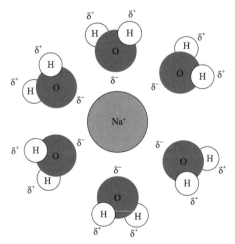

图 6.10　水溶液中的钠离子的第一溶剂化鞘层结构[32]

δ^+表示因电子被 O 吸引，H 带有部分正电荷；δ^-表示因电子云密度高，O 带有部分负电荷在这些钠盐的稀溶液中，1mol/L 硫酸钠(Na_2SO_4)水溶液的 pH 呈中性，由于其高导电性、安全性和廉价性，成为水系钠离子电池最常见的电解液体系。该电解液与$Na_{0.44}MnO_2$、$Na_3V_2(PO_4)_3$、$Na_3Ti_2(PO_4)_3$ 等多种电极材料相容性较好。除了 Na_2SO_4 之外，1mol/L 硝酸钠($NaNO_3$)、1mol/L 乙酸钠(CH_3COONa)都可以用来作为水系钠离子电池的电解液，与电极材料均有良好的相容性[33,34]。图 6.11 所示的是一些常规钠盐在不同浓度的电化学窗口[30]，可以发现盐的种类和浓度都对电化学窗口有影响。还需要注意的是，有一些钠盐，如 $NaNO_3$ 溶液有可能会在水系钠离子电池中引起电极材料和集流体的腐蚀[35]。

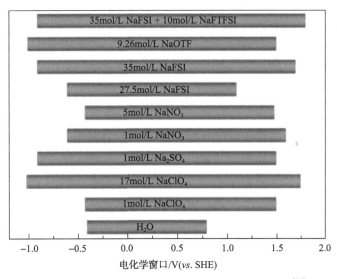

图 6.11　中性 pH 下常见钠盐电解液的电化学窗口[30]

2) 钠盐的浓度

常规浓度为 1mol/L 的电解液由于受到水的热力学限制，电化学窗口很窄，除了会限制能量密度之外，浓度较低电解液中的析氢和析氧反应还会导致水的消耗，引起水系钠离子电池系统的失效。另外，低浓度水系电池体系中还有其他副反应，包括电极与水或氧的反应、质子共嵌和电极材料的溶解等。

根据能斯特方程，析氢(HER)电位 E_{HER} 和析氧(OER)电位 E_{OER} 可以根据以下公式进行计算[36]。

$$E_{HER} = E_{H_2O/H_2}^{\ominus} - 2.303\frac{RT}{F}pH - \frac{RT}{2F}\ln K + \frac{RT}{2F}\ln(a_{H_2O})^2 \tag{6.8}$$

$$E_{OER} = E_{O_2/H_2O}^{\ominus} - 2.303\frac{RT}{F}pH - \frac{RT}{4F}\ln(a_{H_2O})^2 \tag{6.9}$$

式中，$E_{H_2O/H_2}^{\ominus}$ 和 $E_{O_2/H_2O}^{\ominus}$ 分别是析氢和析氧反应的标准电极电势；R、T 和 F 分别是理想气体常量、热力学温度和法拉第常量；a_{H_2O} 是水的活度；K 是 H_2O 的电离平衡常数。

由此可见，除了 pH 之外，水的活度 a_{H_2O} 也会影响析氢电势和析氧电位。要拓宽水系电解液的电化学窗口，即意味着要提高 E_{OER} 并降低 E_{HER}。由上面两个公式也能发现，调节 pH 并不能同时实现提高 E_{OER} 和降低 E_{HER}，而降低水的活度却可以达到这个目的。降低水的活度的最简单有效的方法之一是增加盐的浓度。事实上，通过研究电解液浓度与电化学窗口之间的关系，发现高浓度钠盐确实可以拓宽电解液的电化学窗口，如图 6.11 所示。

在稀溶液中，水的含量远高于 Na^+，H_2O 在 Na^+ 周围形成两层溶剂化壳，Na^+ 被 H_2O 完全包裹 [图 6.12(a)]，可以称为"水包盐"电解液 (salt-in-water electrolyte, SiWE)，即传统的低浓度电解液。然而，当溶质浓度增加到超过某个极限时，Na^+ 和阴离子的数量将会超过 H_2O，从而形成"盐包水"的电解液 (water-in-salt electrolyte, WiSE) 结构 [图 6.12(b)]。一方面，对于稀溶液，Na^+ 在第一溶剂化鞘层中充分水合，因此在外层的溶剂化鞘层中有大量的自由 H_2O。然而，当盐的浓度足够高时，每个 Na^+ 周围的 H_2O 减少以致静电场不再被中和。在静电场作用下，溶质的阴离子进入溶剂化鞘层结构取代 H_2O 与 Na^+ 进行配位，从而使溶剂化鞘层结构将发生巨大变化。在这种情况下，H_2O 与体积较大的 Na^+ 进行牢固配位，"盐包水"的电解液中几乎没有自由水。这种阴离子取代 H_2O 进入鞘层配位的溶剂化结构，将会导致溶液的 HOMO 能级降低，LUMO 能级提高，从而能够提供更宽的电化学窗口，有效地抑制了水的分解。水的活度降低以后，前面提到的质子共嵌和材料溶解等副反应都会得到一定程度的缓解。另一方面，电化学窗口扩大以后，电极材料的选择性也会提高[23]。如果可以选择工作电势较低的材料作为负极，选择工作电势较高的材料作为正极，那么就有助于提高水系钠离子电池的能量密度。

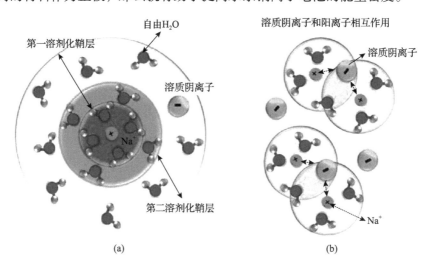

图 6.12　"水包盐"和"盐包水"电解液的溶剂化结构[37]

(a) "水包盐"电解液；(b) "盐包水"电解液

由于 Na_2SO_4 在水中的溶解度不够大，因此无法形成高盐浓度的 WiSE 电解液。在所有的无机钠盐中，在水中溶解度最大的是 $NaClO_4$，可以配制成浓度高达 17mol/L 左右的电解液。有机钠盐由于阳离子和阴离子的弱相互作用而具有更高的溶解性。一些有机钠盐在长链有机阴离子的作用下溶解度更大，如 NaFSI 在水中溶解度能达到 37mol/L 的超高浓度。

常见的钠盐 WiSE 有以下几种。

(1)高浓度无机钠盐水溶液,如 5mol/L NaNO$_3$、17mol/L NaClO$_4$ 等[30]。通过改变溶剂化结构,降低水的活度来拓宽电解液的电化学窗口。超高浓度的 NaClO$_4$ 溶液可拓宽电化学窗口至约 3.2V。

(2)高浓度有机钠盐水溶液,如 35mol/L NaFSI、9.26mol/L 三氟甲磺酸钠(NaOTf)。这种超高浓度的有机钠盐水系电解液,不仅可以有效地束缚自由水分子,降低水的活度。水分子还原产生的高活性 OH$^-$ 可以催化 TFSI$^-$、FSI$^-$ 等有机阴离子的降解,从而在负极表面形成较稳定的不溶性 SEI 膜。该 SEI 膜由 NaF 等氟化物组成,有助于防止电解液的进一步分解。与锂盐相比,钠盐较低的溶解度限制了 WiSE 的浓度。例如,与最具代表性的有机锂盐双三氟甲烷磺酰亚胺锂(21mol/L LiTFSI)相比,NaTFSI 的最大浓度仅为 8mol/L。尽管有机钠盐的溶解度相对较低,但是由于钠离子与有机阴离子之间的离子聚集作用更强烈,在浓度相对较低的有机钠盐电解液中(如 9.26mol/L NaOTF)仍然可以形成稳定的 SEI 膜,使电化学窗口拓宽至 2.5V[38]。

(3)无机室温双阳离子水合熔盐,如 NaNO$_3$ 晶体与 LiNO$_3$·3H$_2$O 晶体在一定温度下进行混合[39],或者将 32mol/L KAc 与 8mol/L NaAc 溶液混合[40],均可以得到室温稳定的水合熔盐电解液。这种水合熔盐电解液通过离子水合作用捕获水分子,可以极大地降低水的活度,有效地拓宽电化学窗口。如 NaNO$_3$ 与 LiNO$_3$·3H$_2$O 的水合熔盐可将电化学窗口扩宽至 3.1V。

一般来说,超高的盐浓度可能会牺牲电解液的离子导电性和黏度,这会对电池的性能造成损害。但是,通过对钠盐的 WiSE 进行研究发现,9.26mol/L NaOTf 的离子电导率高达 50mS/cm,约为 1mol/L NaPF$_6$ 有机电解液的 6 倍[41],超高浓度的 35mol/L NaFSI 水溶液的离子导电率也能达到 14.8mS/cm[30]。相比之下,21mol/L LiTFSI WiSE 的锂离子电导率仅有约 10ms/cm,说明与锂盐水溶液相比,钠盐水溶液的离子导电性更高,这可能是因为水合钠离子的半径比水合锂离子的半径小。在高浓度下,水分子和离子的分布并不均匀。通过离子静电相互作用,溶解的离子构成复杂的三维网络,这些网络自发地与氢键网络交织在一起,形成纳米水通道,有利于离子的快速传输,获得较高的离子电导率[42]。在这种条件下,水分子可分为两类:自由水和界面水。在离子传输通道中,自由水充当快速离子传输的介质,界面水充当润滑剂。因此,水合钠离子可以通过纳米水通道,实现快速的传输。

这种高浓度的 WiSE 电解液具有不易燃和宽电压窗口的优势,已经被认为是传统有机电解质的一种更安全的替代品。然而对于 WiSE 的实际应用,仍然有许多问题亟待解决。首先,钠盐浓度的提高会导致一定的腐蚀副反应[28],有机阴离子(如 FSI$^-$)在水中稳定性也是一个问题[41]。其次,与有机电解液相比,随着温度的降低,溶液中的盐可能会沉淀结晶,严重影响电池的性能[43]。此外,尽管 WiSE 大大拓宽了电压窗口,但由于电极材料电位的限制,一些电极不适合在水系电解液中应用,使 WiSE 的电化学窗口不能得到充分利用,大多数水系钠离子电池的工作电压仍低于 2V。要获得更宽的电化学窗口,必须在电极材料表面形成一层稳定的界面层。研究表明,含氟的界面层比较稳定,因此阴离子中的氟对于 SEI 膜的形成是必不可少的[44]。因此，用于 WiSE 的理想钠盐必须含氟且具有高溶解度，但是目前符合条件的钠盐的价格非常昂贵，阻碍了基于 WiSE 的水系钠离子电池的发展。

4. 电解液添加剂

为了扩宽水系电解液的电化学窗口，常在电解液中加入一些抑制析氢或者析氧的添加剂[45,46]。添加剂往往会改变电解液的状态，或在循环过程中通过聚合、物理吸附或电化学分解等过程，在电极和电解液之间原位形成界面钝化层[47]，抑制 H_2O 分解。如 VC 在水系电池负极表面原位聚合形成稳定的 SEI 膜，从动力学上缓解析氢反应的进行，从而改善电池的电化学性能。

另一种添加剂的机理是通过添加剂与 H_2O 之间的强氢键作用对 H_2O 进行束缚，进一步降低电解液(尤其是高盐浓度电解液)中的水的活度。如往 $NaClO_4$ 的高盐溶液中加入聚乙二醇(PEG)，可将电压窗口扩大至 2.6V[48]。这表明在高浓度电解液中添加 PEG 等亲水聚合物可以有效地扩大电化学窗口，减少电解液在充放电过程中的副反应。

在充电和放电过程中，由于钠离子的溶剂化鞘层中有大量的自由水分子，水分子与钠离子一起迁移到电极表面发生氧化还原反应，水会得到电子脱去质子生成氢气(图 6.13)[49]。这一脱质子步骤不仅改变了 H_2O 中的化学键，还破坏了分子间的氢键。因此，H_2O 的析氢反应是一个与溶液中氢键形成过程竞争的过程[50]。理论上，通过调节水的氢键结构可以降低水的活性，从而可以从热力学的角度实现对析氢反应的抑制。

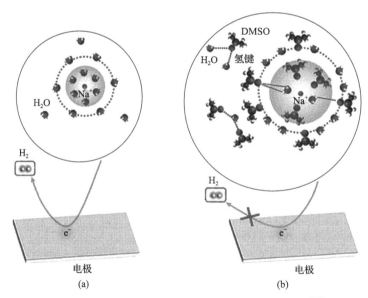

图 6.13　钠盐溶剂化鞘层(a)及析氢原理(b)示意图[51]

研究发现将适量二甲基亚砜(DMSO)加入 2mol/L $NaClO_4$ 电解液中，析氢电位可降低 1.0V。DMSO 作为一种极性很强的非质子溶剂，能与水分子形成强氢键，并显著改变水分子原有的氢键结构。光谱表征、量子化学计算和分子动力学(MD)模拟表明，水分子中的所有氢原子都被束缚在 DMSO-H_2O 氢键网络中，从而有效地降低了水分子的活性，使水分子脱质子的势垒增加了 43.8kJ/mol。此外，DMSO 可直接进入阳离子溶剂化鞘层，取代部分配位水分子，从而抑制它们参与界面的电化学反应。

添加剂的加入虽然可以有效地抑制析氢和析氧反应，但是如果不能明显降低水系电解液的析氢电位，就不能选择较低电位的电极材料作为负极，将无法从根本上改变水系电池能量密度低的现状。

6.4　水系钠离子电池的挑战和未来展望

水系钠离子电池由于成本较低且对环境安全，已经发展成为有机锂/钠离子电池在储能领域的技术补充，但在大规模应用方面仍面临许多科学问题和技术挑战，主要包括水系电解液中的析氢和析氧反应、电极与水或者氧气的反应、电极在水中的溶解和质子共嵌入。本节总结了限制水系钠离子电池发展的挑战和技术方案。

6.4.1　水系电解液中的析氢和析氧反应

尽管通过上述热力学和动力学的方法都可以有效地抑制析氢和析氧反应，但是只要电解液中含水，在 HOMO 能级和 LUMO 能级的限制下，不可避免地会发生水的分解。要想有效地扩宽电解液的电压窗口，提高电池的电化学性能，最可靠的方案是在电解液与电极之间形成稳定的 SEI 膜来抑制水的分解，还可以缓解电极与电解液之间的副反应，显著提高电池的循环性能。

在有机电池体系中，SEI 膜的形成通常采用有机溶剂和盐的分解。但是，水分解不能在表面形成致密的界面膜。因此，加入添加剂可能是成膜的有效方法，也可以在电极上预涂上稳定不溶的导离子层，即构筑人工保护层也是一种可行的方案。

6.4.2　电极材料与水或氧气的反应

不管是电解液中溶解的氧，还是充电过程中水分解产生的氧，在水系电池中不可避免地会有氧的存在。如前所述，无论电解液的 pH 如何，没有一种材料可以在氧气存在下用作水系钠离子电池的负极。理论上说，负极电极材料的嵌钠态会被氧气和水氧化，而不是进行电化学反应，从而导致了较低的库仑效率和较差的循环稳定性。例如，$NaTi_2(PO_4)_3$ 材料在碱性电解液中不能保持优异的长期稳定性。在一定 pH 下，调整截止电压、消除电解液中多余的氧气和对电极材料进行碳包覆都有助于提高水系钠离子电池的稳定性。

6.4.3　电极材料在水中的溶解

由于钠离子的水化作用很强，大部分含钠的电极材料在水中都有一定的溶解性，特别是材料嵌钠之后，电解液的 pH 太高或太低都会促进电极材料的溶解。电极材料在水系电解液中的化学稳定性取决于溶液的 pH，大多数电极材料在中性 pH 下是比较稳定的。

常用的防止材料溶解的解决方案包括降低水的活度、原位或人工构筑电极/电解液界面层、对活性材料进行包覆等改性技术。

6.4.4 负极材料的选择和优化

水系钠离子电池在大规模推广中的最大挑战是如何提高电池的能量密度。电压窗口限制的低工作电压是水系电池能量密度低的主要原因。尽管采用 WiSE 电解液体系可以将水系钠盐电解液的电压窗口扩宽至 3V，但是由于析氢电位和副反应的限制，负极材料的可选择较少是水系钠离子发展的障碍。为了充分利用 WiSE 的电压窗口并提高能量密度，迫切需要找到一种工作电位能更好地匹配电压窗口析氢下限的负极材料。从工作电位的匹配性来看，有机电极材料由于电压调节的灵活性、可持续性和结构多样性，可能是水系钠离子负极发展的一个潜在方向。

6.4.5 质子和钠离子的共嵌

虽然一些正极材料可以在水系电解液中稳定存在，但质子会与 Na^+ 竞争共同嵌入到电极材料晶格中，从而阻碍正常的 Na^+ 的嵌入。质子嵌入与电极材料的晶体结构和电解液的 pH 有关。一般而言，质子容易嵌入层状电极材料中，但是对 pH 进行调节也能抑制质子的共嵌入过程。大部分正极材料在中性水系电解液中都能发生稳定的 Na^+ 嵌入/脱出。为了保证电解液的中性，除了在制备电解液时对 pH 进行控制之外，还要防止在电池充电的过程中发生析氧反应，导致在正极附近产生大量的 H^+。

6.4.6 集流体的腐蚀

除了对电极材料、电解液、电极/电解液的界面进行优化和改性之外，在水系钠离子电池中，集流体的选择也十分重要。由于电解液的存在，金属在水溶液中极易受到化学或者电化学腐蚀。一旦集流体发生了腐蚀，就会导致电极的接触电阻变大，甚至会导致活性材料脱落，对电池性能造成致命影响。

大部分金属的氧化电位都在水系电池正极的工作电位范围内，因此水系电池的集流体选择是一个很大的挑战。集流体的选择与水系电解液的 pH 有关。例如，镍不能在酸性介质中使用，因为镍可以与高浓度 H^+ 反应，且由于镍的氧化电位比较低，不能用作正极集流体，但在适当的 pH 下可用作负极集流体。

不锈钢虽然在大多数情况下可以抵抗盐水的腐蚀，然而使用不锈钢作为集流体也无法避免在电化学过程中的氧化反应。一般而言，钛表面的氧化层非常致密稳定，金属钛在水系电解液中是一种非常稳定的材料，具有很高的析氧过电位，可同时作为正极和负极的集流体。但是钛的价格较高，使用钛作集流体会增加电池制造成本。

在商业锂离子电池和钠离子电池中普遍使用的铝，不适合作为水系钠离子电池的正极集流体。虽然铝的表面会自发地生成一层氧化铝钝化层，但是在电解液的存在下，极易发生点蚀等局部腐蚀，从而加速铝在电化学过程中的腐蚀。除非是在水的活度极低的 WiSE 电解液中，铝也可以作为正极和负极的集流体[40]。也有研究人员采用石墨烯对铝箔进行包覆，发现这种材料在电解液中有较强的抗腐蚀能力[51]。表面的石墨烯薄膜可作为一种特殊的导电屏蔽, 有效地阻止阴离子或其他配位成分对 Al^{3+} 的吸附, 可以成为水系电池集流体发展的一种新思路。

6.4.7　黏结剂的影响

黏结剂的选择对于发展高性能的水系钠离子电池也十分关键, 黏结剂对活性材料、导电剂及与集流体的机械黏合和导电连接都起到了非常重要的作用。在有机电池系统中, 聚偏氟乙烯 (PVDF) 由于强结合能力、良好的电化学稳定性及较高的传导离子的能力, 是一种最常用的黏合剂。聚四氟乙烯 (PTFE) 作为一种环境友好的聚合物黏合剂, 一直被用于水性电池的领域。但是, PTFE 阻抗大, 与水溶液的润湿性差, 不利于电极材料电化学性能的发挥。为了解决这个问题, 研究人员将具有黏结功能的分子结合到导电聚吡咯凝胶基质中, 开发出一种导电的凝胶黏结剂[52]。因此, 通过引入一些导电高分子材料来改善黏结剂的导电性, 是水系电池黏结剂未来发展的一个重要方向。

6.5　小　　结

水系钠离子电池的高安全性和低成本是发展的主要动力, 然而其低能量密度是目前最主要的挑战。随着电解液的创新设计和优化、各种新型电极材料的发展, 电池的电化学性能在不断提高。如前所述, 获得高能量密度的水系钠离子电池是其发展的最重要的目标, 主要通过以下方法实现。

(1) 使用高浓度的低成本电解液, 在电极表面构筑稳定的 SEI 膜, 将水分解的电位扩宽至极限。

(2) 开发与电解液的析氢极限电位相匹配的负极材料, 提高水系钠离子电池的工作电压。

(3) 解决集流体和黏结剂存在的问题, 并消除不必要的电极材料与电解液之间的副反应, 提高水系钠离子电池的稳定性。

随着水系钠离子电池 (尤其是电解液) 的持续改进, 这种储能技术有可能取代储能领域中正在普遍使用的锂离子电池和铅酸电池, 在固定式储能应用中成为一种更安全、更环保和可持续的解决方案。

参 考 文 献

[1] 刘双, 邵涟漪, 张雪静, 等. 水系钠离子电池电极材料研究进展[J]. 物理化学学报, 2018, 34 (6): 581-597.

[2] Bin D, Wang F, Tamirat A G, et al. Progress in aqueous rechargeable sodium-ion batteries[J]. ADV Advanced Energy Materials, 2018, 8 (17): 1703008.

[3] 张璐, 王文凤, 张洪明, 等. 水系锌离子电池研究进展和挑战[J]. 化学学报, 2021, 79 (2): 158-175.

[4] 陈鲜红, 阮鹏超, 吴贤文, 等. 水系锌二次电池 MnO2 正极的晶体结构、反应机理及其改性策略[J]. 物理化学学报, 2022, 38 (11): 2111003.

[5] Komaba S, Ogata A, Tsuchikawa T. Enhanced supercapacitive behaviors of birnessite[J]. Electrochemistry Communications, 2008, 10 (10): 1435-1437.

[6] Whitacre J F, Wiley T, Shanbhag S, et al. An aqueous electrolyte, sodium ion functional, large format energy storage device for

stationary applications[J]. Journal of Power Sources, 2012, 213: 255-264.

[7] Shan X Q, Charles D S, Lei Y K, et al. Bivalence Mn_5O_8 with hydroxylated interphase for high-voltage aqueous sodium-ion storage[J]. Nature Communications, 2016, 7: 13370.

[8] Whitacre J F, Tevar A, Sharma S. $Na_4Mn_9O_{18}$ as a positive electrode material for an aqueous electrolyte sodium-ion energy storage device[J]. Electrochemistry Communications, 2010, 12 (3): 463-466.

[9] Wang Y S, Mu L Q, Liu J, et al. A novel high capacity positive electrode material with tunnel-type structure for aqueous sodium-ion batteries[J]. Advanced Energy Materials. 2015, 5: 1501005.

[10] Kim D J, Ponraj R, Kannan A G, et al. Diffusion behavior of sodium ions in $Na_{0.44}MnO_2$ in aqueous and non-aqueous electrolytes[J]. Journal of Power Sources, 2013, 244: 758-763.

[11] Karikalan N, Karuppiah C, Chen S M, et al. Three-dimensional fibrous network of $Na_{0.21}MnO_2$ for aqueous sodium-ion hybrid supercapacitors[J]. Chemistry, 2017, 23 (10): 2379-2386.

[12] Zhang B H, Liu Y, Chang Z, et al. Nanowire $Na_{0.35}MnO_2$ from a hydrothermal method as a cathode material for aqueous asymmetric supercapacitors[J]. Journal of Power Sources, 2014, 253: 98-103.

[13] Zhang X Q, Hou Z G, Li X N, et al. Na-birnessite with high capacity and long cycle life for rechargeable aqueous sodium-ion battery cathode electrodes[J]. Journal of Materials Chemistry A, 2016, 4 (3): 856-860.

[14] Yu F, Zhang S M, Fang C, et al. Electrochemical characterization of P2-type layered $Na_{2/3}Ni_{1/4}Mn_{3/4}O_2$ cathode in aqueous hybrid sodium/lithium ion electrolyte[J]. Ceramics International, 2017, 43 (13): 9960-9967.

[15] Qu Q T, Shi Y, Tian S, et al. A new cheap asymmetric aqueous supercapacitor: activated carbon//$NaMnO_2$[J]. Journal of Power Sources, 2009, 194 (2): 1222-1225.

[16] Ali G, Lee J H, Susanto D, et al. Polythiophene-wrapped olivine $NaFePO_4$ as a cathode for Na-ion batteries[J]. ACS Applied Materials & Interfaces, 2016, 8 (24): 15422-15429.

[17] Sharma L, Nakamoto K, Sakamoto R, et al. Na_2FePO_4F fluorophosphate as positive insertion material for aqueous sodium-ion batteries[J]. ChemElectroChem, 2019, 6 (2): 444-449.

[18] Wessells C D, Peddada S V, Huggins R A, et al. Nickel hexacyanoferrate nanoparticle electrodes for aqueous sodium and potassium ion batteries[J]. Nano Letters, 2011, 11 (12): 5421-5425.

[19] Wessells C D, Peddada S V, McDowell M T, et al. The effect of insertion species on nanostructured open framework hexacyanoferrate battery electrodes[J]. Journal of the Electrochemical Society, 2012, 159 (2): A98-A103.

[20] Qian J F, Wu C, Cao Y L, et al. Prussian blue cathode materials for sodium-ion batteries and other ion batteries[J]. Advanced Energy Materials, 2018, 8: 1702619.

[21] Wu X Y, Luo Y, Sun M Y, et al. Low-defect Prussian blue nanocubes as high capacity and long life cathodes for aqueous Na-ion batteries[J]. Nano Energy, 2015, 13: 117-123.

[22] Wu X Y, Sun M Y, Guo S M, et al. Vacancy-free prussian blue nanocrystals with high capacity and superior cyclability for aqueous sodium-ion batteries[J]. Chemnanomat, 2015, 1 (3): 188-193.

[23] Nakamoto K, Sakamoto R, Ito M, et al. Effect of concentrated electrolyte on aqueous sodium-ion battery with sodium manganese hexacyanoferrate cathode[J]. Electrochemistry, 2017, 85 (4): 179-185.

[24] Wu M G, Ni W, Hu J, et al. NASICON-structured $NaTi_2(PO_4)_3$ for sustainable energy storage[J]. Nano-Micro Letters, 2019, 11: 44.

[25] Park S, Gocheva I, Okada S, et al. Electrochemical properties of $NaTi_2(PO_4)_3$ anode for rechargeable aqueous sodium-ion batteries[J]. Journal of the Electrochemical Society, 2011, 158 (10): A1067-A1070.

[26] Qu Q T, Liu L L, Wu Y P, et al. Electrochemical behavior of V_2O_5 center dot $0.6H_2O$ nanoribbons in neutral aqueous electrolyte solution[J]. Electrochim Acta, 2013, 96: 8-12.

[27] Liang Y L, Jing Y, Gheytani S, et al. Universal quinone electrodes for long cycle life aqueous rechargeable batteries[J]. Nature Materials, 2017, 16 (8): 841-848.

[28] Qin H, Song Z P, Zhan H, et al. Aqueous rechargeable alkali-ion batteries with polyimide anode[J]. Journal of Power Sources,

2014, 249: 367-372.

[29] Gu T T, Zhou M, Liu M Y, et al. A polyimide-MWCNTs composite as high performance anode for aqueous Na-ion batteries[J]. RSC Advances, 2016, 6(58): 53319-53323.

[30] Pahari D, Puravankara S. Greener, safer, and sustainable batteries: An insight into aqueous electrolytes for sodium-ion batteries[J]. ACS Sustainable Chemistry Engineering, 2020, 8(29): 10613-10625.

[31] Liu M, Ao H, Jin Y, et al. Aqueous rechargeable sodium ion batteries: Developments and prospects[J]. Materials Today Energy, 2020, 17: 100432.

[32] Mao H, Qiu Z S, Xie B Q, et al. Offshore Technology Conference Asia, OTC-26384-MS[EB/OL].http://www.docin. com/p-1397322080.html. [2015-12-19].

[33] Vujkovic M, Mitric M, Mentus S. High-rate intercalation capability of NaTi$_2$(PO$_4$)$_3$/C composite in aqueous lithium and sodium nitrate solutions[J]. Journal of Power Sources, 2015, 288: 176-186.

[34] Zhang B H, Liu Y, Wu X W, et al. An aqueous rechargeable battery based on zinc anode and Na$_{0.95}$MnO$_2$[J]. Chemical Communications, 2014, 50(10): 1209-1211.

[35] Nakamotoa K, Kanoa Y, Kitajou A, et al. Electrolyte dependence of the performance of a Na$_2$FeP$_2$O$_7$//NaTi$_2$(PO$_4$)$_3$ rechargeable aqueous sodium-ion battery[J]. Journal of Power Sources, 2016, 327: 327-332.

[36] Shen Y, Liu B, Liu X, et al. Water-in-salt electrolyte for safe and high-energy aqueous battery[J]. Energy Storage Materials, 2021, 34: 461-474.

[37] Suo L M, Borodin O, Gao T, et al. "Water-in-salt" electrolyte enables high-voltage aqueous lithium-ion chemistries[J]. Science, 2015, 350(6263): 938-943.

[38] Suo L M, Borodin O, Wang Y S, et al. "Water-in-salt" electrolyte makes aqueous sodium-ion battery safe, green, and long-lasting[J]. Advances Energy Materials, 2017, 7(21): 1701189.

[39] Wang Z Y, Xu Y, Peng J, et al. A high rate and stable hybrid Li/Na-ion battery based on a hydrated molten inorganic salt electrolyte[J]. Small, 2021: 2101650.

[40] Han J, Zhang H, Varzi A, et al. Fluorine-free water-in-salt electrolyte for green and low-cost aqueous sodium-ion batteries[J]. ChemSusChem, 2018, 11(21): 3704-3707.

[41] Kuhnel R S, Reber D, Battaglia C. A high-voltage aqueous electrolyte for sodium-ion batteries[J]. ACS Energy Letters, 2017, 2(9): 2005-2006.

[42] Lim J, Park K, Lee H, et al. Nanometric water channels in water-in-salt lithium ion battery electrolyte[J]. Journal of the American Chemical Society, 2018, 140(46): 15661-15667.

[43] Reber D, Kühnel R S, Battaglia C. Suppressing crystallization of water-in-salt electrolytes by asymmetric anions enables low-temperature operation of high-voltage aqueous batteries [J]. ACS Materials Letters, 2019, 1(1): 44-51.

[44] Zheng J, Tan G, Shan P, et al. Understanding thermodynamic and kinetic contributions in expanding the stability window of aqueous electrolytes[J]. Chemistry, 2018, 4(12): 2872-2882.

[45] Hou Z G, Zhang X Q, Li X N, et al. Surfactant widens the electrochemical window of an aqueous electrolyte for better rechargeable aqueous sodium/zinc battery[J]. Journal of Materials Chemistry A, 2017, 5(2): 730-738.

[46] Posada J O G, Hall P J. The effect of electrolyte additives on the performance of iron based anodes for NiFe cells[J]. Journal of the Electrochemical Society, 2015, 162(10): A2036-A2043.

[47] Liu Z, Huang Y, Huang Y, et al. Voltage issue of aqueous rechargeable metal-ion batteries[J]. Chemical Society Reviews, 2020, 49: 180-232.

[48] Niu L, Chen L, Zhang J, et al. Revisiting the open-framework zinc hexacyanoferrate: The role of ternary electrolyte and sodium-ion intercalation mechanism[J]. Journal of Power Sources, 2018, 380: 135-141.

[49] Nian Q S, Zhang X R, Feng Y Z, et al. Designing electrolyte structure to suppress hydrogen evolution reaction in aqueous batteries[J]. ACS Energy Letters, 2021, 6(6): 2174-2180.

[50] Xie J, Liang Z, Lu Y C. Molecular crowding electrolytes for high-voltage aqueous batteries[J]. Nature Materials, 2020, 19:

1006-1011.

[51] Wang M Z, Tang M, Chen S L, et al. Graphene-armored aluminum foil with enhanced anticorrosion performance as current collectors for lithium-ion battery[J]. Advanced Materials, 2017, 29(47): 1703882.

[52] Shi Y, Wang M, Ma C B, et al. A conductive self-healing hybrid gel enabled by metal-ligand supramolecule and nanostructured conductive polymer[J]. Nano Letters, 2015, 15(9): 6276-6281.